中等职业教育国家规划教材

全国中等职业教育教材审定委员会审定

电 工 基 础

DIANGONG JICHU

（第 2 版）

主　编　周绍敏

主　审　吴锡龙

中国教育出版传媒集团

高等教育出版社·北京

内容提要

本书结合近几年中等职业教育的实际发展情况,以及技能等级证书的要求,在保留本书第1版编写风格的基础上修订而成。

本书主要内容包括电路的基本概念和基本定律、简单直流电路、复杂直流电路、电容、磁场和磁路、电磁感应、正弦交流电的基本概念、正弦交流电路、相量法、三相正弦交流电路、变压器和交流电动机、非正弦周期电路、瞬态过程、信号与系统概述。每章均有学习指导、小结和适量习题,便于教学与自学。书后附有学生实验,供选用。

本书配套电子教案、演示文稿、模拟试卷等辅教辅学资源,请登录高等教育出版社 Abook 新形态教材(http://abook.hep.com.cn)获取相关资源。详细使用方法见本书最后一页"郑重声明"下方的"学习卡账号使用说明"。

本书采用模块式编写结构,内容安排由浅入深,通俗易懂,突出应用。本书可作为中等职业学校电子技术应用、电子电器及电工类专业基础课程教材,也可作为岗位培训教材。

图书在版编目(CIP)数据

电工基础/周绍敏主编.--2版.--北京:高等教育出版社,2023.8(2024.12重印)

ISBN 978-7-04-060613-3

Ⅰ.①电… Ⅱ.①周… Ⅲ.①电工-中等专业学校-教材 Ⅳ.①TM

中国国家版本馆 CIP 数据核字(2023)第 099033 号

策划编辑 李 刚	责任编辑 李 刚	封面设计 李卫青	版式设计 李彩丽
责任绘图 于 博	责任校对 刘娟娟	责任印制 刘思涵	

出版发行	高等教育出版社	网 址	http://www.hep.edu.cn
社 址	北京市西城区德外大街4号		http://www.hep.com.cn
邮政编码	100120	网上订购	http://www.hepmall.com.cn
印 刷	高教社(天津)印务有限公司		http://www.hepmall.com
开 本	889mm×1194mm 1/16		http://www.hepmall.cn
印 张	18	版 次	2001 年 7 月第 1 版
字 数	390 千字		2023 年 8 月第 2 版
购书热线	010-58581118	印 次	2024 年 12 月第 6 次印刷
咨询电话	400-810-0598	定 价	45.00 元

本书如有缺页、倒页、脱页等质量问题,请到所购图书销售部门联系调换

版权所有 侵权必究

物 料 号 60613-00

前　　言

本书第 1 版是中等职业教育国家规划教材,自出版以来,得到了中职学校教学一线老师的好评,但随着中等职业教育培养目标与教学模式的变化,原有教材内容仍然显得偏多、偏深、偏难,加之长期受普通教育学科型教材的影响,教材的职业性特点不够明显,与实际应用的联系有待加强。同时,随着电工电子技术日新月异的发展,教材部分内容显得陈旧,需要更新,以适应经济结构调整和科技进步发展的需要。为使教材适应新的职业教育教学改革方向,充分体现新知识、新技术、新工艺和新材料,更加贴近教学的实际需求,继续保持旺盛的生命力,编写团队进行本次修订。

修订指导思想

本次修订努力体现以全面素质教育为基础、以就业为导向、以职业能力为本位、以学生为主体的教学理念。在教学内容上,不追求科学知识的系统性和完整性,强调教学内容的应用性与实践性。在讲授专业内容的同时,注意融入职业道德和职业素养教育,帮助学生树立质量意识、安全意识、环保意识等职业意识。

修订后的教材特色

(1)与中等职业教育的培养目标及教学情况相适应

在修订中突出知识的应用,体现“必需、够用”的原则,丰富了题型,新增了是非题、选择题、填充题、问答题等,帮助学生更多地从应用的角度理解、掌握所学内容。

(2)突出职业教育的实用性特点,适当体现电工电子技术发展的先进性

本次修订继续保持了第 1 版教材内容涵盖面宽,强弱电结合,理论知识与实际应用相结合等特点。同时技能等级注意衔接岗位,兼顾考工要求,力图将学历教育的内容与证书结合起来。修订时还删除了一些陈旧内容,适度引入反映比较成熟的新知识、新技术、新工艺和新材料的内容,如磁悬浮列车、变频调速等。

(3)加大弹性,增加教学的灵活性

本书在编排上继续沿用第 1 版教材的结构,便于学生学习。每章开头有“学习指导”,列出本章的学习目标,使学生明确本章学习的内容与要求,学完一章后还可以进行自我检查。每节中的主要知识点以小标题的形式列出来,帮助学生学习时抓住重点。每章后有“本章小结”,整理本章的知识,帮助学生复习,建立知识结构。与教材内容密切配合的学生实验附在书后,教学时可结合课堂教学内容穿插在各章节中进行。

本书采用模块式结构,各学校可以根据实际需要选择相关内容进行教学,以适应地区差异和学生差异,并满足不同专业的教学要求。本书内容分为必学、选学、阅读与应用三类。必学

内容是各专业都应学习的电工基础课程中最重要、最基本的内容。加 * 的内容可供教学要求较高的学生学习。加 * * 的内容为选学内容,可供不同专业根据需要选用,例如,变压器和交流电动机的有关内容可以拓宽弱电专业学生的知识面。选学内容具有一定的独立性,如将"相量法"列为选学内容,在本书中其余各章节中均不出现复数运算,因此,即使"相量法"内容不选,也不会影响其他各章节的教学,增加了教学的灵活性。阅读与应用内容可以作为教师选讲和学生自学之用,便于学生理论联系实际,加宽知识面。

(4) 图文并茂,增强可读性

对原先一些只有原理图或结构图的元器件增加了外形图,并注意采用目前较流行的新器件进行介绍。进一步规范第 1 版教材中的名词术语、图形符号等,使之更加符合国家标准与出版规范。

修订教材建议学时方案

学完本书全部内容需 140 学时,可分为两个学期进行教学,一般安排在一年级下学期和二年级上学期,各章学时(含学生实验)安排参考建议见下表。各专业根据选学内容的不同,可删减学时。

各章学时(含学生实验)安排参考建议表

内容	建议学时	内容	建议学时
绪论、第一章	4	第八章	24
第二章	16	第九章	8
第三章	18	第十章	10
第四章	8	第十一章	14
第五章	6	第十二章	4
第六章	10	第十三章	8
第七章	6	第十四章	4

本书配套电子教案、演示文稿、模拟试卷等辅教辅学资源,请登录高等教育出版社 Abook 新形态教材(http://abook.hep.com.cn)获取相关资源。详细使用方法见本书最后一页"郑重声明"下方的"学习卡账号使用说明"。

本书由苏州高级工业学校周绍敏修订,由上海大学吴锡龙教授主审。主审提出了许多宝贵的修改意见,特别是在内容的科学性、适用性方面严格把关,提高了本书的质量,在此表示衷心感谢。

由于编者水平有限,书中难免存在不足和疏漏,恳请广大读者批评指正。读者意见反馈邮箱:zz_dzyj@ pub.hep.cn。

编者

目　　录

绪　　论

电能的开发和应用,在生产技术上曾引起了划时代的革命。在现代工业、农业及国民经济的其他各个部门中,逐渐以电力作为主要的动力来源。工业上的各种生产机械,如机床、起重机、轧钢机、鼓风机、水泵等,主要用电动机来拖动;在制造工业中,电镀、电焊、高频淬火、电炉冶炼、电蚀加工和电子束加工等,都是电能的应用;对生产过程中所涉及的一些物理量,如长度、速度、压力、温度等,都可用电的方法进行测量和自动调节;电力也是现代农业技术的主要动力之一,如电力排灌、粮食和饲料的加工等;在现代人类生活中,电灯、电话、电影、电视、无线电广播等都是电能的应用。

电能会得到这样广泛的应用,这是因为它具有无可比拟的优点。电能的优点主要表现在下列三个方面:

(1) 便于转换　电能可以从水能(水力发电)、热能(火力发电)、核能(核能发电)、化学能(电池)及光能(太阳能发电)等转换而来;同样也可以将电能转换为所需要的其他能量形态,如电动机将电能转换为机械能,电炉将电能转换为热能,电灯将电能转换为光能,扬声器将电能转换为声能。电能之间也可以转换,如利用整流器能将交流电转换为直流电,利用振荡器能将直流电转换为交流电。

(2) 便于输送和分配　发电站发出的电能可以通过高压输电线路方便地输送到远方,而且输电设备简单,输电效率高,输送成本低。各发电站发出的电能通过并入电力网,集中调度,统一输送到各用电部门。这样,发电站可以建立在能源产地或交通运输方便的地区,同时尽量远离城市,减少发电站造成的城市污染。电能不仅输送方便,而且分配也很容易,从几十瓦的电灯到几千千瓦的电动机,都可以根据用电需要自如分配。

此外,电能还可以不通过导线而以电磁波的形式进行传播。无线通信技术的飞速发展,声音、文字、图像等通过与电信号之间的转换、还原,能进行远距离传输,广泛应用于广播电视、移动通信和卫星通信技术等。

(3) 便于控制　电流的传导速度等于光速,电气设备的动作又比较迅速,所以便于实现远距离控制和实现生产过程的自动化。

电工基础是一门实践性较强的专业基础课程。它的目的和任务是使学生获得电工技术方面的基本理论、基本知识和基本技能,为学习后续课程以及今后工作打下必要的基础。

学好本课程,除了要求具有正确的学习目标和态度外,还要注意以下几点:

(1) 学习时要抓住物理概念、基本理论、工作原理和分析方法;要理解问题是如何提出的,又是怎样解决和应用的;要注意各部分内容之间的联系,前后是如何呼应的;要重在理解,能提出问题,积极思考,不要死记。本书每章后都有小结,整理本章的知识,帮助复习,建立知识结构。

（2）通过习题可以巩固和加深对所学内容的理解,并培养分析能力和运用能力。为此,各章都安排了适当数量的习题。解题前,要基本掌握所学内容;解题时,要看懂题意,注意分析,要搞清用哪个理论、公式或解题步骤。解题步骤要规范,书写要整洁,作图要整齐,答数要标明单位。

（3）通过实验可以巩固所学理论,训练操作技能,并培养实践能力和严谨的科学作风。实验是本课程的一个重要环节,不能轻视。实验前必须进行预习,认真准备;实验时积极思考,多动手,学会正确使用常用的电子仪器、电工仪表、电动机和电气设备,要能正确连接电路,能准确读取数据;实验后要对实验现象和实验数据认真地整理分析,编写出合乎规范的实验报告。

第一章　电路的基本概念和基本定律

本章是电工基础的第一章,起承前启后的作用,把物理学和本课程联系起来,并为本课程打好基础。

本章有些内容虽已在物理课中学过,但本课程在处理这些内容上与物理课不同,是从工程观点来阐述的,不是简单的重复,应该达到温故知新的目的。

本章的基本要求是:

1. 了解电路的组成、电路的三种基本状态和电气设备额定值的意义。

2. 理解电流产生的条件和电流的概念,掌握电流的计算公式。

3. 了解电阻的概念和电阻与温度的关系,掌握电阻定律。

4. 掌握欧姆定律。

5. 理解电能和电功率的概念,掌握焦耳定律以及电能、电功率的计算。

第一节　电　　路

一、电路的组成

由电源、用电器、导线和开关等组成的闭合回路,称为电路。

1. 电源

把其他形式的能量转换为电能的装置称为电源。常见的直流电源有干电池、蓄电池和直流发电机等。

2. 用电器

把电能转换为其他形式能量的装置称为用电器,也常称为电源的负载,如电灯、电铃、电动机、电炉等利用电能工作的设备。

3. 导线

连接电源与用电器的金属线称为导线,它把电源产生的电能输送到用电器,常用铜、铝等材料制成。

4. 开关

开关起到把用电器与电源接通或断开的作用。

二、电路的状态

电路的状态有如下几种:

1. 通路(闭路)

电路各部分连接成闭合回路,有电流通过。

2. 开路(断路)

电路断开,电路中没有电流通过。

3. 短路(捷路)

当电源两端或电路中某些部分被导线直接相连,这时电源输出的电流不经过负载,只经过连接导线直接流回电源,这种状态称为短路状态,简称短路。

一般情况下,短路时产生的大电流会损坏电源和导线,应该尽量避免。有时,在调试电子设备的过程中,将电路某一部分短接,这是为了使与调试过程无关的部分没有电流通过而采取的一种方法。

三、电路图

在设计、安装或修理各种设备和用电器等的实际电路时,常要使用表示电路连接情况的图。这种用规定的图形符号表示电路连接情况的图,称为电路图,其图形符号要遵守国家标准。几种常用的标准图形符号如图1-1所示。

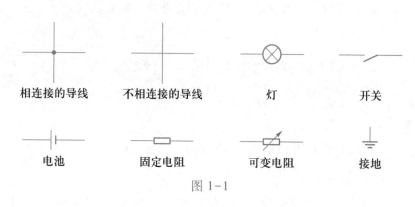

相连接的导线　　不相连接的导线　　　灯　　　　开关

电池　　　固定电阻　　可变电阻　　接地

图 1-1

第二节　电　　流

一、电流的形成

电荷的定向移动形成电流。例如,金属导体中自由电子的定向移动,电解液中正、负离子沿着相反方向的移动,阴极射线管中的电子流等,都形成电流。

要形成电流,首先要有能自由移动的电荷——自由电荷。但只有自由电荷还不能形成电流,因为导体中的大量自由电荷不断地做无规则的热运动,朝任何方向运动的概率都一样,在这种情况下,对导体的任何一个截面来说,在任何一段时间内从截面两侧穿过截面的自由电荷数都相等,所以从宏观上看,没有电荷的定向移动,也没有电流。

如果把导体放进电场内,导体中的自由电荷除了做无规则的热运动外,还要在电场力的作用下做定向移动,形成电流。但由于很快就达到静电平衡状态,电流将消失,导体内部的场强变为零,整块导体成为等电位体,如图1-2所示。可见要得到持续的电流,就必须设法使导体两端保持一定的电位差(电压),导体内部存在电场,才能持续不断地推动自由电荷做定向移动,这是在导体中形成电流的条件。

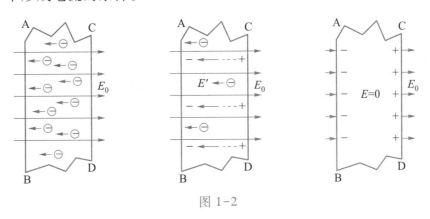

图 1-2

二、电流

电流既是一种物理现象,又是一个表示带电粒子定向运动强弱的物理量。电流的大小等于通过导体横截面的电荷量与通过这些电荷量所用时间的比值。如果在时间 t 内通过导体横截面的电荷量为 q,那么,电流

$$I = \frac{q}{t}$$

在国际单位制中,电流的单位是 A(安)。如果在 1 s(秒)内通过导体横截面的电荷量是 1 C(库),则规定导体中的电流为 1 A(安)。常用的电流的单位还有 mA(毫安)、μA(微安)等。

$$1 \text{ mA} = 10^{-3} \text{ A}, \quad 1 \text{ μA} = 10^{-6} \text{ A}$$

习惯上规定正电荷定向移动的方向为电流的方向。在金属导体中电流的方向与自由电子定向移动的方向相反,在电解液中电流的方向与正离子移动的方向相同,与负离子移动的方向相反。

电流方向和强弱都不随时间而改变的电流称为直流电。

第三节 电 阻

一、电阻

金属导体中的电流是自由电子定向移动形成的。自由电子在运动中要跟金属正离子频繁碰撞,每秒的碰撞次数高达 10^{15} 左右。这种碰撞阻碍了自由电子的定向移动,表示这种阻碍作

用的物理量称为电阻。不但金属导体有电阻,其他物体也有电阻。

导体的电阻是由它本身的物理特性决定的。金属导体的电阻是由它的长短、粗细、材料的性质和温度决定的。

在保持温度(如 20 ℃)不变的条件下,实验结果表明,用同种材料制成的横截面积相等而长度不相等的导线,其电阻与它的长度 l 成正比;长度相等而横截面积不相等的导线,其电阻与它的横截面积 S 成反比,即

$$R = \rho \frac{l}{S}$$

上式称为电阻定律。式中,比例系数 ρ 称为材料的电阻率,单位是 $\Omega \cdot m$(欧·米)。ρ 与导体的几何形状无关,而与导体材料的性质和导体所处的环境条件,如温度等有关。R、l、S 的单位分别是 Ω(欧)、m(米)和 m^2(平方米)。在一定温度下,对同一种材料,ρ 是常数。

不同的物质有不同的电阻率,电阻率的大小反映了各种材料导电性能的好坏,电阻率越大,表示导电性能越差。通常将电阻率小于 $10^{-6} \Omega \cdot m$ 的材料称为导体,如金属;电阻率大于 $10^7 \Omega \cdot m$ 的材料称为绝缘体,如石英、塑料等;而电阻率的大小介于导体和绝缘体之间的材料,称为半导体,如锗、硅等。导线的电阻要尽可能地小,各种导线都用铜、铝等电阻率小的纯金属制成。而为了安全,电工用具上都安装有用橡胶、木头等电阻率很大的绝缘体制作的把、套,表 1-1 列出了几种常用材料的电阻率。

表 1-1

材 料 名 称		电阻率 $\rho / \Omega \cdot m$(20 ℃)	电阻温度系数 $\alpha / (1/℃)$
导 体	银	1.6×10^{-8}	3.6×10^{-3}
	铜	1.7×10^{-8}	4.1×10^{-3}
	铝	2.8×10^{-8}	4.2×10^{-3}
	钨	5.5×10^{-8}	4.4×10^{-3}
	镍	7.3×10^{-8}	6.2×10^{-3}
	铁	9.8×10^{-8}	6.2×10^{-3}
	锡	11.4×10^{-8}	4.4×10^{-3}
	铂	10.5×10^{-8}	4.0×10^{-3}
	锰铜(85%铜+3%镍+12%锰)	$(4.2 \sim 4.8) \times 10^{-7}$	$\approx 0.6 \times 10^{-5}$
	康铜(58.8%铜+40%镍+1.2%锰)	$(4.8 \sim 5.2) \times 10^{-7}$	$\approx 0.5 \times 10^{-5}$
	镍铬丝(67.5%镍+15%铬+16%碳+1.5%锰)	$(1.0 \sim 1.2) \times 10^{-6}$	$\approx 1.5 \times 10^{-4}$
	铁铬铝	$(1.3 \sim 1.4) \times 10^{-6}$	$\approx 5.0 \times 10^{-5}$

材料名称		电阻率 $\rho/\Omega \cdot m(20\ ℃)$	电阻温度系数 $\alpha/(1/℃)$
半导体	碳 锗 〉纯 硅	3.5×10^{-5} 0.6 2.3×10^3	-0.5×10^{-3}
绝缘体	塑料 陶瓷 云母 石英(熔凝的) 玻璃 琥珀	$10^{15} \sim 10^{16}$ $10^{12} \sim 10^{13}$ $10^{11} \sim 10^{15}$ 7.5×10^{17} $10^{10} \sim 10^{14}$ 5.0×10^{14}	

二、电阻与温度的关系

温度对导体电阻的影响：

（1）温度升高,使物质分子的热运动加剧,带电质点的碰撞次数增加,即自由电子的移动受到的阻碍增加。

（2）温度升高,使物质中带电质点数目增多,更容易导电。随着温度的升高,导体的电阻究竟是增大了,还是减小了,要看哪一种因素的作用占主要地位而定。

一般金属导体中,自由电子数目几乎不随温度变化,而带电粒子的碰撞次数却随温度的升高而增多,因此温度升高时,其电阻增大。温度每升高 1 ℃时,一般金属导体电阻的增加量约为千分之三至千分之六。所以,温度变化小时,金属导体电阻可认为是不变的。但当温度变化大时,电阻的变化就不可忽视。例如,40 W 电阻丝电阻在不工作时约为 100 Ω,正常工作时,电阻丝温度可达 2 000 ℃以上,这时的电阻超过 1 kΩ,即超过原来的 10 倍。

利用这一特性,可制成电阻温度计,这种温度计的测量范围为 $-263 \sim 1\ 000$ ℃（常用铂丝制成）。

少数合金的电阻,几乎不受温度的影响,常用于制造标准电阻器。

在极低温（接近于绝对零度）状态下,有些金属（一些合金和金属的化合物）电阻突然变为零,这种现象称为超导现象。对超导材料的研究是现代物理学中很重要的课题,目前正致力于提高超导体的温度,以扩大它的应用范围。

必须指出,不同的材料因温度变化而引起的电阻变化是不同的,同一导体在不同的温度下有不同的电阻,也就有不同的电阻率。表 1-1 列出的电阻率是 20 ℃时的值。

温度每升高 1 ℃ 时电阻所变动的数值与原来电阻值的比,称为电阻的温度系数,以字母 α 表示,单位为 1/℃。

如果在温度为 t_1 时,导体的电阻为 R_1,在温度为 t_2 时,导体的电阻为 R_2,则电阻的温度系数

$$\alpha = \frac{R_2 - R_1}{R_1(t_2 - t_1)}$$

即

$$R_2 = R_1[1 + \alpha(t_2 - t_1)]$$

表 1-1 所列的 α 值是导体在某一温度范围内温度系数的平均值。并不是任何初始温度下,每升高 1 ℃ 都有相同比例的电阻变化,上述公式只是近似的表示式。

第四节　部分电路欧姆定律

一、欧姆定律

如前所述,在导体两端加上电压后,导体中才有持续的电流,那么,所加的电压与导体中的电流又有什么关系呢? 通过实验可得到下述结论:导体中的电流与它两端的电压成正比,与它的电阻成反比,这就是部分电路的欧姆定律。用 I 表示通过导体的电流,U 表示导体两端的电压,R 表示导体的电阻,欧姆定律可以写成如下的公式

$$I = \frac{U}{R}$$

或

$$U = RI$$

式中的比例恒量为 1,因为在国际单位制中是这样规定电阻单位的:如果某段导体两端的电压是 1 V,通过它的电流是 1 A 时,这段导体的电阻就是 1 Ω。

二、伏安特性曲线

如果以电压为横坐标,电流为纵坐标,可画出电阻的 U-I 关系曲线,称为电阻元件的伏安特性曲线,如图 1-3 所示。

电阻元件的伏安特性曲线是过原点的直线时,称为线性电阻。即此电阻元件的电阻值 R 可以认为是不变的常数,直线斜率的倒数表示该电阻元件的电阻值。如果不是直线,则称为非线性电阻。通常所说的电阻都是指线性电阻。

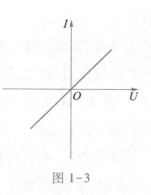

图 1-3

第五节 电能和电功率

一、电能

在导体两端加上电压,导体内就建立了电场。电场力推动自由电子定向移动需要做功。设导体两端的电压为 U,通过导体横截面的电荷量为 q,电场力所做的功即电路所消耗的电能 $W = qU$。由于 $q = It$,所以

$$W = UIt$$

式中,W、U、I、t 的单位应分别用 J(焦)、V(伏)、A(安)、s(秒)。在实际应用中常以 kW·h(千瓦·时,曾称度)作为电能的单位。

电流做功的过程实际上是电能转换为其他形式的能的过程。例如,电流通过电炉做功,电能转换为热能;电流通过电动机做功,电能转换为机械能;电流通过电解槽做功,电能转换为化学能。

二、电功率

在一段时间内,电路产生或消耗的电能与时间的比值称为电功率。用 P 表示电功率,那么

$$P = \frac{W}{t}$$

或

$$P = UI$$

式中,P、U、I 的单位应分别用 W(瓦)、V(伏)、A(安)。

可见,一段电路上的电功率,跟这段电路两端的电压和电路中的电流成正比。

用电器上通常标明它的电功率和电压,称为用电器的额定功率和额定电压。如果给用电器加上额定电压,它的功率就是额定功率,这时用电器正常工作。根据额定功率和额定电压,可以很容易算出用电器的额定电流。例如,220 V、40 W 用电器的额定电流就是 $\frac{40}{220}$ A $\approx$ 0.18 A。加在用电器上的电压改变,它的功率也随着改变。

[例] 有一 220 V、40 W 的用电器,接在 220 V 的供电线路上,求其电流。若平均每天使用 2.5 h(小时),电价是 0.42 元/kW·h,求每月(以 30 天计)应付出的电费。

解:因为 $P = UI$

所以

$$I = \frac{P}{U} = \frac{40}{220} \text{ A} \approx 0.18 \text{ A}$$

每月用电时间为

$$2.5 \times 30 \text{ h} = 75 \text{ h}$$

每月消耗电能为

$$W = Pt = 0.04 \times 75 \text{ kW} \cdot \text{h} = 3 \text{ kW} \cdot \text{h}$$

每月应付电费为

$$0.42 \times 3 \ \text{元} = 1.26 \ \text{元}$$

三、焦耳定律

电流通过金属导体的时候,做定向移动的自由电子要频繁地跟金属正离子碰撞。由于这种碰撞,电子在电场力的加速作用下获得的动能,不断传递给金属正离子,使金属正离子的热振动加剧,于是通电导体的内能增加,温度升高,这就是电流的热效应。

实验结果表明:电流通过导体产生的热量,跟电流的平方、导体的电阻和通电时间成正比,这就是焦耳定律。用 Q 表示热量,I 表示电流,R 表示电阻,t 表示时间,焦耳定律可写成公式

$$Q = KRI^2 t$$

式中,K 是比例常数,若 Q 用 J 作单位,I、R、t 分别用 A、Ω、s 作单位,则 K 的数值是 1,上式可表示为

$$Q = RI^2 t$$

阅读与应用

一 超导现象简介

1. 超导体

某些物质在低温条件下呈现电阻等于零和排斥磁体的性质,这种物质称为超导体。出现零电阻时的温度称为临界温度。

超导现象是 1911 年荷兰物理学家昂尼斯测量汞在低温下的导电情况时发现的。当温度低于 4.2 K 时,汞的电阻突然下降为零,这就是超导现象。从此揭开了人类认识超导性的第一页,昂尼斯因此获得了 1913 年诺贝尔物理学奖。

2. 超导技术的发展

对超导体的研究,是当今科研项目中最热门的课题之一,其内容主要集中在寻找更高临界温度的超导材料和研究超导体的实际应用。

表 1-2 列出了 20 世纪 70 年代以前陆续发现的一些超导材料。

表 1-2

物　　质	观测年代	临界温度/K
Hg(汞)	1911	4.2
Nb(铌)	1930	9.2
V_3Si(钒三硅)	1954	17.1
Nb_3Sn(铌三锡)	1954	18.1
Nb_3Ga(铌三镓)	1971	20.3
Nb_3Ge(铌三锗)	1973	23.2

由此可见,寻找更高临界温度的超导材料进展缓慢,六十多年中只提高了 19 K。但 1986 年 4 月,两位瑞士科学家缪勒和柏诺兹取得了新突破,发现钡镧铜氧化物在 30 K 条件下存在超导性,并因此获得 1987 年诺贝尔物理学奖。同年 12 月 25 日,美国华裔物理学家朱经武等也在这种新的超导物质中观察到了 40.2 K 的超导转变。1987 年 1~2 月,日本、美国的科学家又相继发现临界温度为 54 K 和 98 K 的超导体,但未公布材料成分。1987 年 2 月 24 日,中国科学院宣布,物理研究所赵忠贤、陈立泉等 13 位科学家获得了临界温度达 100 K 以上的超导体,材料成分为钇钡铜氧陶瓷,世界为之震动,标志着我国超导研究已跃居世界先进行列。

3. 超导技术的应用

超导技术的应用大致可分为超导输电、强磁应用和弱磁应用三个方面。

(1) 超导输电　用常规导线传输电流时,电能损耗较为严重。为了提高输电容量,通常采用超高压输电,但超高压输电时介质损耗增大,效率也较低。由于超导体可以无损耗地传输直流电,而且目前对超导材料的研究已能使交流损耗降到很低的水平,所以利用超导体制成的电缆会节省大量能源,提高输电容量,将为电力工业带来一场根本性的革命。

(2) 强磁应用　生产与科研中常常需要很强的磁场,常规线圈由于导线有电阻,损耗很大,为了获得强磁场,就需提供很大的能源来补偿这一损耗;而当电流大到一定程度,就会烧毁线圈。利用超导体制成的线圈就能克服这种问题而获得强大的磁场。

我国上海建成的世界上第一条磁悬浮列车商业运营线就是超导强磁应用的实例。

(3) 弱磁应用　超导弱磁应用的基础是约塞夫森效应。1962 年,英国物理学家约塞夫森指出"超导结"(两片超导薄膜间夹一层很薄的绝缘层)具有一系列奇特的性质,例如,超导体的电子对能穿过绝缘层,称为隧道效应;在绝缘层两边电压为零的情况下,产生直流超导电流;而在绝缘层两边加一定直流电压时,竟会产生特定频率的交流超导电流。从此,一门新的学科——超导电子学诞生了。

电子计算机的发展经历了电子管、晶体管、集成电路和大规模集成电路阶段,运算速度和可靠性不断提高。应用约塞夫森效应制成的开关元件,其开关速度比半导体集成电路快 10~

20倍,而功耗仅为半导体集成电路的千分之一左右,利用它将能制成运算速度快、容量大、体积小、功耗低的新一代计算机。

此外,约塞夫森效应在超导通信、传感器、磁力共振诊断装置等方面也将得到广泛应用,带动电子工业的深刻变革。

二 导线和绝缘材料

1. 导线

导线大致可分为带绝缘保护层和不带绝缘保护层两类。带绝缘保护层的导线称为绝缘导线,不带绝缘保护层的导线称为裸线。

绝缘导线的种类有:橡铜线、橡铝线、塑铜线、塑铝线、橡套线、塑套线等。照明电路中使用的是绝缘导线,主要品种有:

氯丁橡胶皮绝缘导线,截面积有 $1 \ mm^2$、$1.5 \ mm^2$、$2.5 \ mm^2$ 等多种,主要用于户内外照明电路干线。

塑铜线和塑铝线,截面积有 $1 \ mm^2$、$1.5 \ mm^2$、$2.5 \ mm^2$ 等多种,主要用于户内照明电路干线。

塑料平行线和塑料绞型线,截面积有 $0.2 \ mm^2$、$0.5 \ mm^2$、$1 \ mm^2$ 等多种,主要用于连接可移动电器的电源线。

在 220 V 交流电压照明电路中使用的电器,每千瓦对应的额定电流约为 4.5 A。对一定型号导线的每一种标准截面,都规定了最大的允许持续电流,选用导线时,可查阅电工手册。

2. 绝缘材料

绝缘材料的主要作用是隔离带电的或不同电位的导体,使电流能按指定方向流动。在某些场合下,绝缘材料往往还起机械支撑、保护导体等作用。

绝缘材料在使用过程中,由于各种因素的长期作用,会发生化学变化和物理变化,使其电气性能和机械性能变坏,这种变化称为老化。影响绝缘材料老化的因素很多,但主要是热的因素,使用时温度过高会加速绝缘材料的老化过程。因此,对各种绝缘材料都规定它们在使用过程中的极限温度,以延缓它的老化过程,保证产品的使用寿命。例如,对外层带绝缘层的导线,应远离热源。当绝缘导线老化时,若用手折动,会使导线绝缘层出现裂纹,对于这样的导线不要勉强使用,必须立即更换,避免造成短路事故或危及人身安全。

几种常用绝缘材料的名称、用途及使用注意事项介绍如下:

(1) 橡胶 电工用橡胶不是天然橡胶,而是指经过加工的人工合成的橡胶,如制成导线的绝缘皮、电工穿的绝缘鞋、戴的绝缘手套等。测定橡胶的耐压能力是以电击穿强度(kV/mm)为依据的。

使用橡胶绝缘物品时要注意防止出现硬伤,如安装电线时由于线皮与其他物体磨、刮而造成损伤,电工用的绝缘鞋和绝缘手套不慎扎伤等,都会降低橡胶的绝缘强度,带电作业时,非常容易造成事故。

（2）塑料　电工用塑料主要指聚氯乙烯塑料,如制作配电箱内固定电气元件的底板、电气开关的外壳、导线的绝缘皮等。测定塑料绝缘物的耐压能力也是以电击穿强度(kV/mm)为依据。

在 500 V 电压以下,处理导线的接头,可以用塑料带作内层绝缘,外层再包黑胶布,为提高绝缘性能,黑胶布要绕三层。使用塑料绝缘的电工材料,要注意塑料耐热性差,受热容易变形,应尽量远离热源。

（3）绝缘纸　电工使用的绝缘纸是经过特殊工艺加工制成的,也有用绝缘纸制成的绝缘纸板。绝缘纸主要用在电容器中作绝缘介质,绕制变压器时作层间绝缘等。

用绝缘纸或绝缘纸板作绝缘材料,制成电工器材后,要浸渍绝缘漆,加强防潮性能和绝缘性能。

（4）棉、麻、丝制品　棉布、丝绸浸渍绝缘漆后,可制成绝缘板或绝缘布。棉布带和亚麻布带是捆扎电动机、变压器线圈必不可少的材料,黑胶布就是白布带浸渍沥青胶制成的。

使用漆布、漆绸时,由于材料较脆,不宜硬折。

三　电阻器

1. 电阻器的作用和分类

电阻器是一种消耗电能的元件,在电路中用于控制电压、电流的大小,或与电容器和电感器组成具有特殊功能的电路等。

为了适应不同电路和不同工作条件的需要,电阻器的品种规格很多,按外形结构可分为固定式和可变式两大类,图 1-4(a)和(b)所示分别为固定电阻器和可变电阻器的外形。固定电阻器主要用于阻值不需要变动的电路;可变电阻器,即电位器,主要用于阻值需要经常变动的电路;另外,微调电位器或微调电阻器,主要用于阻值有时需要变动但不必经常变动的电路。

电阻器按制造材料可分为膜式(碳膜、金属膜等)和金属线绕式两类。膜式电阻器的阻值范围较大,可从零点几欧到几十兆欧,但功率不大,一般为几瓦;金属线绕式电阻器正好与其相反,其阻值范围较小,但功率较大。

按电阻器的特性,还可进一步分成高精度、高稳定性、高阻、高压、高频及各种敏感型电阻器。常见的敏感型电阻器有热敏电阻器、光敏电阻器、压敏电阻器等,如图 1-4(c)所示。

2. 电阻器的主要参数

电阻器的参数很多,在实际应用中,一般常考虑标称阻值、允许误差和额定功率三项参数。

（1）标称阻值　电阻器的标称阻值是指电阻器表面所标的阻值,它是按国家规定的阻值系列标注的,因此,选用电阻器时必须按国家规定的电阻器标称阻值范围进行选用。

（2）允许误差　电阻器的实际阻值并不完全与标称阻值相等,存在误差。实际阻值与标

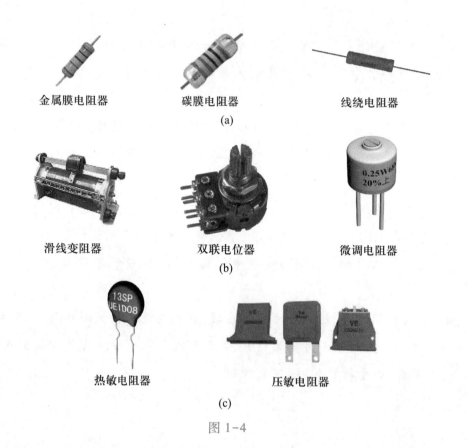

金属膜电阻器　　　碳膜电阻器　　　　　线绕电阻器

(a)

滑线变阻器　　　　双联电位器　　　　微调电阻器

(b)

热敏电阻器　　　　　压敏电阻器

(c)

图 1-4

称阻值之差,除以标称阻值所得的百分数就是电阻器的误差。普通电阻器的允许误差一般分为三级,即±5%、±10%、±20%,或用Ⅰ、Ⅱ、Ⅲ表示。

电阻器的标称阻值和允许误差一般直接标注在电阻体的表面上,体积小的电阻器则用文字符号法或色标法表示。

电阻器的色环通常有四条,其中三环相距较近,作为阻值标注,另一环距前三环较远,作为允许误差标注,如图 1-5 所示。色环颜色的电阻数值表示见表 1-3,色环颜色的允许误差表示见表 1-4。

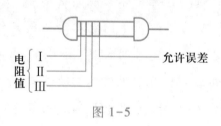

图 1-5

表 1-3

色环颜色	棕	红	橙	黄	绿	蓝	紫	灰	白	黑
电阻数值	1	2	3	4	5	6	7	8	9	0

表 1-4

色环颜色	金	银	无色
允许误差	±5%	±10%	±20%

第一环、第二环各代表一位数字,第三环则代表零的个数。例如,某色环电阻第一环为棕色,第二环为红色,第三环为橙色,查表可知,此电阻为 12 kΩ。

（3）额定功率　电阻器接入电路后,通过电流时便要发热,如果电阻器的温度过高就会将其烧毁。通常在规定的气压、温度条件下,电阻器长期工作时所允许承受的最大电功率称为额定功率。一般情况下,所选用电阻器的额定功率应大于实际消耗功率的两倍左右,以保证电阻器的可靠性。

四　电功和电热的关系

电流通过电路时要做功,同时,一般电路是有电阻的,因此,电流通过电路时也要发热。那么,电流做的功与它产生的热之间,又有什么关系呢?

如果电路中只含有电阻,即所谓纯电阻电路,由于 $U=RI$,因此,$UIt=RI^2t$。这就是说,电流所做的功 UIt 与产生的热量 RI^2t 是相等的,在这种情况下,电能完全转化为电路的热能,这时电功的公式也可写成

$$W = RI^2t = \frac{U^2}{R}t$$

如果不是纯电阻电路,电路中还包含电动机、电解槽等用电器,那么,电能除部分转换为热能外,还要转换为机械能、化学能等。这时电功仍然等于 UIt,产生的热量仍然等于 RI^2t,但电流所做的功已不再等于产生的热量,而是大于这个热量。电路两端的电压 U 也不再等于 RI,而是大于 RI 了。在这种情况下,就不能用 RI^2t 或 $\frac{U^2}{R}t$ 来计算电功。

例如,一台电动机,额定电压是 110 V,电阻是 0.4 Ω,在正常工作时,通过的电流是 5 A,每秒内电流做的功是 $W=UIt=550$ J,每秒内产生的热量是 $Q=RI^2t=10$ J,电功比电热大很多,加在电动机上的电压 $U=110$ V,而 $RI=2$ V,U 比 RI 也大很多。

总之,只有在纯电阻电路中,电功才等于电热。在非纯电阻电路里,要注意电功和电热的区别。

本章小结

1. 电路是由电源、用电器、导线和开关等组成的闭合回路。电路的作用是实现电能的传输和转换。

2. 电荷的定向移动形成电流。电路中有持续电流的条件是:

（1）电路为闭合通路(回路)。

（2）电路两端存在电压,电源的作用是为电路提供持续的电压。

3. 电流的大小等于通过导体横截面的电荷量与通过这些电荷量所用时间的比值,即

$$I = \frac{q}{t}$$

4. 电阻是表示元件对电流呈现阻碍作用大小的物理量。在一定温度下,导体的电阻和它的长度成正比,而和它的横截面积成反比,即

$$R = \rho \frac{l}{S}$$

式中,ρ 是一个反映材料导电性能的物理量,称为电阻率。此外,导体的电阻还与温度有关。

5. 部分电路欧姆定律反映了电流、电压、电阻三者之间的关系,其规律为

$$I = \frac{U}{R}$$

6. 电流通过用电器时,将电能转换为其他形式的能。

转换电能的计算:$W = UIt$。

电功率的计算:$P = UI$。

电热的计算:$Q = RI^2t$。

 题

1. 是非题

(1) 电路图是根据电气元件的实际位置和实际连线连接起来的。 (　　)

(2) 直流电路中,有电压的元件一定有电流。 (　　)

(3) 直流电路中,有电流的元件,两端一定有电压。 (　　)

(4) 电阻值大的导体,电阻率一定也大。 (　　)

(5) 如果电阻元件的伏安特性曲线是过原点的直线,这种电阻元件称为线性电阻。 (　　)

(6) 欧姆定律适用于任何电路和任何元件。 (　　)

(7) $R = \frac{U}{I}$ 中的 R 是元件参数,它的值是由电压和电流的大小决定的。 (　　)

(8) 额定电压为 220 V 的用电器接在 110 V 电源上,用电器消耗的功率为原来的 1/4。 (　　)

(9) 在纯电阻电路中,电流通过电阻所做的功与它产生的热量是相等的。 (　　)

(10) 公式 $P = UI = RI^2 = \frac{U^2}{R}$ 在任何条件下都是成立的。 (　　)

2. 选择题

(1) 下列设备中,一定是电源的为(　　)。

A. 发电机　　　　　　B. 电冰箱　　　　　　C. 蓄电池　　　　　　D. 电灯

（2）通过一个电阻的电流是 5 A，经过 4 min，通过该电阻的一个横截面的电荷量是（　　）。

A. 20 C　　　　　　B. 50 C　　　　　　C. 1 200 C　　　　　　D. 2 000 C

（3）一般金属导体具有正温度系数，当环境温度升高时，电阻值将（　　）。

A. 增大　　　　　　B. 减小　　　　　　C. 不变　　　　　　D. 不能确定

（4）相同材料制成的两个均匀导体，长度之比为 3∶5，横截面积之比为 4∶1，则其电阻之比为（　　）。

A. 12∶5　　　　　　B. 3∶20　　　　　　C. 7∶6　　　　　　D. 20∶3

（5）某导体两端电压为 100 V，通过的电流为 2 A；当两端电压降为 50 V 时，导体的电阻应为（　　）。

A. 100 Ω　　　　　　B. 25 Ω　　　　　　C. 50 Ω　　　　　　D. 0

（6）通常电工术语"负载大小"是指（　　）的大小。

A. 等效电阻　　　　B. 实际电功率　　　C. 实际电压　　　　D. 负载电流

（7）一电阻元件，当其电流减为原来的一半时，其功率为原来的（　　）。

A. 1/2　　　　　　　B. 2 倍　　　　　　C. 1/4　　　　　　　D. 4 倍

（8）220 V、40 W 用电器正常工作（　　）小时，消耗的电能为 1 kW·h。

A. 20　　　　　　　B. 40　　　　　　　C. 45　　　　　　　D. 25

3. 填空题

（1）电路是由_____、_____、_____和_____等组成的闭合回路。电路的作用是实现电能的_____和_____。

（2）电路通常有_____、_____和_____三种状态。

（3）电荷的_____移动形成电流。它的大小是指单位_____内通过导体横截面的_____。

（4）在一定_____下，导体的电阻和它的长度成_____，而和它的横截面积成_____。

（5）一根实验用的铜导线，它的横截面积为 1.5 mm²，长度为 0.5 m。20 ℃时，它的电阻为_____Ω；50 ℃时，电阻为_____Ω。

（6）阻值为 2 kΩ、额定功率为 1/4 W 的电阻器，使用时允许的最大电压为_____V，最大电流为_____mA。

（7）某礼堂有 40 盏照明灯，每盏灯的功率为 100 W，则全部灯点亮 2 h，消耗的电能为_____kW·h。

（8）某导体的电阻是 1 Ω，通过它的电流是 1 A，那么在 1 min 内通过导体横截面的电荷量是_____C，电流做的功是_____，它消耗的功率是_____。

4. 问答与计算题

（1）有一根导线，每小时通过其横截面的电荷量为 900 C，问通过导线的电流多大？合多少毫安？多少微安？

（2）有一台电炉，炉丝长 50 m，炉丝用镍铬丝，若炉丝电阻为 5 Ω，问这根炉丝的横截面积是多大？（镍铬丝的电阻率取 1.1×10⁻⁶ Ω·m）。

（3）铜导线长 100 m，横截面积为 0.1 mm²，试求该导线在 50 ℃时的电阻值。

（4）有一个电阻，两端加上 50 mV 电压时，电流为 10 mA；当两端加上 10 V 电压时，电流是多少？

（5）有一根康铜丝，横截面积为 0.1 mm²，长度为 1.2 m，在它的两端加 0.6 V 电压时，通过它的电流正好是 0.1 A,求这种康铜丝的电阻率。

（6）用横截面积为 0.6 mm²,长 200 m 的铜线绕制一个线圈,这个线圈允许通过的最大电流是 8 A,这个线圈两端至多能加多高的电压?

（7）一台 1 kW、220 V 的电炉,正常工作时电流多大? 如果不考虑温度对电阻的影响,把它接在 110 V 的电压上,它的功率将是多少?

（8）什么是用电器的额定电压和额定功率? 当加在用电器上的电压低于额定电压时,用电器的实际功率还等于额定功率吗? 为什么?

第二章 简单直流电路

直流电路和正弦交流电路是实际中用得最多的两种电路。本章学习的直流电路是在第一章的基础上展开的。本章着重学习简单直流电路的基本分析方法及计算。这些计算都是建立在许多重要概念的基础上的,所以必须要在理解基本概念的基础上来进行电路的分析和计算。

本章的基本要求是:

1. 理解电动势、端电压、电位的概念,掌握闭合电路的欧姆定律。

2. 掌握串、并联电路的性质和作用,理解串联分压、并联分流和功率分配的原理,掌握电压表和电流表扩大量程的方法和计算,掌握简单混联电路的分析和计算。

3. 了解万用表的构造、基本原理,并掌握它的使用方法。

4. 掌握电阻的测量方法,以及产生测量误差原因的分析方法。

5. 掌握电路中各点电位以及任意两点间电压的计算方法。

第一节 电动势 闭合电路的欧姆定律

一、电动势

电源有两个极,两极间存在电压,不同的电源,两极间电压的大小是不同的。不接用电器时,干电池的电压约为 1.5 V,蓄电池的电压约为 2 V。不接用电器时,电源两极间电压的大小是由电源本身的性质决定的,与外电路的情况没有关系。为了表征电源的这种特性,这里引入电动势的概念。电源的电动势等于电源没有接入电路时两极间的电压。电动势用符号 E 表示,单位与电压的单位相同,也是 V。电动势是一个标量,但它和电流一样有规定的方向,即规定自负极通过电源内部到正极的方向为电动势的方向。

二、闭合电路的欧姆定律

图 2-1 所示是最简单的闭合电路。闭合电路由两部分组成,一部分是电源外部的电路,称为外电路,包括用电器和导线等;另一部分是电源内部的电路,称为内电路,如发电机的线圈、电池内的溶液等。外电路的电阻通常称为外电阻,内电路也有电阻,通常称为电源的内电阻,简称内阻。

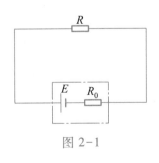

图 2-1

那么,在闭合电路里,电流是由哪些因素决定的呢?这个问题可以用能量守恒定律和焦耳定律来解决。

设 t 时间内有电荷量 q 通过闭合电路的横截面。在电源内部,非静电力把 q 从负极移到正极所做的功 $W=Eq$,考虑到 $q=It$,那么 $W=EIt$。电流通过电阻 R 和 R_0 时,电能转换为热能,根据焦耳定律,$Q=RI^2t+R_0I^2t$。电源内部其他形式的能转换成的电能,在电流通过电阻时全部转换为热能,根据能量守恒定律,$W=Q$,即 $EIt=RI^2t+R_0I^2t$,所以

$$E = RI + R_0I$$

或

$$I = \frac{E}{R + R_0}$$

上式表示:闭合电路内的电流,跟电源的电动势成正比,跟整个电路的电阻成反比,这就是闭合电路的欧姆定律。

由于 $RI=U$ 是外电路上的电压降(也称为端电压),$R_0I=U'$ 是内电路上的电压降,所以

$$E = U + U'$$

这就是说,电源的电动势等于内、外电路电压降之和。

三、端电压

电源的电动势不随外电路的电阻而改变,但电源加在外电路两端的电压——端电压却不是这样。从图 2-2 所示的实验很容易看到,变阻器的电阻 R 改变了,电压表所示的端电压 U 也随着改变。R 增大,U 也增大;R 减小,U 也减小。

利用闭合电路的欧姆定律很容易说明这个现象。由于 $I=\frac{E}{R+R_0}$,因此外电路的电阻 R 增大时,电流 I 要减小;由于端电压 $U=E-R_0I$,因此电流 I 减小时,端电压 U 就增大。反之,外电路的电阻 R 减小时,电流 I 要增大,于是端电压 U 就减小。电源端电压随负载电流变化的规律称为电源的外特性。

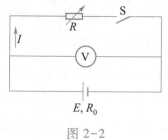

图 2-2

下面讨论两种特殊情况:

(1)当外电路断开时,R 变成无限大,I 变成零,R_0I 也变为零,$U=E$,这表明外电路断开时的端电压等于电源的电动势。

利用这个道理可以用电压表来粗略测定电源的电动势。当然,这时电压表本身构成了外电路,因此,测出的端电压并不准确地等于电动势。不过由于电压表的内阻很大,I 很小,R_0I 也很小,因此,U 和 E 相差很小,在不要求十分精确的情况下,可以用这个办法来测电动势。

（2）当外电路短路时，R 趋近于零，端电压 U 也趋近于零，这时

$$I \rightarrow \frac{E}{R_0}$$

电源的内电阻一般很小，所以短路时电流很大。电流太大不但会烧坏电源，还可能引起火灾。为了防止这类事故，在电力线路中必须安装保险装置，同时实验中绝不可将导线或电流表（电流表的内阻很小）直接接到电源上，以防止短路。

图 2-3 中曲线表示了端电压 U 随负载电阻 R 变化的关系。为了比较，图中绘制出了电动势相同但内阻值不同的两条曲线。

[例1] 在图 2-4 中，当单刀双掷开关 S 扳到位置 1 时，外电路电阻 $R_1 = 14\ \Omega$，测得电流 $I_1 = 0.2\ \text{A}$；当 S 扳到位置 2 时，外电路电阻 $R_2 = 9\ \Omega$，测得电流 $I_2 = 0.3\ \text{A}$，求电源的电动势和内电阻。

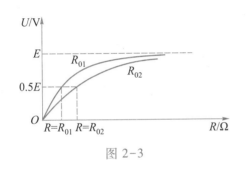
图 2-3

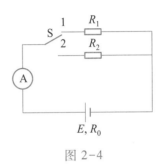
图 2-4

解：根据闭合电路的欧姆定律，可列出联立方程

$$\begin{cases} E = R_1 I_1 + R_0 I_1 \\ E = R_2 I_2 + R_0 I_2 \end{cases}$$

消去 E，可得

$$R_1 I_1 + R_0 I_1 = R_2 I_2 + R_0 I_2$$

所以

$$R_0 = \frac{R_1 I_1 - R_2 I_2}{I_2 - I_1} = \frac{14 \times 0.2 - 9 \times 0.3}{0.3 - 0.2}\ \Omega = 1\ \Omega$$

把 R_0 值代入 $E = R_1 I_1 + R_0 I_1$ 中，可得

$$E = 3\ \text{V}$$

这道例题介绍了另一种测量电源电动势和内电阻的方法。

四、电源向负载输出的功率

将 $U = E - R_0 I$ 两端同乘以 I，得

$$UI = EI - R_0 I^2$$

式中，EI 是电源的总功率，UI 是电源向负载输出的功率，$R_0 I^2$ 是内电路消耗的功率。

由以上讨论可知:电流随负载电阻的增大而减小,端电压随负载电阻的增大而增大,电源输出给负载的功率 $P = UI$ 也和负载电阻有关。那么,在什么情况下电源的输出功率最大呢?

若负载为纯电阻,则

$$P = UI = RI^2 = R\left(\frac{E}{R + R_0}\right)^2 = \frac{RE^2}{(R + R_0)^2}$$

利用 $(R+R_0)^2 = (R-R_0)^2 + 4RR_0$,上式可以写成

$$P = \frac{RE^2}{(R - R_0)^2 + 4RR_0} = \frac{E^2}{\dfrac{(R - R_0)^2}{R} + 4R_0}$$

电源的电动势 E 和内电阻 R_0 与电路无关,可以看作恒量。因此,只有 $R = R_0$ 时,分式的分母值最小,整个分式的值最大,这时电源的输出功率就达到最大值,该最大值为

$$P_m = \frac{E^2}{4R} = \frac{E^2}{4R_0}$$

这样,就得到结论:当电源给定而负载可变,外电路的电阻等于电源的内电阻时,电源的输出功率最大,此时称负载与电源匹配。

图 2-5 中的曲线表示了电动势和内阻均恒定的电源输出的功率 P 随负载电阻 R 的变化关系。

当电源的输出功率最大时,由于 $R = R_0$,因此负载上和内阻上消耗的功率相等,这时电源的效率不高,只有 50%。在电工和电子技术中,根据具体情况,有时要求电源的输出功率尽可能大些,有时又要求在保证一定功率输出的前提下尽可能提高电源的效率,这就要根据实际需要选择适当阻值的负载,以充分发挥电源的作用。

上述原理在许多实际问题中得到应用。例如,在多级放大电路中,总是希望后一级能从前一级获得较大的功率,以提高整个系统的功率放大倍数。这时,前级放大器的输出电阻相当于电源内阻,后级放大器的输入电阻则相当于负载电阻,当这两个电阻相等时,后一级放大器就能从前一级得到最大的功率,这称为放大器之间的阻抗匹配。

[例 2]　在图 2-6 中,$R_1 = 8\ \Omega$,电源的电动势 $E = 80\ \mathrm{V}$,内阻 $R_0 = 2\ \Omega$,R_2 为变阻器,要使变阻器消耗的功率最大,R_2 应多大?这时 R_2 消耗的功率是多少?

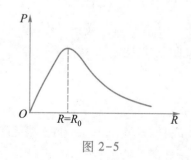

图 2-5

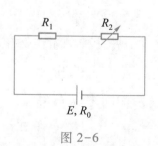

图 2-6

解：可以把 R_1 看作电源内阻的一部分，这样电源内阻就是 R_1+R_0。

利用电源输出功率最大的条件，可以求出

$$R_2 = R_1 + R_0 = (8 + 2) \ \Omega = 10 \ \Omega$$

这时，R_2 消耗的功率

$$P_m = \frac{E^2}{4R_2} = \frac{80^2}{4 \times 10} \ W = 160 \ W$$

第二节 电 池 组

一个电池所能提供的电压不会超过它的电动势，输出的电流有一个最大限度，超出了这个限度，电源就要损坏。但是在许多实际应用中，常常需要较高的电压或者较大的电流，此时可以把几个相同的电池连在一起使用，连在一起使用的几个电池称为电池组。电池的基本接法有两种：串联和并联。

一、电池的串联

把第一个电池的负极和第二个电池的正极相连接，再把第二个电池的负极和第三个电池的正极相连接，像这样依次连接起来，就组成了串联电池组，如图 2-7 所示。第一个电池的正极就是电池组的正极，最后一个电池的负极就是电池组的负极。

图 2-7

设串联电池组由 n 个电动势都是 E，内电阻都是 R_0 的电池组成。由于开路时端电压等于电源的电动势，而每一个电池正极的电位比它负极的电位高 E，前一个电池的负极和后一个电池的正极电位相同，因此，串联电池组正极的电位比它负极的电位高 nE，整个电池组的电动势

$$E_串 = nE$$

由于电池是串联的，电池的内电阻也是串联的，因此，串联电池组的内电阻

$$R_{0串} = nR_0$$

所以串联电池组的电动势等于各个电池电动势之和，其内电阻等于各个电池内电阻之和。

串联电池组的电动势既然比单个电池的电动势高，因此，当用电器的额定电压高于单个电池的电动势时，可以用串联电池组供电，但是这时全部电流要通过每个电池，所以用电器的额定电流必须小于单个电池允许通过的最大电流。

二、电池的并联

把电动势相同的电池的正极和正极相连接，负极和负极相连接，就组成并联电池组，如图 2-8 所示。并联在一起的正极是电池组的正极，并联在一起的负极是电池组的负极。

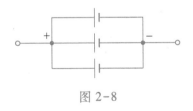

图 2-8

设并联电池组由 n 个电动势都是 E,内电阻都是 R_0 的电池组成,由于导线连接的所有极板的电位都相等,并联电池组正负极间的电位差等于每个电池正负极间的电位差,而开路时正负极间的电位差等于电动势,所以并联电池组的电动势

$$E_{并} = E$$

由于电池是并联的,电池的内电阻也是并联的,所以并联电池组的内电阻

$$R_{0并} = \frac{R_0}{n}$$

由 n 个电动势和内电阻都相同的电池连成的并联电池组,它的电动势等于一个电池的电动势,它的内电阻等于一个电池内电阻的 n 分之一。

并联电池组的电动势虽然不高于单个电池的电动势,但由于每个电池中通过的电流只是全部电流的一部分,整个电池组允许通过较大的电流。因此,当用电器的额定电流比单个电池允许通过的最大电流大时,可以采用并联电池组供电,但是这时候用电器的额定电压必须低于单个电池的电动势。

当电池的电动势和允许通过的最大电流都小于用电器的额定电压和额定电流时,可以先组成几个串联电池组,使用电器得到需要的额定电压,再把这几个串联的电池组并联起来,使每个电池实际通过的电流小于允许通过的最大电流。像这样把几个串联电池组再并联起来组成的电池组,称为混联电池组。

第三节　电阻的串联

一、串联电路

把电阻一个接一个地依次连接起来,就组成串联电路。串联电路的基本特点是:① 电路中各处的电流相等;② 电路两端的总电压等于各部分电路两端的电压之和。下面就从这两个基本特点出发,研究串联电路的几个重要性质。

(1) 串联电路的总电阻　用 R 代表串联电路的总电阻,I 代表电流,根据欧姆定律,在图 2-9 中有

$$U = RI, U_1 = R_1 I, U_2 = R_2 I, U_3 = R_3 I$$

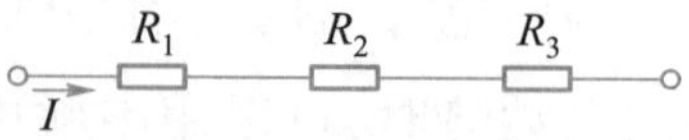

图 2-9

因为

$$U = U_1 + U_2 + U_3$$

所以

$$R = R_1 + R_2 + R_3$$

这就是说,串联电路的总电阻,等于各个电阻之和。

（2）串联电路的电压分配　在串联电路中,由于

$$I = \frac{U_1}{R_1}, I = \frac{U_2}{R_2}, \cdots, I = \frac{U_n}{R_n}$$

所以

$$\frac{U_1}{R_1} = \frac{U_2}{R_2} = \cdots = \frac{U_n}{R_n} = I$$

这就是说,串联电路中各个电阻两端的电压跟它的阻值成正比。

当只有两个电阻串联时,可得

$$I = \frac{U}{R_1 + R_2}$$

所以

$$U_1 = R_1 I = \frac{R_1}{R_1 + R_2} U$$

$$U_2 = R_2 I = \frac{R_2}{R_1 + R_2} U$$

这就是两个电阻串联时的分压公式。

（3）串联电路的功率分配　串联电路中某个电阻 R_k 消耗的功率 $P_k = U_k I$,而 $U_k = R_k I$。因此,$P_k = R_k I^2$,各个电阻消耗的功率分别是

$$P_1 = R_1 I^2, P_2 = R_2 I^2, \cdots, P_n = R_n I^2$$

所以

$$\frac{P_1}{R_1} = \frac{P_2}{R_2} = \cdots = \frac{P_n}{R_n} = I^2$$

这就是说,串联电路中各个电阻消耗的功率跟它的阻值成正比。

[例1]　有一盏弧光灯,额定电压 $U_1 = 40\ V$,正常工作时通过的电流 $I = 5\ A$,应该怎样把它接入 $U = 220\ V$ 的照明电路中?

解:直接把弧光灯接入照明电路是不行的,因为照明电路的电压比弧光灯额定电压高得多。由于串联电路的总电压等于各个导体上的电压之和,因此,可以在弧光灯上串联一个适当的电阻 R_2,分掉多余的电压,如图 2-10 所示。

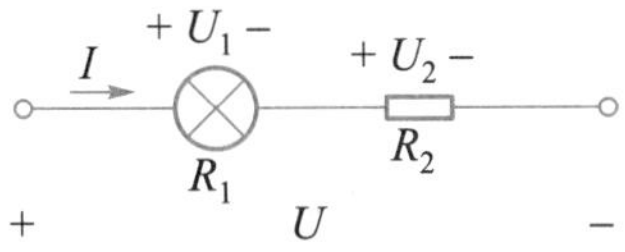

图 2-10

则

$$U_2 = U - U_1 = 180\ V$$

R_2 与弧光灯 R_1 串联,弧光灯正常工作时,R_2 通过的电流也是 5 A。

所以

$$R_2 = \frac{180}{5}\ \Omega = 36\ \Omega$$

由上述例题可知,串联电阻可以分担一部分电压,使额定电压低的用电器能连到电压高的线路上使用。串联电阻的这种作用称为分压作用,具有这种用途的电阻称为分压电阻。但分压电阻上将有一定的功率损耗,若损耗太大,造成电能的浪费,则不宜采用这一方法。

二、电压表

常用的电压表是由微安表或毫安表改装成的。微安表或毫安表的电阻值 R_g 为几百到几千欧,允许通过的最大电流 I_g 为几十微安到几毫安。每个微安表或毫安表都有它的 R_g 值和 I_g 值,当通过它的电流为 I_g 时,它的指针偏转到最大刻度,所以 I_g 也称为满偏电流。如果电流超过满偏电流,不但指针指示超出刻度范围,还会烧毁微安表或毫安表。

电流越大,微安表或毫安表指针的偏角就越大。根据欧姆定律可知,加在它两端的电压越大,指针的偏角也越大,如果在刻度盘上直接标出电压值,就可以用它来测电压。但是不能直接用微安表或毫安表来测较大的电压。因为如果被测电压 U 大于 $R_g I_g$,电流将超过 I_g 而把微安表或毫安表烧毁。如果给微安表或毫安表串联一个电阻,分担一部分电压,就可以用来测较大的电压了。加上串联电阻并在刻度盘上直接标出电压值,就可把微安表或毫安表改装成电压表,如图 2-11 所示。

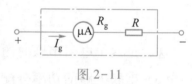

图 2-11

[例 2] 假设有一个微安表,电阻 $R_g = 1\ 000\ \Omega$,满偏电流 $I_g = 100\ \mu A$,要把它改装成量程是 3 V 的电压表,应该串联多大的电阻?

解:微安表指针偏转到满刻度时,它两端的电压 $U_g = R_g I_g = 0.1$ V,这是它能承担的最大电压。现在要让它测量最大为 3 V 的电压,分压电阻 R 就必须分担 2.9 V 的电压。由于串联电路中电压跟电阻成正比,$\dfrac{U_g}{R_g} = \dfrac{U_R}{R}$

则

$$R = \frac{U_R}{U_g} R_g = \frac{2.9}{0.1} \times 1\ 000\ \Omega = 29\ k\Omega$$

可见,串联 29 kΩ 的分压电阻后,就把这个微安表改装成了量程为 3 V 的电压表。

第四节　电阻的并联

一、并联电路

把几个电阻并列地连接起来,就组成了并联电路,图 2-12 所示是三个电阻 R_1、R_2、R_3 组成的并联电路。并联电路的基本特点是:① 电路中各支路两端的电压相等;② 电路中的总电流等于各支路的电流之和。下面也从这两个基本特点出发,来研究并联电路的几个重要性质。

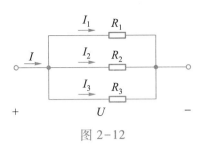

图 2-12

(1) 并联电路的总电阻　用 R 表示并联电路的总电阻,U 表示电压,根据欧姆定律,在图 2-12 中有

$$I = \frac{U}{R}, I_1 = \frac{U}{R_1}, I_2 = \frac{U}{R_2}, I_3 = \frac{U}{R_3}$$

因为

$$I = I_1 + I_2 + I_3$$

所以

$$\frac{1}{R} = \frac{1}{R_1} + \frac{1}{R_2} + \frac{1}{R_3}$$

这就是说,并联电路总电阻的倒数,等于各个电阻的倒数之和。

(2) 并联电路的电流分配　在并联电路中,由于

$$U = R_1 I_1, U = R_2 I_2, \cdots, U = R_n I_n$$

所以

$$R_1 I_1 = R_2 I_2 = \cdots = R_n I_n = U$$

这就是说,并联电路中通过各个电阻的电流与它的阻值成反比。

当只有两个电阻并联时,可得

$$R = \frac{R_1 R_2}{R_1 + R_2}$$

所以

$$I_1 = \frac{U}{R_1} = \frac{R}{R_1} I = \frac{R_2}{R_1 + R_2} I$$

$$I_2 = \frac{U}{R_2} = \frac{R}{R_2} I = \frac{R_1}{R_1 + R_2} I$$

这就是两个电阻并联时的分流公式。

(3) 并联电路的功率分配　并联电路中某个电阻 R_k 消耗的功率 $P_k = U I_k$,而 $I_k = \frac{U}{R_k}$,所以 $P_k = \frac{U^2}{R_k}$。因此,各个电阻消耗的功率分别是

$$P_1 = \frac{U^2}{R_1}, P_2 = \frac{U^2}{R_2}, \cdots, P_n = \frac{U^2}{R_n}$$

所以

$$P_1R_1 = P_2R_2 = \cdots = P_nR_n = U^2$$

这就是说,并联电路中各个电阻消耗的功率跟它的阻值成反比。

[例1] 线路电压为 220 V,每根输电导线的电阻 $R_1 = 1$ Ω,电路中并联了 100 盏 220 V、40 W 的照明灯。求:

(1)只打开其中 10 盏照明灯时,每盏照明灯的电压和功率;

(2)100 盏照明灯全部打开时,每盏照明灯的电压和功率。

解:根据题意,100 盏照明灯是并联的,照明灯与输电导线是串联的,电路如图 2-13 所示,其中 R_1 是每根输电导线的电阻。从图上可以看出,照明灯上的电压等于线路电压减去输电导线上的电压降。求出并联照明灯的电阻 $R_{并}$,电路的总电阻 $R_{总}$,算出电路中的总电流,就可以求出输电导线上的电压降,从而可以求得照明灯的电压和功率。

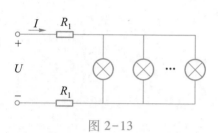
图 2-13

(1)只打开 10 盏照明灯的时候:

每盏照明灯的电阻

$$R = \frac{U^2}{P} = \frac{220^2}{40} \ \Omega = 1\ 210 \ \Omega$$

10 盏照明灯并联的电阻

$$R_{并} = \frac{R}{10} = 121 \ \Omega$$

电路中的总电阻

$$R_{总} = R_{并} + 2R_1 = (121 + 2) \ \Omega = 123 \ \Omega$$

电路中的总电流

$$I = \frac{U}{R_{总}} = \frac{220}{123} \ A \approx 1.8 \ A$$

两根输电导线上的电压降

$$U_r = 2R_1I = 2 \times 1 \times 1.8 \ V = 3.6 \ V$$

照明灯上的电压

$$U_L = U - U_r = (220 - 3.6) \ V \approx 216 \ V$$

每盏照明灯的功率

$$P = \frac{U_L^2}{R} = \frac{216^2}{1\ 210} \ W \approx 39 \ W$$

（2）100 盏照明灯全部打开的时候：

100 盏照明灯并联的电阻

$$R_{并} = \frac{R}{100} = 12.1 \ \Omega$$

电路中的总电阻

$$R_{总} = R_{并} + 2R_1 = (12.1 + 2) \ \Omega = 14.1 \ \Omega$$

电路中的总电流

$$I = \frac{U}{R_{总}} = \frac{220}{14.1} \ A \approx 16 \ A$$

两根输电导线上的电压降

$$U_r = 2R_1 I = 2 \times 1 \times 16 \ V = 32 \ V$$

照明灯上的电压

$$U_L = U - U_r = (220 - 32) \ V = 188 \ V$$

每盏照明灯的功率

$$P = \frac{U_L^2}{R} = \frac{188^2}{1\ 210} \approx 29 \ W$$

从上述例题可以看出，100 盏照明灯全部打开时比只打开 10 盏时加在照明灯上的电压减小了，每盏照明灯上消耗的功率也减小了。一般说来，电路里并联的用电器越多，并联部分的电阻就越小，在总电压不变的条件下，电路里的总电流就越大，因此，输电线上的电压降就越大。这样，加在用电器上的电压就越小，每个用电器消耗的功率也越小。人们在晚上七、八点钟开灯时，使用照明灯的用户多，灯光比深夜用户减少时暗些，就是这个缘故。

并联电阻可以分担一部分电流，并联电阻的这种作用称为分流作用，具有这种作用的电阻称为分流电阻。

二、电流表

在微安表或毫安表上并联一个分流电阻，按比例分流一部分电流，这样就可以利用微安表或毫安表测量大的电流。如果在刻度盘上标出电流值，则构成一个电流表，如图 2-14 所示。

［例2］ 有一只微安表，电阻 $R_g = 1\ 000 \ \Omega$，满偏电流 $I_g = 100 \ \mu A$，现要改装成量程为 1 A 的电流表，应并联多大的分流电阻？

解：微安表允许通过的最大电流是 100 μA = 0.000 1 A，在测量 1 A 的电流时，分流电阻 R 上通过的电流应该是 $I_R = 0.999\ 9$ A。由于并联电路中电流跟电阻成反比，$R_g I_g = RI_R$，所以

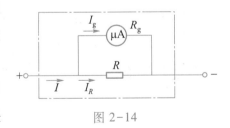

图 2-14

$$R = R_g \frac{I_g}{I_R} = 1\,000 \times \frac{0.000\,1}{0.999\,9}\,\Omega \approx 0.1\,\Omega$$

可见,并联 0.1 Ω 的分流电阻后,就可以把这个微安表改装成量程为 1 A 的电流表。

第五节　电阻的混联

在实际电路中,既有电阻的串联,又有电阻的并联,称为电阻的混联。对于混联电路的计算,只要按串联和并联的计算方法,一步一步地把电路化简,最后就可以求出总的等效电阻。但是,在有些混联电路里,往往不易一下子就看清各电阻之间的连接关系,难于下手分析。这时就要根据电路的具体结构,按照串联和并联电路的定义和性质,进行电路的等效变换,使其电阻之间的关系一目了然,而后进行计算。

进行电路的等效变换可采用下面的两种方法:

(1)利用电流的流向及电流的分、合,画出等效电路图。

[例1]　图 2-15 所示的电路中,已知 $R_1 = R_2 = 8\,\Omega$,$R_3 = R_4 = 6\,\Omega$,$R_5 = R_6 = 4\,\Omega$,$R_7 = R_8 = 24\,\Omega$,$R_9 = 16\,\Omega$,电路端电压 $U = 224$ V,试求通过电阻 R_9 的电流和 R_9 两端的电压?

解:先将图 2-15 所示的电路根据电流的流向进行整理。总电流通过电阻 R_1 后在 C 点分成两路,一支路经 R_7 到 D 点,另一支路经 R_3 到 E 点后又分成两路,一支路经 R_8 到 F 点,另一支路经 R_5、R_9、R_6 也到 F 点,电流汇合后经 R_4 到 D 点,与经 R_7 到 D 点的电流汇合成总电流通过 R_2,故画出等效电路如图 2-16 所示。

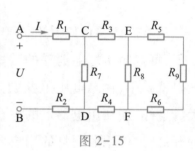

图 2-15

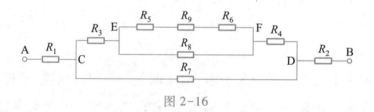

图 2-16

然后根据电路中电阻的串、并联关系计算出电路的总的等效电阻。可得

$$R_{总} = 28\,\Omega$$

再计算电路的总电流

$$I = \frac{U}{R_{总}} = \frac{224}{28}\,\text{A} = 8\,\text{A}$$

最后根据电阻并联的分流关系,可计算出通过电阻 R_9 中的电流是

$$I_9 = 2\,\text{A}$$

电阻 R_9 两端的电压是

$$U_9 = R_9 I_9 = 2 \times 16 \text{ V} = 32 \text{ V}$$

（2）利用电路中各等电位点分析电路,画出等效电路图。

[例2] 如图 2-17 所示,已知每一电阻的阻值 $R = 10 \ \Omega$,电源电动势 $E = 6 \text{ V}$,电源内阻 $R_0 = 0.5 \ \Omega$,求电路上的总电流。

解:先对图 2-17 所示的电路进行整理。A 点与 C 点等电位,B 点与 D 点等电位,因此, $U_{AB} = U_{AD} = U_{CB} = U_{CD}$,即 4 个电阻两端的电压都相等,故画出等效电路如图 2-18 所示。

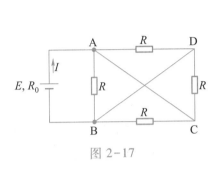

图 2-17

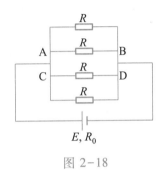

图 2-18

电路中总的等效电阻是

$$R_{总} = \frac{R}{4} = \frac{10 \ \Omega}{4} = 2.5 \ \Omega$$

所以电路上总的电流是

$$I = \frac{E}{R_{总} + R_0} = \frac{6}{2.5 + 0.5} \text{ A} = 2 \text{ A}$$

由以上分析与计算可以看出,混联电路计算的一般步骤为:

（1）首先对电路进行等效变换,也就是把不容易看清串、并联关系的电路,整理、简化成容易看清串、并联关系的电路(整理电路过程中绝不能把原来的连接关系搞错);

（2）先计算各电阻串联和并联的等效电阻,再计算电路的总的等效电阻;

（3）由电路的总的等效电阻和电路的端电压计算电路的总电流;

（4）根据电阻串联的分压关系和电阻并联的分流关系,逐步推算出各部分的电压和电流。

第六节　万用表的基本原理

一般的万用表可用来测量直流电压、直流电流、电阻及交流电压等,在上面所讨论的电阻串、并联的基础上,现介绍万用表的基本原理。

一、表头

表头是万用表进行各种不同测量的公用部分,它是一个很灵敏的测量机构,内部有一个可动的线圈,它的电阻称为表头的内阻。线圈通有电流之后,与永久磁铁互相作用产生磁场力,发生偏转,所偏转的角度与线圈中通过的电流成正比。固定在线圈上的指针随线圈一起偏转,指示线圈所偏转的角度。当指针指示满标度时,线圈中所通过的电流称为满偏电流。内阻和满偏电流是描述表头特性的两个参数,分别以 R_g 和 I_g 表示。

二、直流电压的测量

将表头串联一分压电阻 R,即构成一个最简单的直流电压表,如图 2-19 所示。测量时,要将电压表并联在被测电压 U 的两端,这时通过表头的电流

$$I = \frac{U}{R_g + R}$$

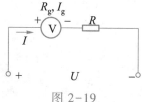

图 2-19

由于表头内阻 R_g 和分压电阻 R 的值是不变的,因此,通过表头的电流与被测电压成正比。只要在标度盘上按电压标示刻度,根据指针的偏转,就能指示被测电压的值。

分压电阻根据电压表的量程确定。电压表的量程 U_L 是指这个电压表所能测量的最大电压。显然,当被测电压 $U = U_L$ 时,通过表头的电流 $I = I_g$,用欧姆定律即可求出分压电阻的值是

$$R = \frac{U_L - R_g I_g}{I_g}$$

在万用表中,用转换开关分别将不同阻值的分压电阻与表头串联,就能得到几个不同的电压量程。

[例] 图 2-20 表示某万用表的直流电压表部分,它有五个量程,分别是 $U_1 = 2.5$ V,$U_2 = 10$ V,$U_3 = 50$ V,$U_4 = 250$ V,$U_5 = 500$ V,表头参数 $R_g = 3$ kΩ,$I_g = 50$ μA,求各分压电阻。

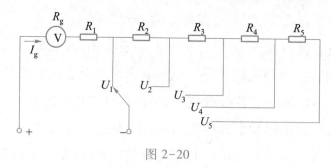

图 2-20

解:用欧姆定律分别求出各分压电阻的值为

$$R_1 = \frac{U_1 - R_g I_g}{I_g} = \frac{2.5 - 3 \times 10^3 \times 50 \times 10^{-6}}{50 \times 10^{-6}} \, \Omega = 47 \text{ k}\Omega$$

$$R_2 = \frac{U_2 - U_1}{I_g} = \frac{10 - 2.5}{50 \times 10^{-6}} \, \Omega = 150 \text{ k}\Omega$$

$$R_3 = \frac{U_3 - U_2}{I_g} = \frac{50 - 10}{50 \times 10^{-6}} \, \Omega = 800 \text{ k}\Omega$$

$$R_4 = \frac{U_4 - U_3}{I_g} = \frac{250 - 50}{50 \times 10^{-6}} \Omega = 4 \times 10^3 \text{ k}\Omega = 4 \text{ M}\Omega$$

$$R_5 = \frac{U_5 - U_4}{I_g} = \frac{500 - 250}{50 \times 10^{-6}} \Omega = 5 \times 10^3 \text{ k}\Omega = 5 \text{ M}\Omega$$

三、交流电压的测量

图 2-21 是交流电压表的基本原理电路图,与直流电压表所不同的地方,只是增加了一个与表头串联的二极管 VD1 及并联的二极管 VD2,被测的交流电压 U 经分压电阻 R 分压。二极管 VD1 和 VD2 均具有单向导电性,在交流电压的正半周时,若 VD2 不导通,则 VD1 导通,此时有电流通过表头;相反,在交流电压的负半周时,则 VD2 导通,VD1 不导通,这时,被测的交流电流在 AB 之间被 VD1 断开,并被 VD2 所短路,因而没有电流通过表头。因此,虽然被测电压是交流电压,但通过表头的却是单方向的电流,使指针所偏转的角度基本上与被测的交流电压 U 成正比,从而测出被测电压的值。

四、直流电流的测量

将表头并联一分流电阻,即构成一个最简单的直流电流表,如图 2-22 所示。测量某一负载中的电流时,要将电流表与该负载串联,使被测电流 I 通过电流表。根据并联电路的性质,这时通过表头的电流是

$$I_G = \frac{R}{R_g + R} I$$

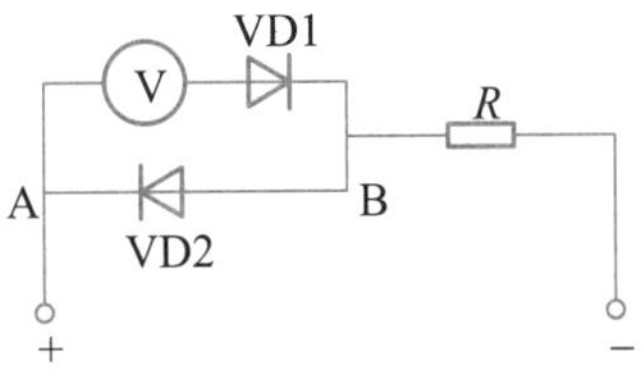

图 2-21

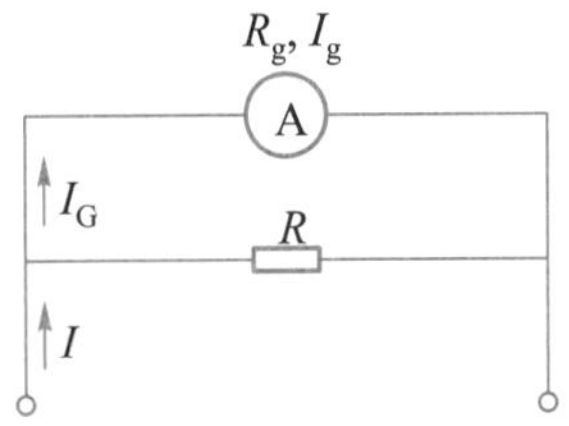

图 2-22

上式表明,在一定的分流电阻下,通过表头的电流 I_G 与被测电流 I 成正比。因此,只要在标度盘上按电流标示刻度,根据指针偏转,就能直接指示被测电流的值。

分流电阻由电流表的量程 I_L 确定。当被测电流 $I = I_L$ 时,表头中的电流 $I_G = I_g$,由欧姆定律算出

$$R = \frac{R_g I_g}{I_L - I_g}$$

实际的万用表是利用转换开关,将电流表制成多量程的,如图 2-23 所示。

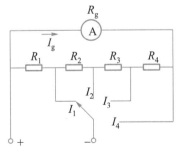

图 2-23

五、电阻的测量

在万用表中装有电阻表的电路，可以用来测量电阻，其基本原理如图2-24所示。内阻为 R_g、满偏电流为 I_g 的微安表或毫安表；R 是可变电阻，也称为调零电阻；电池的电动势是 E，内阻是 R_0。

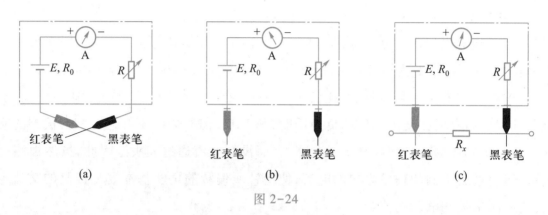

图 2-24

当红、黑表笔相接时[图2-24(a)]，调节 R 的阻值，使

$$I_g = \frac{E}{R_g + R_0 + R}$$

则指针指到满刻度，表明红、黑表笔间的电阻为零。当红、黑表笔不接触时[图2-24(b)]，电路中没有电流，指针不偏转，即指着电流表的零点，表明表笔间的电阻是无穷大。当红、黑表笔间接入某一电阻 R_x 时[图2-24(c)]，则通过电流表的电流

$$I = \frac{E}{R_g + R_0 + R + R_x}$$

R_x 改变，I 随着改变。可见每一个 R_x 值都有一个对应的电流值 I。在刻度盘上直接标出与 I 对应的电阻 R_x 的值，只要用红、黑表笔分别接触待测电阻的两端，就可以从表盘上直接读出它的阻值。

用电阻表来测电阻是很方便的，但是电池用久了，它的电动势和内阻都要变化，这时电阻表指示的电阻值误差就可能相当大了，所以电阻表只能用来粗略地测量电阻。

六、使用万用表的注意事项

使用万用表时，为保证万用表本身不致遭受损坏，需要注意以下几点：

（1）使用前认真阅读说明书，充分了解万用表的性能，正确理解表盘上各种符号和字母的含义及各条标度尺的读法，了解和熟悉转换开关等部件的作用和用法。

（2）测量前，要观察表头指针是否处于零位（电压、电流标度尺的零点），若不在零位，则应调整表头下方的机械调零旋钮，使其指零，否则测量结果将不准确。

（3）测量前，还要根据被测量的项目和大小，把转换开关拨到合适的位置。量程的选择，应尽量使表头指针偏转到标度尺满刻度的三分之二左右。如果事先无法估计被测量的大小，

可在测量中从最大量程挡逐渐减小到合适的挡位。每次拿起表笔准备测量时，一定要再校对一下测量项目、量程是否拨对、拨准。

（4）测量时，要根据选好的测量项目和量程挡位，明确应在哪一条标度尺上读数，并应清楚标度尺上一个小格代表多大数值，读数时眼睛应位于指针正上方。对有弧形反射镜的表盘，当看到指针与镜里的像重合时，读数最准确。一般情况下，除了应读出整数值外，还要根据指针的位置再估计读取一位小数。

（5）测量直流电流及电压时，为防止指针反方向偏转，在将万用表接入电路时，要注意"＋""－"端的位置。测电流时，应使被测电流从万用表"＋"端进去从"－"端出来；测电压时，万用表"＋"端应接被测电压的正极，"－"端接负极。如果事先不知道被测电流的方向和被测电压的极性，可将任意一支表笔先接触被测电路或元器件的任意一端，另一支表笔轻轻地试触一下另一被测端，若表头指针向右（正方向）偏转，说明表笔正负极性接法正确，若表头指针向左（反方向）偏转，说明表笔极性接反了，交换表笔即可测量。

（6）测量电流时，万用表必须串联到被测电路中。如果将电流表误与负载并联，因它的内阻很小，近似于短路，会导致仪表被烧坏。更不可将电流表直接接在电源的两端，否则将会造成更严重的后果。

（7）测量电压时，万用表必须并联在被测电压的两端。当测量高电压时，则要在测量前将电源切断，将表笔与被测电路的测试点连接好，待两手离开后，再接通电源进行读数，以保证人身安全。

（8）测量电阻前必须先将被测电路的电源切断，绝不可在被测电路带电的情况下进行测量；接着调整电阻零点，每次更换倍率挡位时，都应重新调整；然后将表笔跨接在被测电阻或电路的两端进行测量。

（9）在测量过程中，严禁拨动转换开关选择量程，以免损坏转换开关触点，同时也可避免误拨到过小量程挡位而撞弯指针或烧坏表头。

（10）测量结束，应将万用表转换开关拨到最高交流电压挡或 OFF 挡，防止下次测量时不慎损坏表头。这样做也可避免将转换开关拨到电阻挡，两只表笔偶然相碰短路，消耗表内电池的电能。

第七节　电阻的测量

测量电阻的方法很多，除上节介绍的用万用表电阻挡直接测量外，还常用伏安法和惠斯通电桥测量。

一、伏安法

根据欧姆定律 $U = IR$，只要用电压表测出电阻两端的电压，用电流表测出通过电阻的电流，就可以求出电阻值,这就是测量电阻的伏安法。

伏安法测量电阻在原理上是非常简单的,但由于在电路中接入了电压表和电流表,不可避免地改变了电路原来的状态,这就给测量结果带来了误差。

用伏安法测电阻,可以有两种把电压表和电流表接入电路的方法,如图 2-25 所示。采用图 2-25(a)的接法时(电流表外接法),由于电压表的分流,电流表测出的电流比通过电阻的电流要大些,这样计算出的电阻值就要比实际值小些。采用图 2-25(b)的接法时(电流表内接法),由于电流表的分压,电压表测出的电压比电阻两端的电压大些,这样计算出的电阻值就要比实际值大些。

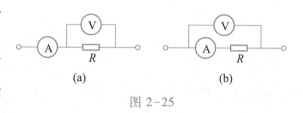

图 2-25

如果待测电阻的阻值比电压表的内阻小得多,采用图 2-25(a)的接法时,由电压表的分流而引起的误差就小。

如果待测电阻的阻值比电流表的内阻大得多,则采用图 2-25(b)的接法时,由电流表的分压而引起的误差就小。

二、惠斯通电桥

要比较准确地测量电阻,常用惠斯通电桥。

图 2-26 是惠斯通电桥的原理图。R_1、R_2、R_3、R_4 四个电阻是电桥的四个臂,其中 R_4 是待测电阻,其余三个是可调的已知电阻。G 是灵敏电流计,用来比较 B、D 两点的电位。调节已知电阻的阻值,使通过电流计的电流 $I_g = 0$,这时电桥平衡,表明 B、D 两点的电位相同,则有

$$I_1 = I_2, \quad I_3 = I_4$$

R_1 和 R_3 上的电压降相等,R_2 和 R_4 上的电压降也相等,所以

$$R_1 I_1 = R_3 I_3, \quad R_2 I_2 = R_4 I_4$$

将两式相除,即得

$$\frac{R_1}{R_2} = \frac{R_3}{R_4}$$

由于 R_1、R_2、R_3 都是已知的,利用上式就可求出 R_4。

从上述原理可以知道,用惠斯通电桥测量电阻,精确度跟电池的电动势没有关系,只与已知电阻的准确程度和电流计的灵敏度有关。因为在测量时,是根据电流计指针是否偏转来判断电桥是否平衡的。电流计不偏转,并不说明通过电流计的电流 I_g 绝对为零,只是说明 I_g 小到电流计检测不出来的程度。因此,已知电阻的准确程度越高,电流计的灵敏度越高,测量的结果就越精确。

惠斯通电桥有多种形式,学校里常用的是滑线式电桥,如图 2-27 所示。电桥的主要部分是一条 1 m 长的均匀电阻线 AC。待测电阻 R_x 接在 B、C 间,作为已知电阻的电阻箱 R 接在 A、

B 间,D 是滑动触头,可沿 AC 线移动,平时不跟 AC 线接触,按下后接通,松手后又断开。

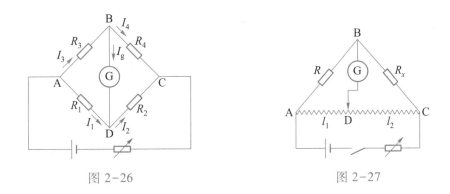

图 2-26   图 2-27

由于电阻线 AC 是均匀的,AD 段的电阻跟 DC 段的电阻之比等于它们的长度比 l_1/l_2。因此,在接通电路,按下滑动触头后,如果电流计中没有电流通过,就可以用

$$R_x = \frac{l_2}{l_1} R$$

计算出 R_x 的阻值。

第八节   电路中各点电位的计算

电路中每一点都有一定的电位,就如同空间的每一处都有一定的高度一样。讲高度先要确定一个计算高度的起点,例如,工厂的烟囱有 40 m 高,这个高度是从地平面算起的。讲电位也要先指定一个计算电位的起点,称为零电位点。

原则上零电位点可以任意选定,但习惯上,常规定大地的电位为零。有些设备的机壳是需要接地的,这时凡与机壳连接的各点均为零电位。有些设备的机壳虽然不一定真的和大地连接,但有很多元件需要汇集到一个公共点,为了方便起见,可规定这一公共点为零电位。

电路中零电位的点规定之后,电路中任一点与零电位点之间的电压(电位差),就是该点的电位。这样,电路中各点的电位就有了确定的数值。当各点电位已知之后,就能求出任意两点间的电压。

要计算电路中某点的电位,只要从这一点通过一定的路径绕到零电位的点,该点的电位即等于此路径上全部电压降的代数和。但要注意每一项电压的正、负值,如果在绕行过程中从正极到负极,此电压便是正的;反之从负极到正极,此电压则是负的。电压可以是电源电压,也可以是电阻上的电压。电源电压的正负极是直接给出的,电阻上电压的正负极则是根据电路中电流的方向来确定的。

综上所述,计算电路中某点电位的步骤可归纳为:

(1)根据题意选择好零电位点。

（2）确定电路中的电流方向和各元件两端电压的正负极。

（3）从被求点开始通过一定的路径绕到零电位点，则该点的电位即等于此路径上全部电压降的代数和。

[例]　如图 2-28 所示，已知 $E_1 = 45$ V，$E_2 = 12$ V，电源内阻可忽略不计，$R_1 = 5\ \Omega$，$R_2 = 4\ \Omega$，$R_3 = 2\ \Omega$，求 B、C、D 三点的电位。

解：选择 A 点为零电位点（接地点），回路中的电流方向及各电阻两端电压的正负极如图 2-28 中所示，电流的大小是

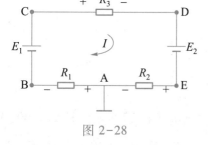

图 2-28

$$I = \frac{E_1 - E_2}{R_1 + R_2 + R_3} = \frac{45 - 12}{5 + 4 + 2}\ \text{A} = 3\ \text{A}$$

所以

$$V_B = - R_1 I = - 15\ \text{V}$$

或

$$V_B = - E_1 + R_3 I + E_2 + R_2 I = (- 45 + 6 + 12 + 12)\ \text{V} = - 15\ \text{V}$$

$$V_C = E_1 - R_1 I = 30\ \text{V}$$

或

$$V_C = R_3 I + E_2 + R_2 I = 30\ \text{V}$$

$$V_D = E_2 + R_2 I = 24\ \text{V}$$

或

$$V_D = - R_3 I + E_1 - R_1 I = 24\ \text{V}$$

从上例可看出，电位与所选择的绕行路径无关。正如六楼比一楼高十几米，这个高度与乘电梯上去还是从楼梯走上去是没有关系的。但若选择不同的零电位点，电路中各点的电位将发生变化。例如，在上题中，若改选 E 点为零电位点，则

$$V_A = - 12\ \text{V}$$

$$V_B = - 27\ \text{V}$$

$$V_C = 18\ \text{V}$$

$$V_D = 12\ \text{V}$$

可见，各点的电位发生了变化，但电路中任意两点间的电压不会改变，同学们可自己计算一下，并想想这是什么原因。

阅读与应用

常 用 电 池

电池分为原电池和蓄电池两种，都是由化学能转换为电能的器件。原电池是不可逆的，即

只能由化学能转换为电能(称为放电),故又称为一次电池;而蓄电池是可逆的,即既可由化学能转换为电能,又可由电能转换为化学能(称为充电),故又称为二次电池。因此,蓄电池对电能有储存和释放功能。

1. 蓄电池

常用蓄电池有:铅蓄电池、镍镉电池、镍氢电池、锂离子电池等。

铅蓄电池是在一个玻璃或硬橡胶制成的器皿中盛着电解质稀硫酸溶液,正极为二氧化铅板,负极为海绵状铅。在使用时通过正负极上的电化学反应,把化学能转换成电能供给直流负载。反过来,电池在使用后进行充电,借助直流电在电极上进行电化学反应,把电能转换成化学能而储存起来。铅蓄电池的优点是:技术较成熟,易生产,成本低,可制成各种规格的电池。缺点是:比能量低(蓄电池单位质量所能输出的能量称为比能量),难于快速充电,循环使用寿命不够长,制成小尺寸外形比较难。

镍镉电池的结构与铅蓄电池基本相同,电解质是氢氧化钾溶液,正极为氢氧化镍,负极为氢氧化镉。镍镉电池的优点是:比能量高于铅蓄电池,循环使用寿命比铅蓄电池长,快速充电性能好,由于是密封式电池因此可以长期使用免维护。缺点是:成本高,有"记忆"效应。由于镉是有毒的,因此,废电池应回收。

镍氢电池的设计源于镍镉电池,主要是以储氢合金代替镍镉电池中负极上使用的镉。镍氢电池的优点是:电量储备比镍镉电池多30%,质量更轻,使用寿命也更长,并且对环境无污染,大大减小了"记忆"效应。缺点是:价格更高,性能不如锂离子电池。

锂离子电池几乎没有"记忆"效应,且不含有毒物质,它的容量是同等质量的镍氢电池的1.5~2倍,而且具有很低的自放电率。因此,尽管锂电池的价格相对昂贵,仍被广泛用于数码设备中。

2. 干电池

干电池的种类较多,但以锌锰干电池(即普通干电池)最为人们所熟悉,在实际应用中也最普遍。

锌锰干电池分糊式、叠层式、纸板式和碱性型等数种,以糊式和叠层式应用最为广泛。

锌锰干电池阴极为锌片,阳极为碳棒(由二氧化锰和石墨组成),电解质为氯化铵和氯化锌水溶液。二氧化锰的作用是将碳棒上生成的氢气氧化成水,防止碳棒过早极化。

3. 微型电池

微型电池是随着现代科学技术发展,尤其是随着电子技术的迅猛发展,为满足实际需要而出现的一种小型化的电源装置。它既可制成一次电池,也可制成二次电池,广泛应用于电子表、计算器、照相机等电子电器中。

微型电池分两大类,一类是微型碱性电池,品种有锌氧化银电池、汞电池、锌镍电池等,其中以锌氧化银电池应用最为普遍;另一类是微型锂电池,品种有锂锰电池、锂碘电池等,以锂锰电池最为常见。

4.光电池

光电池是一种能把光能转换成电能的半导体器件。太阳能电池是普遍使用的一种光电池,制作材料以硅为主。通常将单晶体硅太阳能电池通过串联和并联组成大面积的硅光电池组,可以作为人造卫星、航标灯以及边远地区的电源。

为了解决无太阳光时负载的用电问题,一般将硅太阳能电池与蓄电池配合使用。有太阳光时,由硅太阳能电池向负载供电,同时给蓄电池充电;无太阳光时,由蓄电池向负载供电。

本章小结

1.闭合电路内的电流,与电源的电动势成正比,与整个电路的电阻成反比,这就是闭合电路的欧姆定律,即

$$I = \frac{E}{R + R_0}$$

式中,E、R_0是由电源决定的参数,R是由外电路结构决定的。外电路结构发生变化时,R随之发生变化,与之相应的电路中的电流、电压分配关系以及功率的消耗等都要发生变化。

2.在闭合电路中,电源端电压随负载电流变化的规律,$U = E - R_0 I$,称为电源的外特性。

3.串联电路的基本特点:电路中各处的电流相等;电路两端的总电压等于各部分电路两端的电压之和;串联电路的总电阻等于各个导体的电阻之和。

4.并联电路的基本特点:电路中各支路两端的电压相等;电路的总电流等于各支路的电流之和;并联电路的总电阻的倒数,等于各个导体的电阻的倒数之和。

5.电阻的测量可采用电阻表、伏安法和惠斯通电桥,要注意它们的测量方法和适用条件。

6.电路中某点的电位,就是该点与零电位之间的电压(电位差)。计算某点的电位,可以从这点出发通过一定的路径绕到零电位点,该点的电位即等于此路径上全部电压降的代数和。

习题

1.是非题

(1)当外电路开路时,电源端电压等于零。 (　　)

(2)短路状态下,电源内阻的电压降为零。 (　　)

(3)电阻值为 $R_1 = 20\ \Omega$,$R_2 = 10\ \Omega$ 的两个电阻串联,因电阻小对电流的阻碍作用小,故 R_2 中通过的电流比 R_1 中的电流大些。 (　　)

(4)一条马路上路灯总是同时亮,同时灭,因此这些灯都是串联接入电网的。 (　　)

（5）通常照明电路中灯开得越多，总的负载电阻就越大。 （　　）

（6）万用表的电压、电流及电阻挡的刻度都是均匀的。 （　　）

（7）通常万用表黑表笔所对应的是内电源的正极。 （　　）

（8）改变万用表电阻挡倍率后，测量电阻之前必须进行电阻调零。 （　　）

（9）电路中某两点的电位都很高，则这两点间的电压也一定很高。 （　　）

（10）电路中选择的参考点改变了，各点的电位也将改变。 （　　）

2. 选择题

（1）在图 2-29 中，$E = 10$ V，$R_0 = 1$ Ω，要使 R_P 获得最大功率，R_P 应为（　　）。

　A. 0.5 Ω　　　　　　　　　　　　B. 1 Ω

　C. 1.5 Ω　　　　　　　　　　　　D. 0

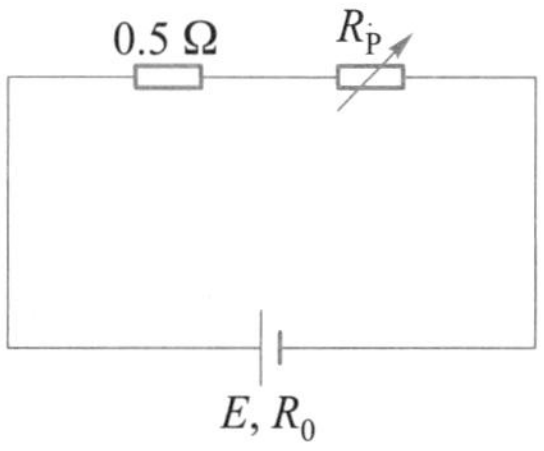

（2）在闭合电路中，负载电阻增大，则端电压将（　　）。

　A. 减小　　　　　　　　　　　　B. 增大

　C. 不变　　　　　　　　　　　　D. 不能确定

图 2-29

（3）将 $R_1 > R_2 > R_3$ 的 3 个电阻串联，然后接在电压为 U 的电源上，获得功率最大的电阻是（　　）

　A. R_1　　　　　　　　　　　　B. R_2

　C. R_3　　　　　　　　　　　　D. 不能确定

（4）若将上题 3 个电阻并联后接在电压为 U 的电源上，获得功率最大的电阻是（　　）。

　A. R_1　　　　B. R_2　　　　C. R_3　　　　D. 不能确定

（5）1 盏额定值为 220 V、40 W 的照明灯与 1 盏额定值为 220 V、60 W 的照明灯串联接在 220 V 电源上，则（　　）。

　A. 40 W 灯较亮　　　　　　　　　　B. 60 W 灯较亮

　C. 2 盏灯亮度相同　　　　　　　　　D. 不能确定

（6）2 个电阻 R_1、R_2 并联，等效电阻值为（　　）。

　A. $1/R_1 + 1/R_2$　　　　　　　　　B. $R_1 - R_2$

　C. $R_1 R_2/R_1 + R_2$　　　　　　　　D. $R_1 + R_2/R_1 R_2$

（7）2 个阻值均为 555 Ω 的电阻，串联时的等效电阻与并联时的等效电阻之比为（　　）。

　A. 2∶1　　　　B. 1∶2　　　　C. 4∶1　　　　D. 1∶4

（8）电路如图 2-30 所示，A 点电位为（　　）。

　A. 6 V　　　　B. 8 V　　　　C. -2 V　　　　D. 10 V

3. 填空题

（1）电动势为 2 V 的电源，与 9 Ω 的电阻接成闭合电路，电源两极间的电压为 1.8 V，这时电路中的电流为 _____ A，电源内阻为 _____ Ω。

（2）在图 2-31 中，当开关 S 扳向 2 时，电压表读数为 6.3 V；当开关 S 扳向 1 时，电流表读数为 3 A，$R = 2$ Ω，则电源电动势为 _____ V，电源内阻为 _____ Ω。

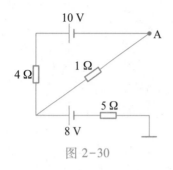

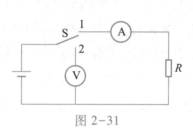

图 2-30 　　　　　　　　　　　　图 2-31

（3）当用电器的额定电压高于单个电池的电动势时,可以用_____电池组供电,但用电器的额定电流必须_____单个电池允许通过的最大电流。

（4）当用电器的额定电流比单个电池允许通过的最大电流大时,可采用_____电池组供电,但这时用电器的额定电压必须_____单个电池的电动势。

（5）有 1 个电流表,内阻为 100 Ω,满偏电流为 3 mA,要把它改装成量程为 6 V 的电压表,需_____Ω 的分压电阻;若要把它改装成量程为 3 A 的电流表,则需_____Ω 的分流电阻。

（6）2 个并联电阻,其中 $R_1 = 200$ Ω,通过 R_1 的电流 $I_1 = 0.2$ A,通过整个并联电路的电流 $I = 0.8$ A,则 $R_2 =$ _____Ω,R_2 中的电流 $I_2 =$ _____A。

（7）用伏安法测电阻,如果待测电阻比电流表内阻_____时,应采用_____。这样测量出的电阻值要比实际值_____。

（8）用伏安法测电阻,如果待测电阻比电压表内阻_____时,应采用_____。这样测量出的电阻值要比实际值_____。

（9）在图 2-32 中,$R_1 = 2$ Ω,$R_2 = 3$ Ω,$E = 6$ V,内阻不计,$I = 0.5$ A,当电流从 D 流向 A 时:$U_{AC} =$ _____、$U_{DC} =$ _____;当电流从 A 流向 D 时:$U_{AC} =$ _____、$U_{DC} =$ _____。

（10）在图 2-33 中,$E_1 = 6$ V,$E_2 = 10$ V,内阻不计,$R_1 = 4$ Ω,$R_2 = 2$ Ω,$R_3 = 10$ Ω,$R_4 = 9$ Ω,$R_5 = 1$ Ω,则 $V_A =$ _____V,$V_B =$ _____V,$V_F =$ _____V。

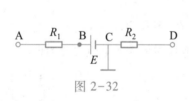

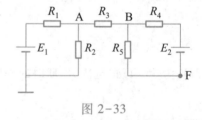

图 2-32 　　　　　　　　　　　　图 2-33

4. 问答与计算题

（1）电源的电动势为 1.5 V,内阻为 0.12 Ω,外电路的电阻为 1.38 Ω,求电路中的电流和端电压。

（2）在图 2-2 中,加接 1 个电流表,就可以测出电源的电动势和内电阻。当滑线变阻器的滑动片在某一位置时,电流表和电压表的读数分别是 0.2 A 和 1.98 V;改变滑动片的位置后两表的读数分别是 0.4 A 和 1.96 V,求电源的电动势和内电阻。

（3）有 10 个相同的蓄电池,每个蓄电池的电动势为 2 V,内阻为 0.04 Ω,把这些蓄电池接成串联电池组,外接电阻为 3.6 Ω,求电路中的电流和每个蓄电池两端的电压。

（4）有 2 个相同的电池,每个电池的电动势为 1.5 V,内阻为 1 Ω,把这 2 个电池接成并联电池组,外接电阻为 9.5 Ω,求通过外电路的电流和电池两端的电压。

（5）图 2-34 中,1 kΩ 电位器两头各串联 1 个 100 Ω 电阻,求当改变电位器滑动触点时,U_2 的变化范围。

（6）有 1 个电流表,内阻为 0.03 Ω,量程为 3 A。测量电阻 R 中的电流时,本应与 R 串联,如果不注意,错把电流表与 R 并联了,如图 2-35 所示,将会产生什么后果？假设 R 两端的电压为 3 V。

（7）如图 2-36 所示,电源的电动势为 8 V,内电阻为 1 Ω,外电路有 3 个电阻,R_1 为 5.8 Ω,R_2 为 2 Ω,R_3 为 3 Ω。求：① 通过各电阻的电流；② 外电路中各个电阻上的电压降和电源内部的电压降；③ 外电路中各个电阻消耗的功率,电源内部消耗的功率和电源的总功率。

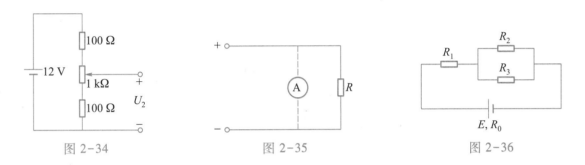

图 2-34　　　　　　　　　图 2-35　　　　　　　　　图 2-36

（8）求图 2-37 所示的电阻组合的等效电阻(已知 $R = 2$ Ω,$R_1 = 4$ Ω)。

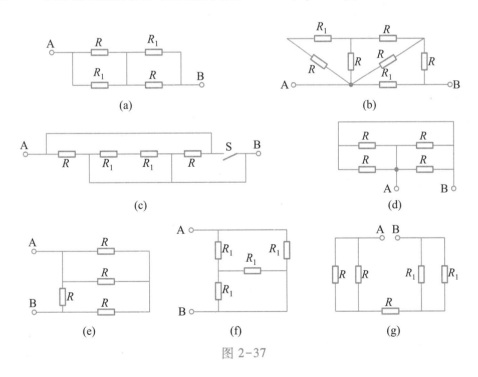

图 2-37

（9）图 2-38 所示是有 2 个量程的电压表,当使用 A、B 两端点时,量程为 10 V,当使用 A、C 两端点时,量程为 100 V,已知表的内阻 R_g 为 500 Ω,满偏电流 I_g 为 1 mA,求分压电阻 R_1 和 R_2 的值。

（10）在图 2-27 中,R 为 15 Ω,电桥平衡时,l_1 为 0.45 m,l_2 为 0.55 m,求待测电阻 R_x。

（11）在图 2-39 中 $E_1 = 20$ V，$E_2 = 10$ V，内阻不计，$R_1 = 20$ Ω，$R_2 = 40$ Ω，求：① A、B 两点的电位；② 在 R_1 不变的条件下，要使 $U_{AB} = 0$，R_2 应多大？

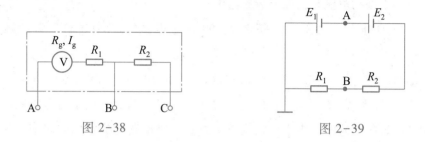

图 2-38   图 2-39

（12）在图 2-40 中，$E_1 = 12$ V，$E_2 = E_3 = 6$ V，内阻不计，$R_1 = R_2 = R_3 = 3$ Ω，求 U_{AB}、U_{AC}、U_{BC}。

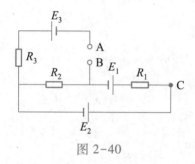

图 2-40

第三章　复杂直流电路

学习指导

本章着重介绍复杂直流电路的基本分析和计算方法,其中以支路电流法最为基本,叠加定理和戴维宁定理是重点。这些分析方法不仅适用于直流电路,也适用于交流电路,因此,本章是全书的重要内容之一,必须牢固掌握并会熟练应用。

本章的基本要求是:

1. 基尔霍夫定律是分析电路的最基本的定律,必须掌握,要能运用支路电流法分析计算两个网孔的电路。

2. 能正确应用叠加定理和戴维宁定理分析和计算两个网孔的电路。

3. 建立电压源和电流源的概念,了解它们的特性及等效变换。等效变换是电工技术中常用的分析方法,要注意等效变换的条件和应用场合。

第一节　基尔霍夫定律

在电子电路中,常会遇到由两个以上的有电源的支路组成的多回路电路,如图 3-1 所示,不能运用电阻串、并联的计算方法将它简化成一个单回路电路,这种电路称为复杂电路。

一、支路、节点和回路

支路:由一个或几个元件首尾相接构成的无分支电路。在同一支路内,流过所有元件的电流相等。在图 3-1 中,R_1 和 E_1 构成一条支路,R_2 和 E_2 构成一条支路,R_3 是另一条支路。

节点:三条或三条以上支路会聚的点。如图 3-1 中的 A 点和 B 点,以及图 3-2 中的 A 点都是节点。

回路:电路中任一闭合路径。如图 3-1 中的 CDEFC、AFCBA、EABDE 都是回路。

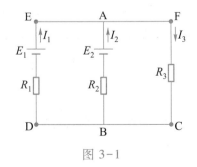

图 3-1

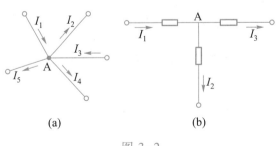

图 3-2

二、基尔霍夫电流定律

基尔霍夫电流定律又称为节点电流定律,它指出:电路中任意一个节点上,在任一时刻,流入节点的电流之和,等于流出节点的电流之和。

例如,对于图 3-2(a)中的节点 A,有

$$I_1 + I_3 = I_2 + I_4 + I_5$$

或

$$I_1 + (-I_2) + I_3 + (-I_4) + (-I_5) = 0$$

如果规定流入节点的电流为正,流出节点的电流为负,则基尔霍夫电流定律也可写成

$$\Sigma I = 0$$

亦即在任一电路的任一节点上,电流的代数和永远等于零。

基尔霍夫电流定律可以推广应用于任意假定的封闭面,如图 3-3 所示的电路,假定一个封闭面 S 把电阻 R_3、R_4 及 R_5 所构成的三角形全部包围起来,则流进封闭面 S 的电流应等于从封闭面 S 流出的电流,故得

$$I_1 + I_2 = I_3$$

事实上,不论电路怎样复杂,总是通过两根导线与电源连接的,而这两根导线是串接在电路中的,所以流过它们的电流必然相等,如图 3-4 所示。显然,若将一根导线切断,则另一根导线中的电流一定为零。因此,在已经接地的电力系统中进行工作时,只要穿绝缘胶鞋或站在绝缘木梯上,并且不同时触及有不同电位的两根导线,就能保证安全,不会有电流流过人体。

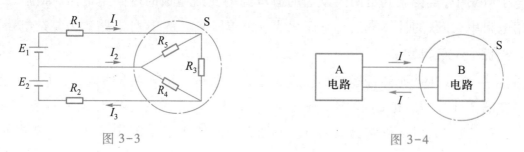

图 3-3   图 3-4

应该指出,在分析与计算复杂电路时,往往事先不知道每一支路中电流的实际方向,这时可以任意假定各条支路中电流的方向,称为参考方向,并且标在电路图上。若计算结果中,某一支路中的电流为正值,表明原来假定的电流方向与实际的电流方向一致;若某一支路的电流为负值,表明原来假定的电流方向与实际的电流方向相反,应该把它倒过来,才是实际的电流方向。

[例]   图 3-5 示出一电桥电路,已知 $I_1 = 25$ mA,$I_3 = 16$ mA,$I_4 = 12$ mA,求其余各电阻中的电流。

解:先任意标定未知电流 I_2、I_5 和 I_6 的参考方向,如图3-5所示。

在节点 A 应用基尔霍夫电流定律,列出节点电流方程式

$$I_1 = I_2 + I_3$$

求出

$$I_2 = I_1 - I_3 = (25 - 16)\ \text{mA} = 9\ \text{mA}$$

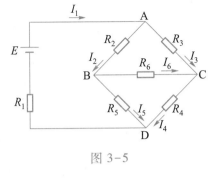

图 3-5

同样,分别在节点 B 和 C 应用基尔霍夫电流定律,列出节点电流方程式

$$I_2 = I_5 + I_6$$

$$I_4 = I_3 + I_6$$

于是求出

$$I_6 = I_4 - I_3 = (12 - 16)\ \text{mA} = -4\ \text{mA}$$

$$I_5 = I_2 - I_6 = [9 - (-4)]\ \text{mA} = 13\ \text{mA}$$

I_6 的值是负的,表示 I_6 的实际方向与标定的参考方向相反。

三、基尔霍夫电压定律

基尔霍夫电压定律又称为回路电压定律,它说明在一个闭合回路中各段电压之间的关系。

如图 3-6 所示,回路 ABCDEA 表示复杂电路若干回路中的一个回路(其他部分没有画出来),若各支路都有电流(方向如图所示),当沿 A-B-C-D-E-A 绕行时,电位有时升高,有时降低,但不论怎样变化,当从 A 点绕闭合回路一周回到 A 点时,A 点电位不变,也就是说,从一点出发绕回路一周回到该点时,各段电压(电压降)的代数和等于零,这一关系称为基尔霍夫电压定律,即

$$\Sigma U = 0$$

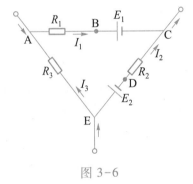

图 3-6

对于图 3-6 所示的电路,有

$$U_{AC} = R_1 I_1 + E_1$$

$$U_{CE} = -R_2 I_2 - E_2$$

$$U_{EA} = R_3 I_3$$

沿整个闭合回路的电压应为

$$U_{AC} + U_{CE} + U_{EA} = 0$$

即

$$R_1 I_1 + E_1 - R_2 I_2 - E_2 + R_3 I_3 = 0$$

移项后得

$$R_1 I_1 - R_2 I_2 + R_3 I_3 = -E_1 + E_2$$

上式表明:在任一时刻,一个闭合回路中,各段电阻上电压降的代数和等于各电源电动势的代数和,公式为

$$\sum RI = \sum E$$

这就是基尔霍夫电压定律的另一种表达形式。

在运用基尔霍夫电压定律所列的方程中,电压与电动势均指的是代数和,因此,必须考虑正、负。需要指出:在用式 $\sum U = 0$ 时,电压、电动势均集中在等式一边,各段电压的正、负号规定完全与第二章第八节中所述一样;但如果用 $\sum RI = \sum E$(电压与电动势分别写在等式两边),则电压的正、负规定仍和前面相同,而电动势的正、负号则恰好相反,也就是当绕行方向与电动势的方向(由负极指向正极)一致时,该电动势为正,反之为负。这是因为式 $\sum U = 0$ 中,电动势是作为电压来处理的,而在 $\sum RI = \sum E$ 中,则是作为电动势来处理的。

在列方程式时,回路绕行方向可以任意选择,但一经选定后就不能中途改变。

第二节　支路电流法

基尔霍夫定律是电路的基本定律之一,不论是在简单的或复杂的电路中,它阐明的各支路电流之间和回路中各电压之间的基本关系都是普遍适用的。下面介绍应用基尔霍夫定律来求解复杂电路的方法。

对于一个复杂电路,先假设各支路的电流方向和回路方向,再根据基尔霍夫定律列出方程式来求解支路电流的方法称为支路电流法,其步骤如下:

(1)假定各支路电流的方向和回路方向,回路方向可以任意假设,对于具有两个以上电动势的回路,通常取值较大的电动势的方向为回路方向,电流方向也可参照此法来假设。

(2)用基尔霍夫电流定律列出节点电流方程式。一个具有 b 条支路,n 个节点($b>n$)的复杂电路,需列出 b 个方程式来联立求解。由于 n 个节点只能列出 $n-1$ 个独立方程式,这样还缺 $b-(n-1)$ 个方程式,可由基尔霍夫电压定律来补足。

(3)用基尔霍夫电压定律列出回路电压方程式。

(4)代入已知数,解联立方程式,求出各支路的电流。

(5)确定各支路电流的实际方向。当支路电流计算结果为正值时,其方向和假设方向相同;当计算结果为负值时,其方向和假设方向相反。

[例]　图3-7所示电路中,已知电源电动势 $E_1 = 42$ V,$E_2 = 21$ V,电阻 $R_1 = 12$ Ω,$R_2 = 3$ Ω,$R_3 = 6$ Ω,求各电阻中的电流。

解:这个电路有三条支路,需要列出三个方程式。电路有两个节点,可用节点电流定律列出一个电流方程式,用回路电压定律列出两个回路电压方程式。

设各支路的电流为 I_1、I_2 和 I_3,方向如图3-7中所示,回路绕行方向取顺时针方向。按上面的分析步骤,可得方程组

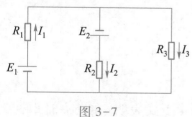

图3-7

$$I_1 = I_2 + I_3$$
$$- E_2 + R_2 I_2 - E_1 + R_1 I_1 = 0$$
$$R_3 I_3 - R_2 I_2 + E_2 = 0$$

将已知的电源电动势和电阻值代入得

$$I_1 = I_2 + I_3$$
$$- 21 + 3 I_2 - 42 + 12 I_1 = 0$$
$$6 I_3 - 3 I_2 + 21 = 0$$

整理后得

$$I_1 = I_2 + I_3 \qquad ①$$
$$I_2 + 4 I_1 - 21 = 0 \qquad ②$$
$$2 I_3 - I_2 + 7 = 0 \qquad ③$$

由②式和③式得

$$I_1 = \frac{21 - I_2}{4} \qquad ④$$

$$I_3 = \frac{I_2 - 7}{2} \qquad ⑤$$

代入①式化简后得

$$21 - I_2 = 4 I_2 + 2 I_2 - 14$$

即

$$7 I_2 = 35$$

所以

$$I_2 = 5 \text{ A}$$

将这个值分别代入④式和⑤式,解出

$$I_1 = 4 \text{ A}$$

$$I_3 = - 1 \text{ A}$$

其中,I_3 为负值,表示 I_3 的实际方向与假设方向相反。

第三节　叠　加　定　理

叠加定理是线性电路的一种重要分析方法,它的内容是:由线性电阻和多个电源组成的线性电路中,任何一条支路中的电流(或电压)等于各个电源单独作用时,在此支路中所产生的电流(或电压)的代数和。首先假定在电路内只有某一个电动势起作用,而且电路中所有的电阻都保持不变(包括电源的内阻),对于这个电路求出它的电流分布。然后,再假定只有第二个电动势起作用,而所有其余的电动势都不起作用,再进行计算。依次对所有电动势进行类似的计算,最后再把所得的结果合并起来。

下面通过一个例题来讲解叠加定理解题的步骤。

[例] 如图 3-8(a)所示,已知 $E_1 = E_2 = 17$ V,$R_1 = 2\ \Omega$,$R_2 = 1\ \Omega$,$R_3 = 5\ \Omega$,应用叠加定理求各支路中的电流。

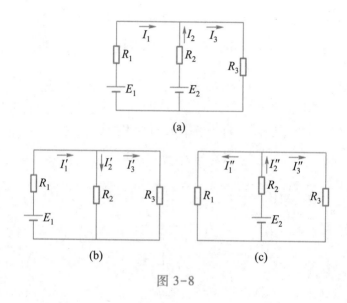

图 3-8

解:(1)设 E_1 单独作用时,如图 3-8(b)所示,则

$$I_1' = \frac{E_1}{R_1 + \dfrac{R_2 R_3}{R_2 + R_3}} = \frac{17}{2 + \dfrac{1 \times 5}{1 + 5}}\ \text{A} = 6\ \text{A}$$

$$I_2' = \frac{R_3}{R_3 + R_2} I_1' = \frac{5}{6} \times 6\ \text{A} = 5\ \text{A}$$

$$I_3' = I_1' - I_2' = (6 - 5)\ \text{A} = 1\ \text{A}$$

(2)设 E_2 单独作用时,如图 3-8(c)所示,则

$$I_2'' = \frac{E_2}{R_2 + \dfrac{R_1 R_3}{R_1 + R_3}} = \frac{17}{1 + \dfrac{2 \times 5}{2 + 5}}\ \text{A} = 7\ \text{A}$$

$$I_1'' = \frac{R_3}{R_1 + R_3} I_2'' = \frac{5}{7} \times 7\ \text{A} = 5\ \text{A}$$

$$I_3'' = I_2'' - I_1'' = (7 - 5)\ \text{A} = 2\ \text{A}$$

(3)将各支路电流叠加起来(即求出代数和),即

$$I_1 = I_1' - I_1'' = 1\ \text{A(方向与}\ I_1'\ \text{相同)}$$

$$I_2 = I_2'' - I_2' = 2\ \text{A(方向与}\ I_2''\ \text{相同)}$$

$$I_3 = I_3' + I_3'' = 3 \text{ A（方向与 } I_3' \text{、} I_3'' \text{ 均相同）}$$

综上所述,应用叠加定理求电路中各支路电流的步骤如下:

(1)分别绘制出由一个电源单独作用的分图,而其余电源只保留其内阻。

(2)分别计算出分图中每一支路电流的大小和方向。

(3)求出各电动势在各个支路中产生的电流的代数和,这些电流就是各电动势共同作用时,在各支路中产生的电流。

最后应该指出,叠加定理只能用来求电路中的电压或电流,而不能用来计算功率。

第四节 戴维宁定理

在实际问题中,往往有这样的情况:分析一个复杂电路,并不需要把所有支路电流都求出来,而只要求出某一支路的电流,在这种情况下,用前面的方法来计算就很复杂,而应用戴维宁定理就比较方便。

一、二端网络

电路也称为电网络或网络。如果网络具有两个引出端与外电路相连,不管其内部结构如何,这样的网络就称为二端网络。二端网络按其内部是否含有电源,可分为无源和含源两种。

一个由若干个电阻组成的无源二端网络,可以等效成一个电阻,这个电阻称为该二端网络的输入电阻,即从两个端点看进去的总电阻,如图3-9所示。

一个含源二端网络两端点之间开路时的电压称为该二端网络的开路电压。

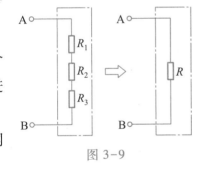

图3-9

二、戴维宁定理

对外电路来说,一个含源二端线性网络可以用一个电源来代替,该电源的电动势 E_0 等于二端网络的开路电压,其内阻 R_0 等于含源二端网络内所有电动势为零,仅保留其内阻时,网络两端的等效电阻(输入电阻),这就是戴维宁定理。

根据戴维宁定理可对一个含源二端线性网络进行简化,简化的关键在于正确理解和求出含源二端网络的开路电压和等效电阻。其步骤如下:

(1)把电路分为待求支路和含源二端网络两部分,如图3-10(a)所示。

(2)把待求支路移开,求出含源二端网络的开路电压 U_{AB},如图3-10(b)所示。

(3)将网络内各电源除去,仅保留电源内阻,求出网络两端的等效电阻 R_{AB},如图3-10(c)所示。

(4)绘制出含源二端网络的等效电路,等效电路中电源的电动势 $E_0 = U_{AB}$,电源的内阻

$R_0 = R_{AB}$;然后在等效电路两端接入待求支路,如图 3-10(d)所示。这时待求支路的电流为

$$I = \frac{E_0}{R_0 + R}$$

必须注意,代替含源二端网络的电源的极性应与开路电压 U_{AB} 一致,如果求得的 U_{AB} 是负值,则电动势方向与图 3-10(d)所示相反。

[例 1] 在图 3-10(a)所示电路中,已知 $E_1 = 7$ V, $R_1 = 0.2$ Ω, $E_2 = 6.2$ V, $R_2 = 0.2$ Ω, $R = 3.2$ Ω,应用戴维宁定理求电阻 R 中的电流。

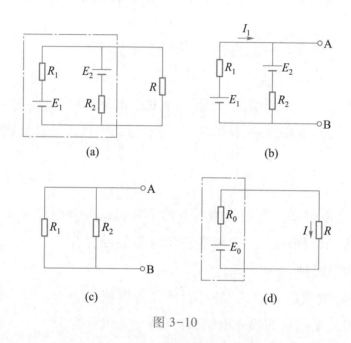

图 3-10

解:(1)把电路分成两部分,点划线框内为含源二端网络,如图 3-10(a)所示。

(2)移开待求支路,求二端网络的开路电压,如图 3-10(b)所示。

$$U_{AB} = E_2 + R_2 I_1 = \left(6.2 + \frac{7 - 6.2}{0.2 + 0.2} \times 0.2\right) \text{ V} = 6.6 \text{ V}$$

或

$$U_{AB} = E_1 - R_1 I_1 = \left(7 - \frac{7 - 6.2}{0.2 + 0.2} \times 0.2\right) \text{ V} = 6.6 \text{ V}$$

(3)将网络内电源电动势除去,仅保留电源内阻,求网络两端的等效电阻,如图 3-10(c)所示。

$$R_{AB} = 0.1 \text{ Ω}$$

(4)绘制出含源二端网络的等效电路,并接上待求支路,如图 3-10(d)所示,则待求支路中的电流为

$$I = \frac{E_0}{R_0 + R} = \frac{U_{AB}}{R_{AB} + R} = \frac{6.6}{0.1 + 3.2} \text{ A} = 2 \text{ A}$$

[例2]   图3-11(a)所示是一电桥电路,已知 $R_1 = 3\ \Omega$, $R_2 = 5\ \Omega$, $R_3 = R_4 = 4\ \Omega$, $R_5 = 0.125\ \Omega$, $E = 8\ V$,用戴维宁定理求 R_5 上通过的电流。

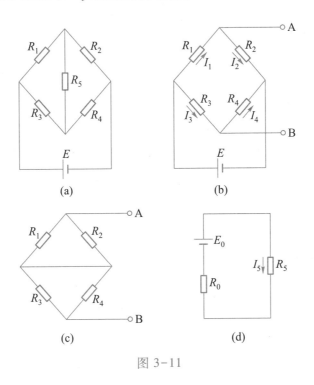

图3-11

解:移开 R_5 支路,求开路电压 U_{AB},如图3-11(b)所示。

$$U_{AB} = R_2 I_2 - R_4 I_4 = R_2 \frac{E}{R_1 + R_2} - R_4 \frac{E}{R_3 + R_4}$$

$$= \left(5 \times \frac{8}{3 + 5} - 4 \times \frac{8}{4 + 4}\right)\ V = 1\ V$$

再求等效电阻 R_{AB},这时将电源电动势除去,如图3-11(c)所示。

$$R_{AB} = \frac{R_1 R_2}{R_1 + R_2} + \frac{R_3 R_4}{R_3 + R_4} = \left(\frac{3 \times 5}{3 + 5} + \frac{4 \times 4}{4 + 4}\right)\ \Omega = 3.875\ \Omega$$

画出等效电路,并将 R_5 接入,如图3-11(d)所示,则

$$I_5 = \frac{E_0}{R_0 + R_5} = \frac{U_{AB}}{R_{AB} + R_5} = \frac{1}{3.875 + 0.125}\ A = 0.25\ A$$

第五节   两种电源模型的等效变换

电路需要有电源,电源对于负载来说,可以看成电压的提供者,也可以看成电流的提供者,下面分析这两种情况。

一、电压源

为电路提供一定电压的电源可用电压源来表征。如果电源内阻为零,电源将提供一个恒

定不变的电压,称为理想电压源,简称恒压源。根据这个定义,理想电压源具有下列两个特点:一是它的电压恒定不变;二是通过它的电流可以是任意的,且取决于与它连接的外电路负载的大小。图3-12(a)表示理想电压源在电路图中的符号。实际的电源,其端电压随着通过它的电流而发生变化。例如,当电池接上负载后,其端电压就会降低,这是因为电池内部有电阻存在,内阻为零的理想电压源实际上是不存在的。像电池一类的实际电源,可以看成由理想电压源与一内电阻串联的组合,如图3-12(b)所示。

二、电流源

为电路提供一定电流的电源可用电流源来表征。如果电源内阻为无穷大,电源将提供一个恒定的电流,称为理想电流源,简称恒流源。根据这个定义,理想电流源的端电压是任意的,由外部连接的电路来决定,但它提供的电流是一定的,不随外电路而改变。图3-13(a)是理想电流源在电路图中的符号。实际上电源内阻不可能为无穷大,可以把理想电流源与一内阻并联的组合等效成一个电流源,如图3-13(b)所示。

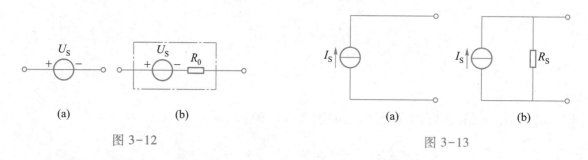

图 3-12   图 3-13

三、两种电源模型的等效变换

电压源可看成一个理想电压源与一个内阻 R_0 的串联组合,电流源可看成一个理想电流源与一个内阻 R_s 的并联组合。下面来分析在满足什么条件时,这两种电源可以互相等效。

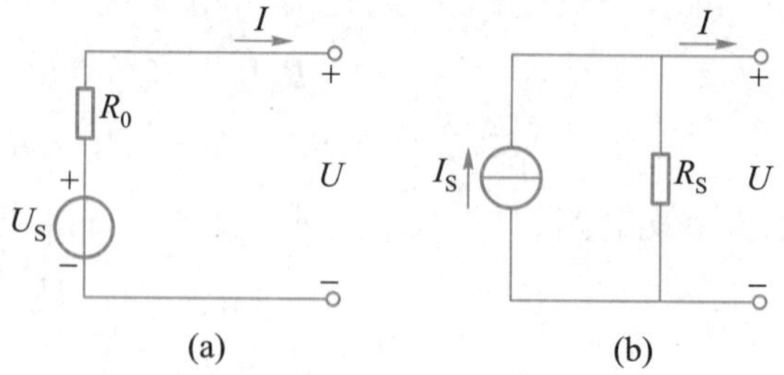

对于理想电压源和电阻串联的组合,如图3-14(a)所示,其输出电压为

$$U = U_s - R_0 I$$

或

图 3-14

$$I = \frac{U_s - U}{R_0} = \frac{U_s}{R_0} - \frac{U}{R_0} \qquad ①$$

式中,$\dfrac{U_s}{R_0}$ 是电压源的短路电流。

对于理想电流源和电阻并联的组合,如图3-14(b)所示,其输出电流为

$$I = I_s - \frac{U}{R_s}$$ ②

如果要求这两个电路对负载等效的话,则要求上面两式①、②相同,可得

$$I_s = \frac{U_s}{R_0} = \frac{U_s}{R_s}, R_0 = R_s$$

这样,一个理想电压源与电阻的串联组合,便可以用一个理想电流源与电阻并联的组合来等效代替,条件是电流源的 $I_s = \frac{U_s}{R_0}$,其并联电阻 $R_s = R_0$;反之,一个理想电流源与电阻的并联组合,同样可以用一个理想电压源与电阻串联的组合来等效代替,条件是电压源的电压 $U_s = R_s I_s$,其串联电阻 $R_0 = R_s$,如图 3-14 所示。必须注意的是,I_s 与 U_s 的方向应当一致,即 I_s 的流出端与 U_s 的正极性端应互相对应。

要注意一个理想电压源是不能等效变换为一个理想电流源的,反之也是这样。只有电流源和电压源之间才能进行等效变换。还应当强调指出的是,这种等效变换是对外电路而言的,电源内部是不等效的。

[例1] 有一电压为 6 V,内阻是 0.2 Ω 的电源,当接上 5.8 Ω 负载电阻时,用电压源与电流源两种方法,计算负载电阻消耗的功率和内阻消耗的功率。

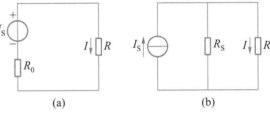

图 3-15

解:(1)按电压源计算。在图 3-15(a)中,流过负载电阻上的电流为

$$I = \frac{U_s}{R_0 + R} = \frac{6}{0.2 + 5.8} \text{ A} = 1 \text{ A}$$

负载电阻消耗的功率为

$$P = RI^2 = 5.8 \times 1^2 \text{ W} = 5.8 \text{ W}$$

内阻消耗的功率为

$$P' = R_0 I^2 = 0.2 \times 1^2 \text{ W} = 0.2 \text{ W}$$

(2)按电流源计算,在图 3-15(b)中,电流源的等效电流为

$$I_s = \frac{U_s}{R_0} = \frac{6}{0.2} \text{ A} = 30 \text{ A}$$

负载电阻上的电流为

$$I = \frac{R_s}{R_s + R} I_s = \frac{0.2}{0.2 + 5.8} \times 30 \text{ A} = 1 \text{ A}$$

负载电阻消耗的功率为

$$P = RI^2 = 5.8 \times 1^2 \text{ W} = 5.8 \text{ W}$$

内阻消耗的功率为

$$P' = R_s(I_s - I)^2 = 0.2 \times (30 - 1)^2 \, W = 168.2 \, W$$

显然,两种方法对于负载 R 是等效的,而两个电源内部是不等效的。

[**例2**]   在图 3-16(a)所示的电路中,已知 $U_{S1} = 12 \, V, U_{S2} = 6 \, V, R_1 = 3 \, \Omega, R_2 = 6 \, \Omega, R_3 = 10 \, \Omega$,应用电源等效变换的方法求电阻 R_3 上的电流。

解:先将电路中的两个电压源等效变换成两个电流源,如图 3-16(b)所示。这两个电流源的内阻仍为 R_1、R_2,而等效电流则分别为

$$I_{S1} = \frac{U_{S1}}{R_1} = \frac{12}{3} \, A = 4 \, A$$

$$I_{S2} = \frac{U_{S2}}{R_2} = \frac{6}{6} \, A = 1 \, A$$

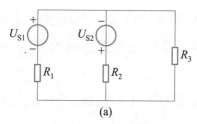

(a)

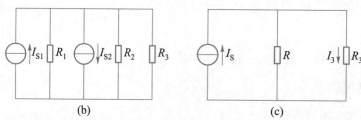

(b)   (c)

图 3-16

然后将这两个电流源合并成一个等效电流源,如图 3-16(c)所示,其等效电流和内阻分别是

$$I_S = I_{S1} - I_{S2} = 3 \, A$$

$$R = \frac{R_1 R_2}{R_1 + R_2} = \frac{3 \times 6}{3 + 6} \, \Omega = 2 \, \Omega$$

最后便可求得 R_3 上的电流为

$$I_3 = \frac{R}{R_3 + R} I_S = \frac{2}{10 + 2} \times 3 \, A = 0.5 \, A$$

本章小结

1. 基尔霍夫定律是电路的基本定律,它阐明了电路中各部分电流和各部分电压之间的相互关系,是计算复杂电路的基础,该定律的内容包括:

（1）对电路中任一节点，在任一时刻有$\sum I = 0$，它是电荷守恒的逻辑推论，称为节点电流定律，可以推广应用于任意封闭面。

（2）对电路中的回路，在任一时刻，沿任一回路绕行一周有$\sum U = 0$，它是能量守恒的逻辑推论，称为回路电压定律。

2. 支路电流法是计算复杂电路最基本的方法，它以支路电流为未知量，依据基尔霍夫定律列出节点电流方程和回路电压方程，然后解联立方程求出各支路电流。如果复杂电路有b条支路n个节点，那么可列出$(n-1)$个独立节点方程和$b-(n-1)$个独立回路方程。

3. 叠加定理是线性电路普遍适用的重要定理，它的内容是：在线性电路中，各支路的电流（或电压）等于各个电源单独作用时，在该支路产生的电流（或电压）的代数和。

所谓恒压源不作用，就是该恒压源处用短接线替代；恒流源不作用，就是该恒流源处用开路替代。

4. 戴维宁定理是计算复杂电路常用的一个定理，适用于求电路中某一支路的电流。它的内容是：任何一个含源二端线性网络总可以用一个等效电源来代替，这个电源的电动势等于网络的开路电压，这个电源的内阻等于网络的输入电阻。

5. 实际电源有两种模型：一种是恒压源与电阻串联组合，另一种是恒流源与电阻并联组合。

为电路提供一定电压的电源称为电压源。如果电压源内阻为零，电源将提供一个恒定不变的电压，称为恒压源。

为电路提供一定电流的电源称为电流源。如果电流源内阻为无穷大，电源将提供一个恒定不变的电流，称为恒流源。

两种电源模型之间等效变换的条件是

$$R_0 = R_S, I_S = \frac{U_S}{R_0} = \frac{U_S}{R_S}$$

这种等效变换仅对外电路等效，而对电源内部是不等效的，且在等效变换时I_S与U_S的方向应该一致。

习题

1. 是非题

（1）基尔霍夫电流定律仅适用于电路中的节点，与元件的性质有关。 （   ）

（2）基尔霍夫定律不仅适用于线性电路，而且对非线性电路也适用。 （   ）

（3）基尔霍夫电压定律只与元件的相互连接方式有关，而与元件的性质无关。 （   ）

（4）任一瞬时从电路中某点出发，沿回路绕行一周回到出发点，电位不会发生变化。 （   ）

（5）叠加定理仅适用于线性电路，对非线性电路则不适用。 （   ）

（6）叠加定理不仅能叠加线性电路中的电压和电流,也能对功率进行叠加。 （　　）

（7）任何一个含源二端网络,都可以用一个电压源模型来等效替代。 （　　）

（8）用戴维宁定理对线性二端网络进行等效替代时,仅对外电路等效,而对网络内电路是不等效的。
（　　）

（9）恒压源和恒流源之间也能等效变换。 （　　）

（10）理想电流源的输出电流和电压都是恒定的,是不随负载而变化的。 （　　）

2. 选择题

（1）在图 3-17 中,电路的节点数为（　　）。

A.2 　　　　　　　　B. 4 　　　　　　　　C. 3 　　　　　　　　D. 1

（2）上题中电路的支路数为（　　）。

A. 3 　　　　　　　　B. 4 　　　　　　　　C. 5 　　　　　　　　D. 6

（3）在图 3-18 所示的电路中,I_1 与 I_2 的关系是（　　）。

A. $I_1 > I_2$ 　　　　　B. $I_1 < I_2$ 　　　　　C. $I_1 = I_2$ 　　　　　D. 不能确定

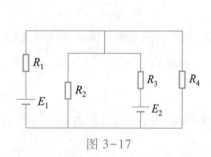

图 3-17

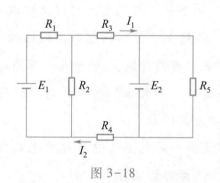

图 3-18

（4）电路如图 3-19 所示,$I = $（　　）。

A. -3 A 　　　　　　　B. 3 A 　　　　　　　C. 5 A 　　　　　　　D. -5 A

（5）电路如图 3-20 所示,$U = $（　　）。

A. -40 V 　　　　　　B. 40 V 　　　　　　C. 20 V 　　　　　　D. 0

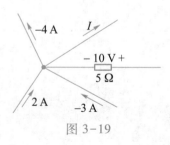

图 3-19

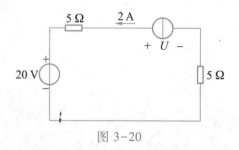

图 3-20

（6）在图 3-21 中,电流 I、电压 U、电动势 E 三者之间的关系为（　　）。

A. $U = E - RI$ 　　　　B. $E = -U - RI$ 　　　　C. $E = U - RI$ 　　　　D. $U = -E + RI$

（7）在图 3-22 中,$I = $（　　）。

A. 4 A 　　　　　　　B. 2 A 　　　　　　　C. 0 　　　　　　　D. -2 A

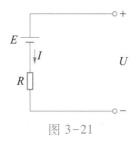

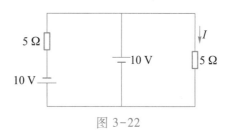

图 3-21   图 3-22

（8）电路如图 3-23 所示,二端网络等效电路的参数为(　　)。

A. 8 V、7.33 Ω　　　　B. 12 V、10 Ω　　　　C. 10 V、2 Ω　　　　D. 6 V、7 Ω

（9）电压源和电流源的输出端电压(　　)。

A. 均随负载的变化而变化

B. 均不随负载的变化而变化

C. 电压源输出端电压不变,电流源输出端电压随负载的变化而变化

D. 电流源输出端电压不变,电压源输出端电压随负载的变化而变化

（10）如图 3-24 所示电路中,开关 S 闭合后,电流源提供的功率(　　)。

A. 不变　　　　　　　B. 变小　　　　　　　C. 变大　　　　　　　D. 为 0

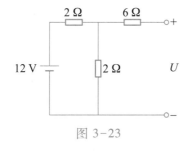

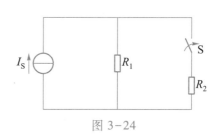

图 3-23   图 3-24

3. 填空题

（1）由一个或几个元件首尾相接构成的无分支电路称为_____;三条或三条以上支路会聚的点称为_____;任一闭合路径称为_____。

（2）在图 3-25 中,$I_1 = $_____ A、$I_2 = $_____ A。

（3）在图 3-26 中,电流表读数为 0.2 A,电源电动势 $E_1 = 12$ V,外电路电阻 $R_1 = R_3 = 10$ Ω,$R_2 = R_4 = 5$ Ω,则 $E_2 = $_____ V。

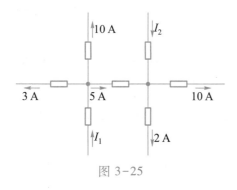

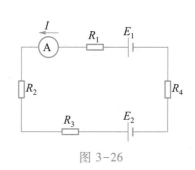

图 3-25   图 3-26

（4）在图 3-27 中，两节点间的电压 $U_{AB} = 5$ V，则各支路电流 $I_1 = $ _____ A，$I_2 = $ _____ A，$I_3 = $ _____ A，$I_1 + I_2 + I_3 = $ _____ A。

（5）在分析和计算电路时，常任意选定某一方向作为电压或电流的_____，当选定的电压或电流方向与实际方向一致时，则为_____值，反之则为_____值。

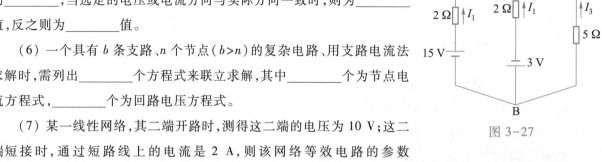

图 3-27

（6）一个具有 b 条支路、n 个节点（$b > n$）的复杂电路、用支路电流法求解时，需列出_____个方程式来联立求解，其中_____个为节点电流方程式，_____个为回路电压方程式。

（7）某一线性网络，其二端开路时，测得这二端的电压为 10 V；这二端短接时，通过短路线上的电流是 2 A，则该网络等效电路的参数为_____Ω、_____V。若在该网络二端接上 5 Ω 电阻时，电阻中的电流为_____A。

（8）两种电源模型之间等效变换的条件是_____，且等效变换仅对_____等效，而电源内部是_____的。

（9）两种电源模型等效变换时，I_S 与 U_S 的方向应当一致，即 I_S 的_____端与 U_S 的_____应互相对应。

（10）所谓恒压源不作用，就是该恒压源处用_____替代；恒流源不作用，就是该恒流源处用_____替代。

4. 问答与计算题

（1）图 3-28 所示电路中，已知 $E_1 = 40$ V，$E_2 = 5$ V，$E_3 = 25$ V，$R_1 = 5$ Ω，$R_2 = R_3 = 10$ Ω，试用支路电流法求各支路的电流。

（2）图 3-29 所示电路中，已知 $E_1 = E_2 = 17$ V，$R_1 = 1$ Ω，$R_2 = 5$ Ω，$R_3 = 2$ Ω，用支路电流法求各支路的电流。

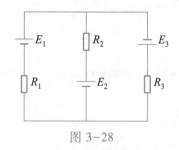

图 3-28

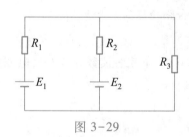

图 3-29

（3）图 3-30 所示电路中，已知 $E_1 = 8$ V，$E_2 = 6$ V，$R_1 = R_2 = R_3 = 2$ Ω，用叠加定理求：① 电流 I_3；② 电压 U_{AB}；③ R_3 上消耗的功率。

（4）图 3-31 所示电路中，已知 $E = 1$ V，$R = 1$ Ω，用叠加定理求 U 的数值。如果右边的电源反向，电压 U 将变为多大？

（5）求图 3-32 所示各电路 A、B 两点间的开路电压和相应的网络两端的等效电阻，并绘制出其等效电压源。

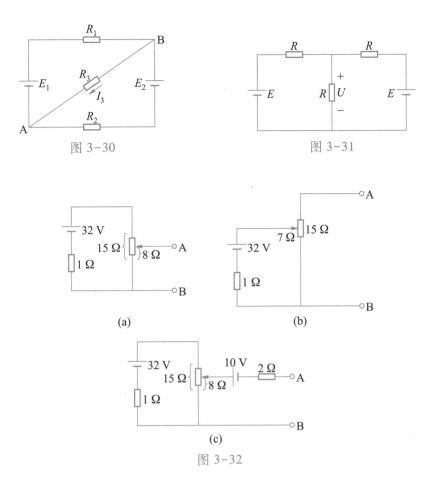

图 3-30 图 3-31

(a) (b)

(c)

图 3-32

（6）图 3-33 所示电路中,已知 $E_1 = 10$ V, $E_2 = 20$ V, $R_1 = 4$ Ω, $R_2 = 2$ Ω, $R_3 = 8$ Ω, $R_4 = 6$ Ω, $R_5 = 6$ Ω,求通过 R_4 的电流。

（7）图 3-34 所示电路中,已知 $E = 12.5$ V, $R_1 = 10$ Ω, $R_2 = 2.5$ Ω, $R_3 = 5$ Ω, $R_4 = 20$ Ω, $R = 14$ Ω,求电流 I。

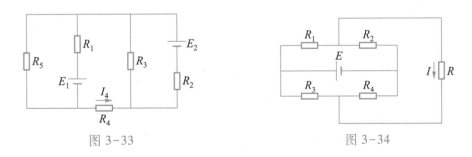

图 3-33 图 3-34

（8）图 3-35 所示电路中,已知 $E_1 = 20$ V, $E_2 = E_3 = 10$ V, $R_1 = R_5 = 10$ Ω, $R_2 = R_3 = R_4 = 5$ Ω,求 A、B 两点间的电压。

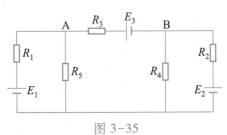

图 3-35

（9）将图 3-36 所示点划线框内的含源网络变换为一个等效的电压源。

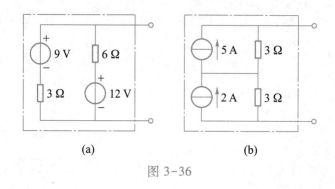

(a)　　　　　　(b)

图 3-36

（10）图 3-37 所示电路中，已知 $U_{S1} = 12$ V，$U_{S2} = 24$ V，$R_1 = R_2 = 20$ Ω，$R_3 = 50$ Ω，用两种电源模型的等效变换，求通过 R_3 的电流。

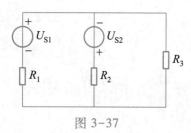

图 3-37

第四章 电 容

学习指导

电容器是电路的基本元件之一。掌握电容和电容器的基础知识,将为学好交流电路和电子技术课程打下基础。

本章的基本要求是:

1. 理解电容器的电容概念和决定平行板电容器电容大小的因素,并掌握它的计算公式。

2. 掌握电容器串、并联的性质以及等效电容和安全电压的计算。

3. 理解电容器的储能特性以及在电路中能量的转换规律。掌握电容器中电场能量的计算。

第一节 电容器和电容

一、电容器

任何两个彼此绝缘而又互相靠近的导体,都可以看成一个电容器,这两个导体就是电容器的两个极。最简单的电容器是平行板电容器,它由两块相互平行靠得很近而又彼此绝缘的金属板组成。

使电容器带电的过程称为充电,这时总是使它的一个导体带正电荷,另一个导体带等量的负电荷。每个导体所带电荷量的绝对值称为电容器所带的电荷量。把平行板电容器的一个极板接电池组的正极,另一个极板接电池组的负极,经过一段时间,两个极板就分别带上等量的异种电荷。充了电的电容器的两极板之间有电场。

充电后的电容器失去电荷的过程称为放电。用一根导线把电容器的两极接通,两极上的电荷互相中和,电容器就不带电了。放电后,两极板之间不再存在电场。

二、电容

电容器带电的时候,它的两极板之间要产生电压。对任何一个电容器来说,两极板间的电压都随所带电荷量的增加而增加,而且电荷量跟电压成正比,它们的比值是一个恒量。不同的电容器,这个比值一般是不同的。因此,电容器所带的电荷量与它的两极板间的电压的比值,表征了电容器的特性,这个比值称为电容器的电容。如果用 q 表示电容器所带的电荷量,用 U 表示它两极板间的电压,用 C 表示它的电容,那么

$$C = \frac{q}{U}$$

在国际单位制里,电容的单位是 F(法)。一个电容器,如果在带 1 C(库)的电荷量时,两极间的电压是 1 V(伏),这个电容器的电容就是 1 F(法)。

$$1\ F = 1\ C/V$$

实际上常用较小的单位 μF(微法)和 pF(皮法),它们之间的换算关系是

$$1\ F = 10^{6}\ μF = 10^{12}\ pF$$

三、平行板电容器的电容

下面具体研究平行板电容器的电容,先做实验看看它的电容跟哪些因素有关。

让平行板电容器带电后,用静电计来测量两极板间的电压。不改变两极板所带的电荷量,只改变两极板间的距离,可以看到,距离越大,静电计指出的电压越大。这表示平行板电容器的电容随两极板距离的增大而减小。

若不改变两极板所带的电荷量和它们之间的距离,只改变两极板的正对面积,可以看到,正对面积越小,静电计指出的电压越大,这表示平行板电容器的电容随两极板的正对面积的减小而减小。

若保持两极板所带电荷量,不改变它们的距离和正对面积,只在极板间插入电介质,可以看到,静电计指出的电压减小,这表示平行板电容器的电容由于插入电介质而增大。

根据理论上的推导,可以得出,平行板电容器的电容,跟电介质的介电常数成正比,跟正对面积成正比,跟两极板间距离成反比,即

$$C = \frac{\varepsilon S}{d}$$

式中,S 表示两极板正对的面积,用 m^2 作单位;d 表示两极板间的距离,用 m 作单位;ε 表示电介质的介电常数,用 F/m 作单位;算出的电容 C 以 F 为单位。

电介质的介电常数 ε 由介质的性质决定。真空中的介电常数 $\varepsilon_0 \approx 8.86 \times 10^{-12}$ F/m,某种介质的介电常数 ε 与 ε_0 之比,称为该介质的相对介电常数,用 ε_r 表示,即 $\varepsilon_r = \varepsilon/\varepsilon_0$,或 $\varepsilon = \varepsilon_r\varepsilon_0$。几种常用介质的相对介电常数见表 4-1。

表 4-1

介 质 名 称	相对介电常数 ε_r	介 质 名 称	相对介电常数 ε_r
石英	4.2	聚苯乙烯	2.2
空气	1.0	三氧化二铝	8.5
硬橡胶	3.5	无线电瓷	6.0~6.5
酒精	35.0	超高频瓷	7.0~8.5
纯水	80.0	五氧化二钽	11.6
云母	7.0		

电容是电容器的固有特性,外界条件变化、电容器是否带电或带多少电都不会使电容改变。只有当电容器两极板间的正对面积、极板间的距离或极板间的绝缘材料(即介电常数)变化时,它的电容才会改变。

必须注意到,不只是电容器中才具有电容,实际上任何两导体之间都存在着电容。例如,两根传输线之间,每根传输线与大地之间,都是被空气介质隔开的,所以也都存在着电容。一般情况下,这个电容值很小,它的作用可忽略不计。如果传输线很长或所传输的信号频率很高,就必须考虑这一电容的作用。另外在电子仪器中,导线和仪器的金属外壳之间也存在电容。上述这些电容通常称为分布电容,虽然它的数值很小,但有时却会给传输线路或仪器设备的正常工作带来干扰。

第二节　电容器的连接

一、电容器的串联

把几个电容器的极板首尾相接,连成一个无分支电路的连接方式称为电容器的串联。图 4-1 所示是三个电容器的串联,接上电压为 U 的电源后,两极板分别带电,电荷量为 $+q$ 和 $-q$,由于静电感应,中间各极板所带的电荷量也等于 $+q$ 或 $-q$,所以串联时每个电容器带的电荷量都是 q。如果各个电容器的电容分别为 C_1、C_2、C_3,电压分别为 U_1、U_2、U_3,那么

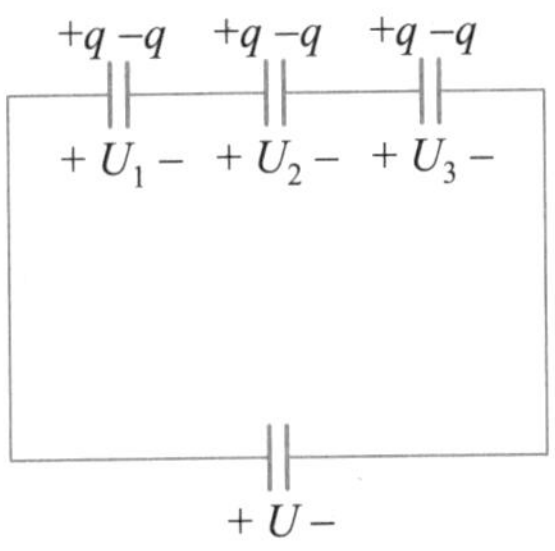

图 4-1

$$U_1 = \frac{q}{C_1}, U_2 = \frac{q}{C_2}, U_3 = \frac{q}{C_3}$$

总电压 U 等于各个电容器上的电压之和,所以

$$U = U_1 + U_2 + U_3 = q\left(\frac{1}{C_1} + \frac{1}{C_2} + \frac{1}{C_3}\right)$$

设串联电容器的总电容为 C,因为 $U = \dfrac{q}{C}$,所以

$$\frac{1}{C} = \frac{1}{C_1} + \frac{1}{C_2} + \frac{1}{C_3}$$

即串联电容器的总电容的倒数等于各个电容器的电容的倒数之和。电容器串联之后,相当于增大了两极板间的距离,因此,总电容小于每一个电容器的电容。

　　[例1]　图 4-1 中,$C_1 = C_2 = C_3 = C_0 = 200\ \mu F$,额定工作电压为 50 V,电源电压 $U = 120$ V,这组串联电容器的等效电容多大?每个电容器两端的电压多大?说明在此电压下工作是否安全。

　　解:三个电容器串联后的等效电容是

$$C = \frac{C_0}{3} = \frac{200}{3}\ \mu\text{F} \approx 66.67\ \mu\text{F}$$

由于电容器串联时,各电容器上所带的电荷量相等,并等于等效电容器中所带的电荷量,即

$$q = q_1 = q_2 = q_3 = CU = \frac{200}{3} \times 10^{-6} \times 120\ \text{C} = 8 \times 10^{-3}\ \text{C}$$

所以每个电容器两端的电压是

$$U_1 = U_2 = U_3 = \frac{q}{C_0} = \frac{8 \times 10^{-3}}{200 \times 10^{-6}}\ \text{V} = 40\ \text{V}$$

因为每个电容器的额定工作电压是 50 V,而现在每个电容器的实际工作电压是 40 V,小于它的额定工作电压值,所以电容器在这种情况下工作是安全的。

从上例中可看出,当一个电容器的额定工作电压值太小不能满足需要时,除选用额定工作电压值高的电容器外,还可采用电容器串联的方式来获得较高的额定工作电压。

[例2]　现有两个电容器,一个电容器的电容 $C_1 = 2\ \mu\text{F}$,额定工作电压为 160 V,另一个电容器的电容 $C_2 = 10\ \mu\text{F}$,额定工作电压为 250 V,若将这两个电容器串联起来,接在 300 V 的直流电源上,如图 4-2 所示,问每个电容器上的电压是多少? 这样使用是否安全?

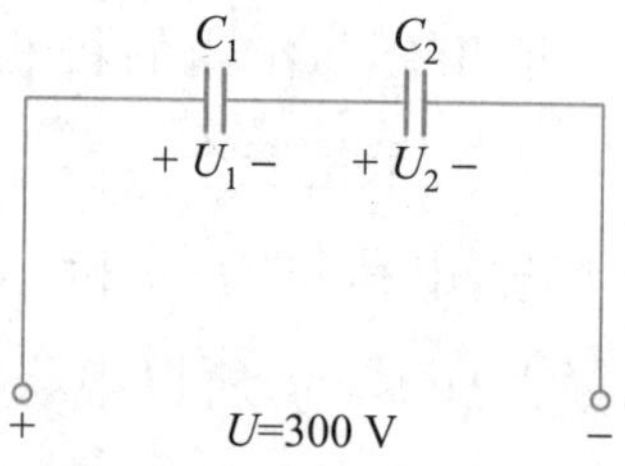

解:两个电容器串联后的等效电容是

$$C = \frac{C_1 C_2}{C_1 + C_2} = \frac{2 \times 10}{2 + 10}\ \mu\text{F} = \frac{5}{3}\ \mu\text{F} \approx 1.67\ \mu\text{F}$$

图 4-2

各电容器的电荷量为

$$q_1 = q_2 = q = CU = \frac{5}{3} \times 10^{-6} \times 300\ \text{C} = 5 \times 10^{-4}\ \text{C}$$

所以

$$U_1 = \frac{q_1}{C_1} = \frac{5 \times 10^{-4}}{2 \times 10^{-6}}\ \text{V} = 250\ \text{V}$$

$$U_2 = \frac{q_2}{C_2} = \frac{5 \times 10^{-4}}{10 \times 10^{-6}}\ \text{V} = 50\ \text{V}$$

由于电容器 C_1 的额定工作电压是 160 V,而现在实际加在它上面的电压是 250 V,远大于它的额定工作电压,所以电容器 C_1 可能会被击穿。这个电容器击穿后,300 V 电压全部加到电容器 C_2 上,这一电压也大于它的额定工作电压,因而也可能被击穿,所以这样使用是不安全的。

从上例中可看出,电容值不等的电容器串联使用时,每个电容器上所分配到的电压是不相等的。各电容器上的电压分配和它的电容成反比,即电容小的电容器比电容大的电容器所分配的电压要高。因此,电容值不等的电容器串联时,应先通过计算,在安全可靠的情况下再串

联使用,以免不必要的损失。

上例中每个电容器允许充入的电荷量分别是

$$q_1 = 2 \times 10^{-6} \times 160 \text{ C} = 3.2 \times 10^{-4} \text{ C}$$

$$q_2 = 10 \times 10^{-6} \times 250 \text{ C} = 2.5 \times 10^{-3} \text{ C}$$

为了使 C_1 上的电荷量不超过 3.2×10^{-4} C,故外加总电压不能超过

$$U = \frac{3.2 \times 10^{-4}}{\frac{5}{3} \times 10^{-6}} \text{ V} = 192 \text{ V}$$

二、电容器的并联

把几个电容器的正极连在一起,负极也连在一起,这就是电容器的并联。图 4-3 所示是三个电容器的并联,接上电压为 U 的电源后,每个电容器的电压都是 U。如果各个电容器的电容分别是 C_1、C_2、C_3,则所带的电荷量分别是 q_1、q_2、q_3,那么

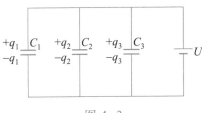

图 4-3

$$q_1 = C_1 U, q_2 = C_2 U, q_3 = C_3 U$$

电容器组储存的总电荷量 q 等于各个电容器所带电荷量之和,即

$$q = q_1 + q_2 + q_3 = (C_1 + C_2 + C_3) U$$

设并联电容器的总电容为 C,因为 $q = CU$,所以

$$C = C_1 + C_2 + C_3$$

即并联电容器的总电容等于各个电容器的电容之和。电容器并联之后,相当于增大了两极板的面积,因此,总电容大于每个电容器的电容。

[例3] 电容器 A 的电容为 10 μF,充电后电压为 30 V,电容器 B 的电容为 20 μF,充电后电压为 15 V,把它们并联在一起后,其电压是多少?

解:连接前,电容器 A 的电荷量为

$$q_1 = C_1 U_1 = 10 \times 10^{-6} \times 30 \text{ C} = 3 \times 10^{-4} \text{ C}$$

连接前,电容器 B 的电荷量为

$$q_2 = C_2 U_2 = 20 \times 10^{-6} \times 15 \text{ C} = 3 \times 10^{-4} \text{ C}$$

它们的总电荷量为

$$q = q_1 + q_2 = 6 \times 10^{-4} \text{ C}$$

连接后的总电容为

$$C = C_1 + C_2 = 3 \times 10^{-5} \text{ F}$$

总电荷量并不会因为连接而改变,因此,连接后的共同电压为

$$U = \frac{q}{C} = \frac{6 \times 10^{-4}}{3 \times 10^{-5}} \text{ V} = 20 \text{ V}$$

同学们还可以计算连接后每个电容器的电荷量,看看电荷是从哪个电容器流到另一个电容器的。

第三节　电容器的充电和放电

一、电容器的充电

在图 4-4 所示的电路中,C 是一个电容量很大的未充电的电容器。当 S 合向接点 1 时,电源(其内阻忽略)向电容器充电,指示灯开始较亮,然后逐渐变暗,说明充电电流在变化。从电流表上可观察到充电电流在减小,而从电压表上看出电容器两端电压 u_C 在上升。经过一定时间后,指示灯不亮了,电流表的指针回到零,此时电压表上指出的电压等于电源的电动势(即 $U_C = E$)。

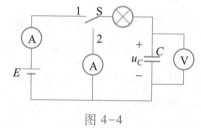

图 4-4

为什么电容器在充电时,电流会由大变小,最后变为零呢?这是由于 S 刚闭合的一瞬间,电容器的极板和电源之间存在着较大的电压,所以开始充电电流较大。随着电容器极板上电荷的积聚,两者之间的电压逐渐减小,电流也就越来越小。当两者之间不存在电压时,电流为零,即充电结束。此时电容器两端的电压 $U_C = E$,电容器中储存的电荷 $q = CE$。

二、电容器的放电

在图 4-4 所示的电路中,电容器充电结束后(这时 $U_C = E$),如果把 S 从接点 1 合向接点 2,电容器便开始放电。这时,从电流表上看出电路中有电流流过,但电流在逐渐减小(灯由亮逐渐变暗,最后不亮),而从电压表上看到电容器两端的电压 u_C 在逐渐下降,过一段时间后,电流表和电压表的指针都回到零,说明电容器放电过程已结束。

在电容器放电过程中,由于电容器两极板间的电压使回路中有电流产生。开始时这个电压较大,因此,电流较大,随着电容器极板上正、负电荷的不断中和,两极板间的电压越来越小,电流也就越来越小。放电结束,电容器两极板上的正、负电荷全部中和,两极板间就不存在电压,因此,电路中的电流为零。

必须注意的是,电路中的电流是由于电容器的充放电所形成的,并非电荷直接通过电容器中的介质。

通过对电容器充放电过程的分析,可以得到这样的结论:当电容器极板上所储存的电荷发生变化时,电路中就有电流流过;若电容器极板上所储存的电荷恒定不变,则电路中就没有电流流过。所以,电路中的电流为

$$i = \frac{\Delta q}{\Delta t}$$

因为 $q = Cu_c$，可得 $\Delta q = C\Delta u_c$。所以

$$i = \frac{\Delta q}{\Delta t} = C\frac{\Delta u_c}{\Delta t}$$

三、电容器质量的判别

通常用万用表的电阻挡（$R\times 100$ 或 $R\times 1\,\mathrm{k}$）来判别较大容量的电容器质量，这是利用了电容器的充放电作用。如果电容器的质量很好，漏电量很小，将万用表的表笔分别与电容器的两端接触，则指针会有一定的偏转，并很快回到接近于起始位置的地方。如果电容器的漏电量很大，则指针回不到起始位置，而停在标度盘的某处，这时指针所指出的电阻数值即表示该电容器的漏电阻值。如果指针偏转到零欧位置之后不再回去，则说明电容器内部已经短路。如果指针根本不偏转，则说明电容器内部可能断路，或电容量很小，充放电电流很小，不足以使指针偏转。

第四节　电容器中的电场能量

电容器在充电过程中，两个极板上有电荷积累，两极板间形成电场。电场具有能量，此能量是从电源吸取过来而储存在电容器中的。

下面来计算电容器充电后所储存的电能。

电容器充电时，极板上的电荷 q 逐渐增加，两极板间的电压 u_c 也在逐渐增加，电压是与电荷量成正比的，即 $q = Cu_c$。如图 4-5 所示，如果把充入电容器的总电荷量 q 分成许多细小的等份，每一小等份的电荷量为 Δq。在某一时刻当电容器的端电压为 u_c，此时电源对电容器所做的功应为 $u_c\Delta q$，这就是电容器储存的能量增加的数值。把各个不同的电压下充入 Δq 所做的功加起来，就是电源输入电荷量为 q 时所做的总功，也就是储存于电容器中的能量。因为 Δq 可分得非常小，故所求的值可用以最后的稳定电压 U_c 为高，以输入的电荷量 q 为底的三角形面积来表示。因此，储存在电容器中的电场能量为

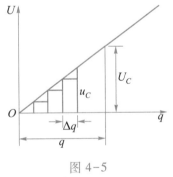

图 4-5

$$W_c = \frac{1}{2}qU_c = \frac{1}{2}CU_c^2$$

式中，电容 C 用 F 作单位，电压 U_c 用 V 作单位，电荷量 q 用 C 作单位，计算出的能量用 J 作单位。上式说明，电容器中储存的电场能量与电容器的电容成正比，与电容器两极板之间的电压平方成正比。

电容器和电阻器都是电路中的基本元件，但它们在电路中所起的作用却不相同。电容器两端电压增加时，电容器便从电源吸收能量储存在它两极板之间的电场中，而当电容器两端电压降低时，它便把原来所储存的电场能量释放出来，即电容器本身只与电源进行能量的交换，

而并不消耗能量,所以说电容器是一种储能元件。电阻器则与此不同,它在电路中的作用是把电能转换为热能,然后将热能辐射至空间或传递给别的物体,即在电阻器上所进行的电能与热能之间的能量转换是不可逆的,因此说电阻器是耗能元件。当然,实际的电容器由于介质漏电及其他原因,也要消耗一些能量,使电容器发热,这种能量消耗称为电容器的损耗。

阅读与应用

常用电容器

1. 常用电容器的种类

(1)固定电容器:它的电容量是固定不可变的。按所用介质的不同,又可分为纸介电容器、云母电容器、油质电容器、陶瓷电容器、有机薄膜电容器(以聚苯乙烯薄膜或涤纶作介质)、金属化纸介电容器(也称为金属膜电容器)和电解电容器等,如图4-6(a)所示。

(2)可变电容器:它的电容量可在一定范围内随意变动。它是由两组相对的金属片组成的,一组金属片是固定不动的,称为定片;另一组金属片与转轴相连接,能随意转动,称为动片。转动动片改变两组金属片相对面积的大小,就可以改变它的电容量,如图4-6(b)所示。例如,用于半导体收音机中的薄膜介质可变电容器。

(3)半可变电容器(也称为微调电容器):它是由两片或两组小型金属弹簧片中间夹有介质组成。用螺钉调节金属片之间的距离,可在很小范围内改变它的电容量,如图4-6(c)所示。

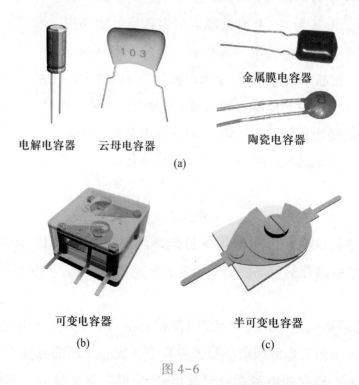

图 4-6

必须注意,一般极性电容器有正、负极之分,它的极性是固定的,使用时不能把极性接错,否则会损坏它。

电容器的图形符号见表 4-2。

表 4-2

名　称	图形符号	名　称	图形符号
电容器	—||—	可变电容器	—#—
极性电容器	—+||—	微调电容器	—#—

2. 电容器的额定值

电容器的成品上都标明电容值、允许误差和工作电压值等,这些数值统一称为电容器的额定值。

(1) 电容器的标称容量和允许误差　电容器上所标明的电容值称为标称容量。电容器的标称容量和实际容量之间是有差额的,这一差额称为电容器的误差。实际电容器的误差限定在所允许的误差范围之内,此误差称为允许误差。

电容器电容值的允许误差,按其精密度分为 ±1%(00 级)、±2%(0 级)、±5%(Ⅰ级)、±10%(Ⅱ级)和 ±20%(Ⅲ级)等五级(不包括极性电容器)。电容器的允许误差有的用百分数表示,有的用误差等级表示。一般极性电容器的允许误差范围较大,如铝极性电容器的允许误差范围是 -20%~+100%。

(2) 电容器的额定工作电压　如果一只电容器两极间所加的电压高到某一数值,介质就会被击穿,这时的电压称为电容器的击穿电压。电容器的外壳上一般标有它的额定工作电压值,使用时加在电容器上的电压不应超过它的额定工作电压值。

电容器上所标明的额定工作电压,通常指的是直流工作电压值(用 DC 或符号"-"表示)。如果该电容器用在交流电路中,应使交流电压的最大值不超过它的额定工作电压值,否则电容器会被击穿。

电容器的用途是极其广泛的,但由于应用不同,因而对它的要求也就不同。尽管如此,选择电容器的总的原则还是一样的,即容量和耐压要满足要求,性能要稳定,要根据需要和可能,尽量采用漏电小、损耗小、价格低和体积小的电容器。

本章小结

1. 任何两个相互靠近又彼此绝缘的导体,都可以看成一个电容器。

2. 电容器所带的电荷量与它的两极板间的电压的比值,称为电容器的电容,即

$$C = \frac{q}{U}$$

3. 电容是电容器的固有特性，外界条件变化、电容器是否带电或带多少电都不会使其电容改变。平行板电容器的电容是由两极板的正对面积、两极板间的距离以及两极板间的介质决定的，即

$$C = \frac{\varepsilon S}{d} = \frac{\varepsilon_r \varepsilon_0 S}{d}$$

4. 电容器的连接方法有并联、串联和混联三种。并联时电压相等，等效电容等于各并联电容器的电容之和；电容器串联时，各电容器上的电压与它的电容成反比，等效电容的倒数等于各电容器的电容的倒数之和。

5. 电容器是储能元件。充电时把能量储存起来，放电时把储存的能量释放出去，储存在电容器中的电场能量为

$$W_C = \frac{1}{2} C U_c^2$$

若电容器极板上所储存的电荷量恒定不变，则电路中就没有电流流过；当电容器极板上所储存的电荷量发生变化时，电路中就有电流流过，电路中的电流为

$$i = \frac{\Delta q}{\Delta t} = C \frac{\Delta u_c}{\Delta t}$$

6. 加在电容器两极板上的电压不能超过某一限度，一旦超过这个限度，电介质将被击穿，电容器将损坏。这个极限电压称为击穿电压，电容器的安全工作电压应低于击穿电压。一般电容器均标有电容量、允许误差和额定电压(即耐压)。

 题

1. 是非题

(1) 平行板电容器的电容量与外加电压的大小是无关的。 (   )

(2) 电容器必须在电路中使用才会带有电荷量，故此时才会有电容量。 (   )

(3) 若干只不同容量的电容器并联，各电容器所带电荷量均相等。 (   )

(4) 将电容量不相等的电容器串联后接到电源上，每只电容器两端的电压与它本身的电容量成反比。

(   )

(5) 电容器串联后，其耐压总是大于其中任一电容器的耐压。 (   )

(6) 电容器串联后，其等效电容总是小于其中任一电容器的电容量。 (   )

(7) 若干只电容器串联，电容量越小的电容器所带的电量也越少。 (   )

(8) 两个 10 μF 的电容器,耐压分别为 10 V 和 20 V,则串联后总的耐压值为 30 V。 （ ）

(9) 电容量大的电容器储存的电场能量一定多。 （ ）

2. 选择题

(1) 平行板电容器在极板面积和介质一定时,如果缩小两极板之间的距离,则电容量将( )。

A. 增大 B. 减小 C. 不变 D. 不能确定

(2) 某电容器两端的电压为 40 V 时,它所带的电荷量是 0.2 C,若它两端的电压降到 10 V 时,则( )。

A. 电荷量保持不变 B. 电容量保持不变

C. 电荷量减少一半 D. 电容量减小

(3) 一空气介质的平行板电容器,充电后仍与电源保持相连,并在极板中间放入 $\varepsilon_r = 2$ 的电介质,则电容器所带电荷量将( )。

A. 增加一倍 B. 减少一半 C. 保持不变 D. 不能确定

(4) 两个电容器并联,若 $C_1 = 2C_2$,则 C_1、C_2 所带电荷量 q_1、q_2 的关系是( )。

A. $q_1 = 2q_2$ B. $2q_1 = q_2$ C. $q_1 = q_2$ D. 无法确定

(5) 若将上题两电容器串联,则( )。

A. $q_1 = 2q_2$ B. $2q_1 = q_2$ C. $q_1 = q_2$ D. 无法确定

(6) 1 μF 与 2 μF 的电容器串联后接在 30 V 的电源上,则 1 μF 电容器的端电压为( )。

A. 10 V B. 15 V C. 20 V D. 30 V

(7) 两个相同的电容器并联之后的等效电容,跟它们串联之后的等效电容之比为( )。

A. 1∶4 B. 4∶1 C. 1∶2 D. 2∶1

(8) 两个电容器,$C_1 = 30$ μF,耐压 12 V;$C_2 = 50$ μF,耐压 12 V,将它们串联后接到 24 V 电源上,则( )。

A. 两个电容器都能正常工作 B. C_1、C_2 都将被击穿

C. C_1 被击穿,C_2 正常工作 D. C_2 被击穿,C_1 正常工作

3. 填空题

(1) 某一电容器,外加电压 $U = 20$ V,测得 $q = 4 \times 10^{-8}$ C,则电容量 $C =$ _____,若外加电压升高为40 V,这时所带电荷量为_____。

(2) 以空气为介质的平行板电容器,若增大两极板的正对面积,电容量将_____;若增大两极板间的距离,电容量将_____;若插入某种介质,电容量将_____。

(3) 两个空气平行板电容器 C_1 和 C_2,若两极板正对面积之比为 6∶4,两极板间距离之比为 3∶1,则它们的电容量之比为_____。若 $C_1 = 6$ μF,则 $C_2 =$ _____ μF。

(4) 两个电容器,$C_1 = 20$ μF,耐压 100 V;$C_2 = 30$ μF,耐压 100 V,串联后接在 160 V 电源上,C_1、C_2 两端电压分别为_____ V,_____ V,等效电容为_____ μF。

(5) 在图 4-7 所示电路中,$C_1 = 0.2$ μF,$C_2 = 0.3$ μF,$C_3 = 0.8$ μF,$C_4 = 0.2$ μF,当开关 S 断开时,A、B 两点间的等效电容为_____ μF;当开关 S 闭合时,A、B 两点间的等效电容为_____ μF。

（6）电容器在充电过程中，充电电流逐渐_____，而两端电压逐渐_____；在放电过程中，放电电流逐渐_____，而两端电压逐渐_____。

（7）有一电容量为 100 μF 的电容器，若以直流电源对它充电，在时间间隔 20 s 内相应的电压变化量为 10 V，则该段时间内的充电电流为_____；电路稳定后，电流为_____。

（8）在用万用表判别较大容量电容器的质量时，应将万用表拨到_____挡，通常倍率使用_____或_____。如果将表笔分别与电容器的两端接触，指针有一定偏转，并很快回到接近于起始位置的地方，说明电容器_____；若指针偏转到零欧位置之后不再回去，说明电容器_____。

（9）电容器和电阻器都是电路中的基本元件，但它们在电路中的作用是不同的。从能量上来看，电容器是一种_____元件，而电阻器则是_____元件。

（10）在图 4-8 所示电路中，$U = 10$ V，$R_1 = 40$ Ω，$R_2 = 60$ Ω，$C = 0.5$ μF，则电容器极板上所带的电荷量为_____，电容器储存的电场能量为_____

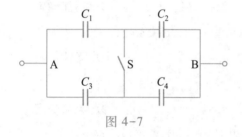

图 4-7

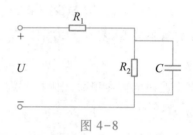

图 4-8

4. 问答与计算题

（1）有两个电容器，一个电容较大，另一个电容较小，如果它们所带的电荷量一样，那么哪一个电容器上的电压高？如果它们充得的电压相等，那么哪一个电容器所带的电荷量大？

（2）有人说"电容器带电多电容就大，带电少电容就小，不带电则没有电容。"这种说法对吗？为什么？

（3）在下列各情况下，空气平行板电容器的电容、两极板间电压、电容器的带电荷量各有什么变化？

① 充电后保持与电源相连，将极板面积增大一倍；

② 充电后保持与电源相连，将两极板间距增大一倍；

③ 充电后与电源断开，再将两极板间距增大一倍；

④ 充电后与电源断开，再将极板面积缩小一半；

⑤ 充电后与电源断开，再在两极板间插入相对介电常数 $\varepsilon_r = 4$ 的电介质。

（4）平行板电容器极板面积是 15 cm²，两极板相距 0.2 mm。试求：① 当两极板间的介质是空气时的电容；② 若其他条件不变而把电容器中的介质换成另一种介质，测出其电容为 132 pF，这种电介质的相对介电常数。

（5）一个平行板电容器，两板间是空气，极板的面积为 50 cm²，两极板间距是 1 mm。求：① 电容器的电容；② 如果两极板间的电压是 300 V，电容器带的电荷量为多少？

（6）两个相同的电容器，标有"100 pF、600 V"，串联后接到 900 V 的电路上，每个电容器带多少电荷量？加在每个电容器上的电压是多大？电容器是否会被击穿？

（7）把"100 pF、600 V"和"300 pF、300 V"的电容器串联后接到 900 V 的电路上，电容器会被击穿吗？

· 74 ·

为什么?

（8）现有两个电容器,其中一个电容为 0.25 μF,耐压为 250 V;另一个电容为 0.5 μF,耐压为 300 V,试求:① 它们串联以后的耐压值;② 它们并联以后的耐压值。

（9）电容为 3 000 pF 的电容器带电荷量 1.8×10^{-6} C 后,撤去电源,再把它跟电容为 1 500 pF 的电容器并联,求每个电容器所带的电荷量。

（10）一只 10 μF 的电容器已被充电到 100 V,欲继续充电到 200 V,问电容器可增加多少电场能?

第五章 磁场和磁路

本章内容是在物理课的基础上,进一步讲述磁场和磁场对电流的作用。这些知识是电磁学的重要组成部分,也是学习后面几章(电磁感应、变压器和交流电动机)的基础。

在学习本章时,应对相关内容多进行联系对比,例如,磁场与电场、磁路与电路,这样不仅可以了解相互间的异同,也容易掌握。

本章的基本要求是:

1.了解直线电流、环形电流和通电螺线管电流的磁场,以及磁场方向与电流方向的关系。

2.理解磁感应强度、磁通、磁导率和磁场强度的概念,以及匀强磁场的性质。

3.掌握磁场对电流的作用力公式和左手定则,了解匀强磁场对通电线圈的作用。

4.了解铁磁性物质的磁化以及磁化曲线、磁滞回线对其性能的影响。

5.了解磁动势和磁阻的概念和磁路中的欧姆定律。

第一节 电流的磁效应

一、磁场

把一根磁铁放在另一根磁铁的附近,两根磁铁的磁极之间会产生相互作用的磁力,同名磁极互相推斥,异名磁极互相吸引。两个电荷之间的相互作用力,不是在电荷之间直接发生的,而是通过电场传递的。同样,磁极之间相互作用的磁力,也不是在磁极之间直接发生的,而是通过磁场传递的。磁极在自己周围的空间里产生磁场,磁场对处在它里面的磁极有磁场力的作用。

磁场跟电场一样,是一种物质,因而也具有力和能的性质。

二、磁场的方向和磁感线

把小磁针放在磁场中的任一点,可以看到小磁针受磁场力的作用,静止时它的两极不再指向南北方向,而指向一个别的方向。在磁场中的不同点,小磁针静止时所指的方向一般并不相同。这个事实说明,磁场是有方向性的。一般规定,在磁场中的任一点,小磁针 N 极受力的方向,亦即小磁针静止时 N 极所指的方向,就是那一点的磁场方向。

在磁场中可以利用磁感线（曾称磁力线）来形象地表示各点的磁场方向。所谓磁感线，就是在磁场中画出的一些曲线，在这些曲线上，每一点的切线方向，都跟该点的磁场方向相同，如图 5-1 所示。

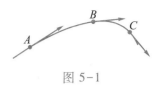

图 5-1

三、电流的磁场

磁铁并不是磁场的唯一来源。1820 年，丹麦物理学家奥斯特做过下面的实验：把一条导线平行地放在磁针的上方，给导线通电，磁针就发生偏转，如图 5-2 所示。这说明不仅磁铁能产生磁场，电流也能产生磁场，电和磁是有密切联系的。

图 5-3 所示是直线电流的磁场。直线电流磁场的磁感线是一些以导线上各点为圆心的同心圆，这些同心圆都在与导线垂直的平面上。直线电流的方向跟它的磁感线方向之间的关系可以用安培定则（也称右手螺旋定则）来判定：用右手握住导线，让伸直的大拇指所指的方向跟电流方向一致，那么弯曲的四指所指的方向就是磁感线的环绕方向。

图 5-4 所示是环形电流的磁场。环形电流磁场的磁感线是一些围绕环形导线的闭合曲线。在环形导线的中心轴线上，磁感线和环形导线的平面垂直。环形电流的方向跟它的磁感线方向之间的关系，也可以用安培定则来判定：让右手弯曲的四指和环形电流的方向一致，那么伸直的大拇指所指的方向就是环形导线中心轴线上磁感线的方向。

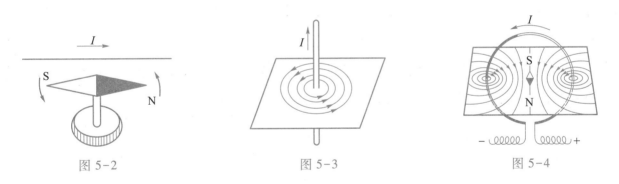

图 5-2　　　　　　　图 5-3　　　　　　　图 5-4

图 5-5 所示是通电螺线管的磁场。螺线管通电以后表现出来的磁性，很像一根条形磁铁，一端相当于 N 极，另一端相当于 S 极，改变电流方向，它的两极就对调。通电螺线管外部的磁感线和条形磁铁外部的磁感线相似，也是从 N 极出来，进入 S 极的。通电螺线管内部具有磁场，内部的磁感线跟螺线管的轴线平行，方向由 S 极指向 N 极，并和外部的磁感线连接，形成一些闭合曲线。通电螺线管的电流方向跟它的磁感线方向之间的关系，也可用安培定则来判定：用右手握住通电螺线管，让弯曲的四指所指方向跟电流的方向一致，那么大拇指所指方向就是通电螺线管内部磁感线的方向，也就是说，大拇指指向通电螺线管的 N 极。

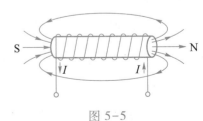

图 5-5

第二节 磁场的主要物理量

一、磁感应强度

磁场不仅有方向,而且有强弱的不同。巨大的电磁铁能吸起成吨的钢铁,小的磁铁只能吸起小铁钉。怎样来表示磁场的强弱呢?磁场的基本特性是对其中的电流有磁场力的作用,研究磁场的强弱,可以从分析通电导线在磁场中的受力情况着手,找出表示磁场的强弱的物理量。

如图5-6所示,把一段通电导线垂直地放入磁场中,实验表明:导线长度 l 一定时,电流 I 越大,导线受到的磁场力 F 也越大;电流一定时,导线长度 l 越长,导线受到的磁场力 F 也越大。精确的实验表明:通电导线受到的磁场力 F 与通过的电流 I 和导线的长度 l 成正比,或者说,F 与乘积 Il 成正比。这就是说,把通电导线垂直放入磁场中的某处,无论怎样改变电流 I 和导线长度 l,乘积 Il 增大多少倍,F 也增大多少倍,比值 F/Il 与乘积 Il 无关,是一个恒量。在磁场中不同的地方,这个比值可以是不同的值。这个比值越大的地方,表示一定长度的通电导线受到的磁场力越大,即那里的磁场越强。因此,可以用这个比值来表示磁场的强弱。

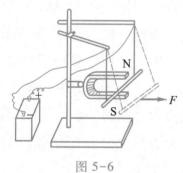

图 5-6

在磁场中垂直于磁场方向的通电导线,所受的磁场力 F 与电流 I 和导线长度 l 的乘积 Il 的比值称为通电导线所在处的磁感应强度。如果用 B 表示磁感应强度,那么

$$B = \frac{F}{Il}$$

磁感应强度是一个矢量,它的大小如上式所示,它的方向就是该点的磁场方向。它的单位由 F、I 和 l 的单位决定,在国际单位制中,它的单位是 T(特)。

磁感应强度 B 可用专门的仪器来测量,如高斯计。用磁感线的疏密程度也可以形象地表示磁感应强度的大小。在磁感应强度大的地方磁感线密一些,在磁感应强度小的地方磁感线疏一些。

如果在磁场的某一区域里,磁感应强度的大小和方向都相同,这个区域就称为匀强磁场。匀强磁场的磁感线,方向相同,疏密程度也一样,是一些分布均匀的平行直线。

二、磁通

设在匀强磁场中有一个与磁场方向垂直的平面,磁场的磁感应强度为 B,平面的面积为 S,定义磁感应强度 B 与面积 S 的乘积,称为穿过这个面的磁通量(简称磁通)。如果用 Φ 表示磁

通,那么

$$\Phi = BS$$

在国际单位制中,磁通的单位是 Wb(韦)。

引入了磁通这个概念,反过来也可以把磁感应强度看作通过单位面积的磁通,因此,磁感应强度也常称为磁通密度,并且用 Wb/m^2(韦/米^2)作单位。

三、磁导率

磁场中各点磁感应强度的大小不仅与电流的大小和导体的形状有关,而且与磁场内介质的性质有关。这一点可通过下面的实验来验证。

先用一个插有铁棒的通电线圈去吸引铁钉,然后把通电线圈中的铁棒换成铜棒再去吸引铁钉,便会发现两种情况下吸力大小不同,前者比后者大得多。这表明不同的介质对磁场的影响是不同的,影响的程度与介质的导磁性质有关。

磁导率 μ 就是一个用来表示介质导磁性能的物理量,不同的介质有不同的磁导率,它的单位为 H/m(亨/米)。由实验可测定,真空中的磁导率是一个常数,用 μ_0 表示,即

$$\mu_0 = 4\pi \times 10^{-7} \ H/m$$

空气、木材、玻璃、铜、铝等物质的磁导率与真空的磁导率非常接近。

由于真空中的磁导率是一个常数,所以将其他介质的磁导率与它对比是很方便的。任一媒介质的磁导率与真空的磁导率的比值称为相对磁导率,用 μ_r 表示,即

$$\mu_r = \frac{\mu}{\mu_0}$$

或

$$\mu = \mu_0 \mu_r$$

相对磁导率是没有单位的。

根据各种物质导磁性能的不同,可把物质分为三种类型,即反磁性物质、顺磁性物质和铁磁性物质。

$\mu_r < 1$ 的物质称为反磁性物质,也就是说,在这类物质中所产生的磁场要比真空中弱一些。$\mu_r > 1$ 的物质称为顺磁性物质,也就是说,在这类物质中所产生的磁场要比真空中强一些。铁磁性物质的 $\mu_r \gg 1$,而且不是一个常数,在其他条件相同的情况下,这类物质中所产生的磁场要比真空中的磁场强几千甚至几万倍,因而在电工技术方面应用甚广。铁、钢、钴、镍及某些合金都属于这一类物质。

顺磁性物质和反磁性物质的相对磁导率都接近于1,因而除铁磁性物质外,其他物质的相对磁导率都可认为等于1,并称这些物质为非铁磁性物质。表5-1列出了几种常用的铁磁性物质的相对磁导率。

表 5-1

材　　料	相对磁导率	材　　料	相对磁导率
钴	174	已经退火的铁	7 000
未经退火的铸铁	240	变压器钢片	7 500
已经退火的铸铁	620	在真空中熔化的电解铁	12 950
镍	1 120	镍铁合金	60 000
软钢	2 180	"C"型坡莫合金	115 000

四、磁场强度

既然磁场中各点磁感应强度的大小与介质的性质有关,这就使磁场的计算显得比较复杂。因此,为了使磁场的计算简单,常用磁场强度这个物理量来表示磁场的性质。

磁场中某点的磁感应强度 B 与介质磁导率 μ 的比值,称为该点的磁场强度,用 H 来表示,即

$$H = \frac{B}{\mu}$$

或

$$B = \mu H = \mu_0 \mu_r H$$

磁场强度也是一个矢量,在均匀的介质中,它的方向和磁感应强度的方向一致。在国际单位制中,它的单位为 A/m(安/米)。

第三节　磁场对通电导线的作用力

一、磁场对通电导线的作用力

把一小段通电导线垂直放入磁场中,根据通电导线受的力 F、导线中的电流 I 和导线长度 l 定义了磁感应强度 $B = \dfrac{F}{Il}$。把这个公式变形,就得到磁场对通电导线的作用力公式为

$$F = BIl$$

严格说来,这个公式只适用于一小段通电导线的情形,导线较长时,导线所在处各点的磁感应强度 B 一般并不相同,就不能应用这个公式。不过,如果磁场是匀强磁场,这个公式就适用于长的通电导线了。

如果电流方向与磁场方向不垂直,通电导线受到的作用力又怎样呢?电流方向与磁场方向垂直时,通电导线受的力最大,其值由公式 $F = BIl$ 给出;电流方向与磁场方向平行时,通电导线不受力,即所受的力为零。知道了通电导线在这两种特殊情况下所受的力,不难求出通电导

线在磁场中任意方向上所受的力。当电流方向与磁场方向间有一个夹角时,可以把磁感应强度 B 分解为两个分量:一个是跟电流方向平行的分量 $B_1 = B\cos\theta$,另一个是跟电流方向垂直的分量 $B_2 = B\sin\theta$,如图 5-7 所示。前者对通电导线没有作用力,通电导线受到的作用力完全是由后者决定的,即 $F = B_2 Il$,代入 $B_2 = B\sin\theta$,即得

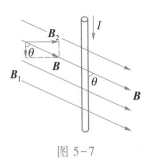

图 5-7

$$F = BIl\sin\theta$$

这就是电流方向与磁场方向成某一角度时作用力的公式。从这个公式可以看出:$\theta = \dfrac{\pi}{2}$ 时,力 F 最大;电流方向越偏离与磁场相垂直的方向,即 θ 越小,力 F 也越小;当 $\theta = 0$ 时,力 F 最小,等于零。

应用上述公式进行计算时,各量的单位,应采用国际单位制,即 F 用 N(牛),I 用 A(安),l 用 m(米),B 用 T(特)。

上述公式给出了磁场力的大小,磁场力的方向是怎样的呢？根据实验可确定,磁场力的方向和磁场方向及电流方向均是垂直的,可用左手定则来判定:伸出左手,使大拇指跟其余四个手指垂直,并且都跟手掌在一个平面内,让磁感线垂直进入手心,并使四指指向电流方向,这时手掌所在的平面与磁感线和导线所在的平面垂直,大拇指所指的方向就是通电导线在磁场中受力的方向。

若电流方向与磁场方向不是垂直的,仍旧可以用左手定则来判定磁场力的方向,只是这时磁感线是倾斜进入手心的。

二、电流表的工作原理

图 5-8 表示放在匀强磁场中的通电线圈的受力情况。线圈是矩形的,它的平面与磁感线成一个角度。线圈顶边 DA 和底边 BC 所受的磁场力 F_{DA} 和 F_{BC},大小相等,方向相反,彼此平衡,不会使线圈发生运动。作用在线圈两个侧边 AB 和 CD 上的力 F_{AB} 和 F_{CD},虽然大小相等,方向相反,但它们形成力偶,产生力矩,使线圈绕竖直轴转动。线圈转动以后,力 F_{AB} 和 F_{CD} 上的力臂越来越小,使线圈转动的力矩也越来越小。当线圈平面与磁感线垂直时,力臂为零,线圈受到的力矩也变为零。

常用的电流表就是根据上述原理工作的。这种电流表的构造如图 5-9 所示,在一个很强的蹄形磁铁的两极间有一个固定的圆柱形铁心,铁心外面套有一个可以绕轴转动的铝框,铝框上绕有线圈,铝框的转轴上装有两个螺旋弹簧和一个指针。线圈两端分别接在这两个螺旋弹簧上,被测电流就是经过这两个弹簧通入线圈的。

蹄形磁铁和铁心间的磁场是均匀地辐向分布的,如图 5-10 所示,这样,不管通电线圈转到什么角度,它的平面都与磁感线平行,因此,磁场使线圈偏转的力矩 M_1 就不随偏转角而改变。另外,线圈的偏转使弹簧扭紧或扭松,于是弹簧产生一个阻碍线圈偏转的力矩 M_2,线圈偏转的

角度越大,弹簧的力矩 M_2 也越大,到 M_1 跟 M_2 平衡时,线圈就停在某一偏转角上,固定在转轴上的指针也转过同样的偏转角,指到刻度盘的某一刻度。

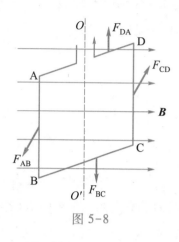

图 5-8

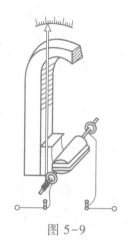

图 5-9

由于磁场对通电导线的作用力与电流成正比,所以电流表的通电线圈受到的力矩 M_1 也与被测的电流 I 成正比,即 $M_1 = K_1 I$,其中 K_1 是比例常数。另外,弹簧产生的力矩 M_2 与偏角 θ 成正比,即 $M_2 = K_2 \theta$,其中 K_2 也是一个比例常数。M_1 和 M_2 平衡时,$K_1 I = K_2 \theta$,即 $\theta = KI$,其中 $K = K_1/K_2$,也是一个常数。可见,测量时指针偏转的角度与电流成正比,这就是说,这种电流表的刻度是均匀的。

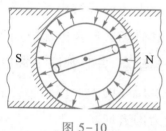

图 5-10

像这种利用永久磁铁来使通电线圈偏转的仪表称为磁电式仪表。这种仪表的优点是刻度均匀,准确度高,灵敏度高,可以测出很弱的电流;缺点是价格较贵,对过载很敏感,如果通入的电流超过允许值,就很容易把仪表烧坏,这一点在使用时一定要特别注意。

在第二章已经学过,给微安表或毫安表并联一个阻值很小的分流电阻,就可以改装成电流表,用来测量较大的电流。给微安表或毫安表串联一个阻值很大的分压电阻,又可以把它改装成电压表,用来测量电压。电阻表也是用微安表或毫安表改装成的。

第四节 铁磁性物质的磁化

一、铁磁性物质的磁化

本来不具磁性的物质,由于受磁场的作用而具有了磁性的现象称为该物质被磁化。只有铁磁性物质才能被磁化,而非铁磁性物质是不能被磁化的。

铁磁性物质能够被磁化的内因是铁磁性物质是由许多被称为磁畴的磁性小区域所组成的,每一个磁畴相当于一个小磁铁,在无外磁场作用时,磁畴排列杂乱无章,如图 5-11(a)所示,磁性互相抵消,对外不显磁性。但在外磁场的作用下,磁畴就会沿着磁场的方向做取向排

· 82 ·

列,形成附加磁场,从而使磁场显著增强,如图 5-11(b)所示。有些铁磁性物质在去掉外磁场以后,磁畴的一部分或大部分仍然保持取向一致,对外仍显示磁性,这就成了永久磁铁。

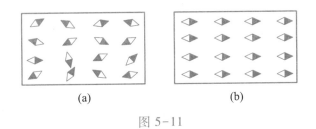

(a)　　　　　　　　(b)

图 5-11

铁磁性物质被磁化的性能,广泛地应用于电子和电气设备中。例如,变压器、继电器、电机等,采用相对磁导率高的铁磁性物质作为绕组的铁心,可使同样容量的变压器、继电器和电机的体积大大缩小,质量大大减轻;半导体收音机的天线线圈绕在铁氧体磁棒上,可以提高收音机的灵敏度。

各种铁磁性物质,由于其内部结构不同,磁化后的磁性各有差异,下面通过分析磁化曲线来了解各种铁磁性物质的特性。

二、磁化曲线

铁磁性物质的 B 随 H 而变化的曲线称为磁化曲线,又称为 $B-H$ 曲线。

图 5-12(a)示出了测定磁化曲线的实验电路。将待测的铁磁物质制成圆环形,线圈密绕于环上。励磁电流由电流表测得,磁通由磁通表测得。

实验前,待测的铁心是去磁的(即当 $H=0$ 时 $B=0$)。实验开始,接通电路,使电流 I 由零逐渐增加,即 H 由零逐渐增加,B 随之变化。以 H 为横坐标、B 为纵坐标,将多组 $B-H$ 对应值逐点描出,就是磁化曲线,如图 5-12(b)所示。由图可见,B 与 H 的关系是非线性的,即 $\mu = \dfrac{B}{H}$ 不是常数。

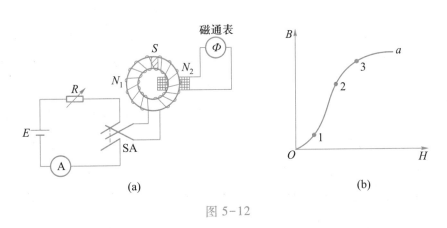

(a)　　　　　　　　(b)

图 5-12

在 $B-H$ 曲线起始的一段(O~1 段),曲线上升缓慢,这是由于磁畴的惯性,当 H 从零值开始增大时,B 增加较慢,这一段称为起始磁化段。在曲线的 1~2 段,随着 H 的增大,B 几乎是直线上升,这是由于磁畴在外磁场作用下大部分都趋向 H 的方向,B 增加很快,曲线较陡,称为直线段。在曲线的 2~3 段,随着 H 的增加,B 的上升又比较缓慢了,这是由于大部分磁畴方向已转

向 H 方向,随着 H 的增加只有少数磁畴继续转向,B 的增加变慢。到达 3 点以后,磁畴几乎全部转到外磁场方向,再增大 H 值,也几乎没有磁畴可以转向了,曲线变得平坦,称为饱和段,这时的磁感应强度称为饱和磁感应强度。不同的铁磁性物质,B 的饱和值是不同的,但对每一种材料,B 的饱和值却是一定的。对于电机和变压器,通常都是工作在曲线的 2~3 段(即接近饱和的地方)。

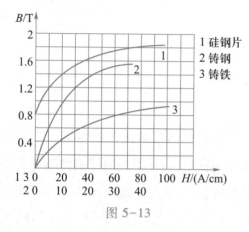

图 5-13

由于磁化曲线表示了介质中磁感应强度 B 和磁场强度 H 的函数关系,所以若已知 H 值,就可以通过磁化曲线查出对应的 B 值。因此,在计算介质中的磁场问题时,磁化曲线是一个很重要的依据。

图 5-13 所示的是几种不同铁磁性物质的磁化曲线。从曲线上可以看出,在相同的磁场强度 H 下,硅钢片的 B 值最大,铸铁的 B 值最小,说明硅钢片比铸铁的导磁性能好得多。

三、磁滞回线

上面讨论的磁化曲线,只是反映了铁磁性物质在外磁场由零逐渐增强时的磁化过程。但在很多实际应用中,铁磁性物质是工作在交变磁场中的,所以有必要研究铁磁性物质反复交变磁化的问题。

当 B 随 H 沿起始磁化曲线达到饱和值以后,逐渐减小 H 的数值,实验表明,这时 B 并不是沿起始磁化曲线减小,而是沿另一条在它上面的曲线 ab 下降,如图 5-14 所示。当 H 减至零时,B 值不等于零,而是保留一定的值称为剩磁,用 B_r 表示,永久磁铁就是利用剩磁很大的铁磁性物质制成的。为了消除剩磁,必须外加反方向的磁场,随着反方向磁场的增强,铁磁性物质逐渐退磁,当反向磁场增大到一定的值时,B 值变为零,剩磁完全消失,bc 这一段曲线称为退磁曲线。这时的 H 值是为克服剩磁所加的磁场强度,称为矫顽磁力,用 H_c 表示。矫顽磁力的大小反映了铁磁性物质保存剩磁的能力。

当反向磁场继续增大时,B 值就从零起改变方向,并沿曲线 cd 变化,铁磁性物质的反向磁化同样能达到饱和点 d。此时,若使反向磁场减弱到零,B-H 曲线将沿 de 变化,在 e 点 $H=0$。再逐渐增大正向磁场,B-H 曲线将沿 efa 变化而完成一个循环。从整个过程看,B 的变化总是落后于 H 的变化,这种现象称为磁滞现象。经过多次循环,可以得到一个封闭的对称于原点的闭合曲线($abcdefa$),称为磁滞回线。

如果在线圈中改变交变电流幅值的大小,那么交变磁场强度 H 的幅值也将随之改变。在反复交变磁化中,可相应得到一系列大小不一的磁滞回线,连接各条对称的磁滞回线的顶点,得到的一条曲线称为基本磁化曲线,如图 5-15 所示。由于大多数铁磁性物质是工作在交变磁场的情况下,所以基本磁化曲线很重要。一般资料中的磁化曲线都是指基本磁化曲线。

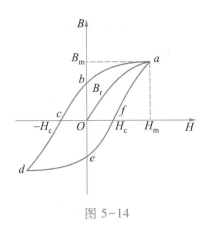

图 5-14

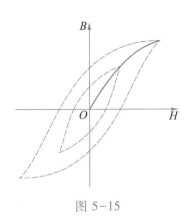

图 5-15

铁磁性物质的反复交变磁化,会损耗一定的能量,这是由于在交变磁化时,磁畴要来回翻转,在这个过程中,产生了能量损耗,这种损耗称为磁滞损耗。磁滞回线包围的面积越大,磁滞损耗就越大。因此,剩磁和矫顽磁力越大的铁磁性物质,磁滞损耗就越大。磁滞回线的形状经常被用来判断铁磁性物质的性质和作为选择材料的依据。

第五节　磁路的基本概念

一、磁路

在图 5-16 中,当线圈中通以电流后,大部分磁感线(磁通)沿铁心、衔铁和工作气隙构成回路,这部分磁通称为主磁通。还有一小部分磁通,它们没有经过工作气隙和衔铁,而经空气自成回路,这部分磁通称为漏磁通。

磁通经过的闭合路径称为磁路。磁路也像电路一样,分为有分支磁路(图 5-17)和无分支磁路(图 5-16)。在无分支磁路中,通过每一个横截面的磁通都相等。

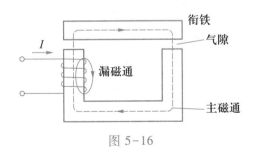

图 5-16

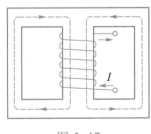

图 5-17

二、磁路的欧姆定律

1. 磁动势

通电线圈要产生磁场,但磁场的强弱与什么因素有关呢?电流是产生磁场的原因,电流越大,磁场越强,磁通越多;通电线圈的每一匝都要产生磁通,这些磁通是彼此相加的(可用右手螺旋定则判定),线圈的匝数越多,磁通也就越多。因此,线圈所产生磁通的数目,随着线圈匝数和所通过的电流的增大而增加。换句话说,通电线圈产生的磁通与线圈匝数和所通过的电流的乘积成正比。

通过线圈的电流和线圈匝数的乘积,称为磁动势(也称磁通势),用符号 E_m 表示,单位是 A(安)。如用 N 表示线圈的匝数,I 表示通过线圈的电流,则磁动势可写成

$$E_m = IN$$

2. 磁阻

电路中有电阻,电阻表示电流在电路中所受到的阻碍作用。与此类似,磁路中也有磁阻,表示磁通通过磁路时所受到的阻碍作用,用符号 R_m 表示。

与导体的电阻相似,磁路中磁阻的大小与磁路的长度 l 成正比,与磁路的横截面积 S 成反比,并与组成磁路的材料的性质有关,写成公式为

$$R_m = \frac{l}{\mu S}$$

上式中,若磁导率 μ 以 H/m 为单位,则长度 l 和横截面积 S 要分别以 m 和 m^2 为单位,这样磁阻 R_m 的单位就是 1/H。

3. 磁路的欧姆定律

由上述可知,通过磁路的磁通与磁动势成正比,而与磁阻成反比,其公式为

$$\Phi = \frac{E_m}{R_m}$$

上式与电路的欧姆定律相似,磁通对应于电流,磁动势对应于电动势,磁阻对应于电阻,故称为磁路的欧姆定律。

从上面的分析可知,磁路中的某些物理量与电路中的某些物理量有对应关系,同时磁路中某些物理量之间与电路中某些物理量之间也有相似的关系。

图 5-18 是相对应的两种电路和磁路,表 5-2 列出磁路与电路对应的物理量及其关系式。

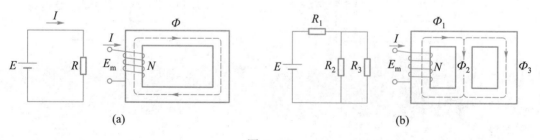

图 5-18

表 5-2

电 路	磁 路
电流 I	磁通 Φ
电阻 $R=\rho\dfrac{l}{S}$	磁阻 $R_{\mathrm{m}}=\dfrac{l}{\mu S}$
电阻率 ρ	磁导率 μ
电动势 E	磁动势 $E_{\mathrm{m}}=IN$
电路欧姆定律 $I=\dfrac{E}{R}$	磁路欧姆定律 $\Phi=\dfrac{E_{\mathrm{m}}}{R_{\mathrm{m}}}$

阅读与应用

一　扬声器的工作原理

扬声器又称为喇叭,它是一种将电能转换成声能的器件,有舌簧式、晶体式、动圈式等几种,常见的是动圈式。

动圈式扬声器主要由永久磁铁、音圈、纸盆架、纸盆等部件组成,如图 5-19 所示。在磁铁的磁场缝隙间套着一个能自由移动的线圈,称为音圈。音圈先粘在音圈架上,然后再与纸盆粘接在一起,纸盆又固定在纸盆架上。

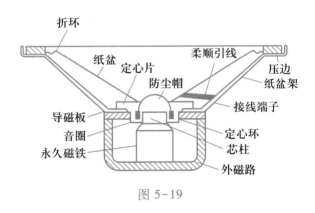

图 5-19

当音频电流通过扬声器音圈时,音圈在磁场中受到磁场力的作用会发生振动,音圈的振动带动纸盆振动,从而发出声音。音频电流越大,作用在音圈上的磁场力也就越大,音圈和纸盆振动的幅度也越大,从而产生的声音就越响。由于音频电流的大小和方向不断变化,就使扬声器产生随音频变化的声音。这就是动圈式扬声器的工作原理。

二 铁磁性物质的分类

铁磁性物质根据磁滞回线的形状可以分为软磁性物质、硬磁性物质和矩磁性物质三大类。

1. 软磁性物质

软磁性物质的磁滞回线窄而陡,回线所包围的面积比较小,如图 5-20(a) 所示。因而在交变磁场中的磁滞损耗小,比较容易磁化,但撤去外磁场,磁性基本消失,即剩磁和矫顽磁力都较小。

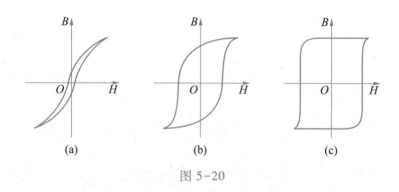

图 5-20

这种物质适用于需要反复磁化的场合,可以用来制造电动机、变压器、仪表和电磁铁的铁心。软磁性物质主要有硅钢、坡莫合金(铁镍合金)和软磁铁氧体等。

2. 硬磁性物质

硬磁性物质的磁滞回线宽而平,回线所包围的面积比较大,如图 5-20(b) 所示。因而在交变磁场中的磁滞损耗大,必须用较强的外加磁场才能使它磁化,但磁化以后撤去外磁场,仍能保留较大的剩磁,而且不易去磁,即矫顽磁力也较大。

这种物质适合于制成永久磁铁。硬磁性物质主要有钨钢、铬钢、钴钢和钡铁氧体等。

3. 矩磁性物质

这种铁磁性物质具有矩形磁滞回线,如图 5-20(c) 所示。它的特点是当很小的外磁场作用时,就能使它磁化并达到饱和,去掉外磁场时,磁感应强度仍然保持与饱和时一样。计算机中作为存储元件的环形磁心就是使用的这种物质。矩磁性物质主要有锰镁铁氧体和锂锰铁氧体等。

此外,还有压磁性物质。它是一种磁致伸缩效应比较显著的铁磁性物质。在外磁场的作用下,磁体的长度会发生改变,这种现象就称为磁致伸缩效应。如果外加交变磁场,则磁致伸缩效应会使这种物质产生振动。这种物质可用来制造超声波发生器和机械滤波器等。

三 永久磁铁的充磁

仪表或仪器设备中的永久磁铁退磁后,将使其性能降低或工作失灵,可设法充磁。一般来说,永久磁铁的材料都是硬磁材料,它的特点是剩磁大,所以只要有足够的充磁磁源进行几次充磁,通常都能使永久磁铁达到磁饱和。恢复磁性的方法最好是用充磁机进行充磁,如果没有充磁机,也可用下述简易方法来充磁。

1. 接触充磁法

充磁的磁源是一根磁性很强的永久磁铁,将它与被充磁铁的相反极性的两极分别接触,并连续摩擦几下,充磁就结束了。

这个方法的充磁效果较差,但作为临时充磁是很实用的。应特别注意的是,接触极性必须是异极性,否则将会使永久磁铁的磁性更加减弱。

2. 通电充磁法

如果永久磁铁上还绕有线圈,如耳机内的永久磁铁,可采用 6 V 干电池(如属高阻抗耳机,电压可适当提高),正极接入线圈的一端,然后用另一端碰触电池负极,如果永久磁铁的磁性增强,则再碰触几下即可;如磁性减弱,则要调换极性再充。

3. 加绕线圈充磁法

体积较大的长柱形永久磁铁失磁后,可用漆包线在永久磁铁上绕200圈左右,然后将该线圈的一端接上 6 V 电池负极,线圈的另一头与电池的正极碰触几下,永久磁铁就能达到充磁的目的,但必须先测试永久磁铁的磁场方向是否与线圈所产生的磁场方向相一致。

本章小结

1. 通电导线的周围和磁铁的周围一样,存在着磁场。磁场具有力和能的特性,它和电场一样是一种特殊物质。磁场可以用磁感线来描述它的强弱和方向。

通电导线周围的磁场方向与电流方向之间的关系可用安培定则(也称为右手螺旋定则)来判定,要特别注意大拇指与四指所指方向的意义。

2. B、Φ、μ、H 为描述磁场的四个主要物理量。

(1) 磁感应强度 B 是描述磁场力的效应的,当通电导线与磁场方向垂直时,其大小为

$$B = \frac{F}{Il}$$

(2) 在匀强磁场中,通过与磁感线方向垂直的某一横截面的磁感线的总数,称为穿过这个横截面的磁通,即

$$\Phi = BS$$

(3) 磁导率 μ 是用来表示介质导磁性能的物理量。任一介质的磁导率与真空磁导率的比值称为相对磁导率,即

$$\mu_{\mathrm{r}} = \frac{\mu}{\mu_0}, \quad \mu_0 = 4\pi \times 10^{-7} \ \mathrm{H/m}$$

（4）磁场强度为

$$H = \frac{B}{\mu} \quad \text{或} \quad H = \frac{NI}{l}$$

3. 通电导线在磁场中要受到磁场力的作用,磁场力的方向可用左手定则确定,其大小为

$$F = BIl\sin\theta$$

通电线圈放在匀强磁场中将受到力矩作用,常用的电流表就是根据这一原理制作的。

4. 铁磁性物质都能够磁化。铁磁性物质在反复磁化过程中,有饱和、剩磁、磁滞现象,而且还有磁滞损耗。所谓磁滞现象,就是 B 的变化总是落后于 H 的变化;所谓剩磁现象,就是当 H 为零时 B 不等于零。

铁磁性物质的 B 随 H 而变化的曲线称为磁化曲线,它表示了铁磁性物质的磁性能,工程上常用到它,各种常用铁磁性物质的基本磁化曲线可查电工手册。磁滞回线的形状则常被用来判断铁磁性物质的性质和作为选择材料的依据。

5. 磁通经过的闭合路径称为磁路。磁路中的磁通、磁动势和磁阻之间的关系,可用磁路欧姆定律表示,即

$$\Phi = \frac{NI}{R_{\mathrm{m}}}$$

其中

$$R_{\mathrm{m}} = \frac{l}{\mu S}$$

由于铁磁性物质的磁导率 μ 不是常数,所以磁路欧姆定律一般不能直接用来进行磁路计算,只用于定性分析。

习题

1. 是非题

（1）磁体上的两个极,一个称为 N 极,另一个称为 S 极,若把磁体截成两段,则一段为 N 极,另一段为 S 极。 （ ）

（2）磁感应强度是矢量,但磁场强度是标量,这是两者之间的根本区别。 （ ）

（3）通电导体周围的磁感应强度只取决于电流的大小及导体的形状,而与介质的性质无关。 （ ）

（4）在均匀磁介质中,磁场强度的大小与介质的性质无关。 （ ）

（5）通电导线在磁场中某处受到的力为零,则该处的磁感应强度一定为零。 （ ）

（6）两根靠得很近的平行直导线,若通以相同方向的电流,则它们互相吸引。 （ ）

（7）铁磁性物质的磁导率是一常数。 （　　）

（8）铁磁性物质在反复交变磁化过程中，H 的变化总是滞后于 B 的变化，称为磁滞现象。 （　　）

（9）电磁铁的铁心是由软磁性材料制成的。 （　　）

（10）同一磁性材料，长度相同，横截面大则磁阻小。 （　　）

2. 选择题

（1）判定通电导线或通电线圈产生磁场的方向用（　　）。

A. 右手定则　　　　　B. 右手螺旋定则　　　　　C. 左手定则　　　　　D. 楞次定律

（2）如图 5-21 所示，两个完全一样的环形线圈相互垂直地放置，它们的圆心位于共同点 O 点，当通以相同大小的电流时，O 点处的磁感应强度与一个线圈单独产生的磁感应强度之比是（　　）。

A. 2∶1　　　　　B. 1∶1　　　　　C. $\sqrt{2}$∶1　　　　　D. 1∶$\sqrt{2}$

（3）下列与磁导率无关的物理量是（　　）。

A. 磁感应强度　　　　　B. 磁通　　　　　C. 磁场强度　　　　　D. 磁阻

（4）铁、钴、镍及其合金的相对磁导率是（　　）。

A. 略小于 1　　　　　B. 略大于 1　　　　　C. 等于 1　　　　　D. 远大于 1

（5）如图 5-22 所示，直线电流与通电矩形线圈同在纸面内，线框所受磁场力的方向为（　　）。

A. 垂直向上　　　　　B. 垂直向下　　　　　C. 水平向左　　　　　D. 水平向右

（6）在匀强磁场中，原来载流导线所受的磁场力为 F，若电流增加到原来的两倍，而导线的长度减少一半，这时载流导线所受的磁场力为（　　）。

A. F　　　　　B. $\dfrac{F}{2}$　　　　　C. $2F$　　　　　D. $4F$

（7）如图 5-23 所示，处在磁场中的载流导线，受到的磁场力的方向应为（　　）。

A. 垂直向上　　　　　B. 垂直向下　　　　　C. 水平向左　　　　　D. 水平向右

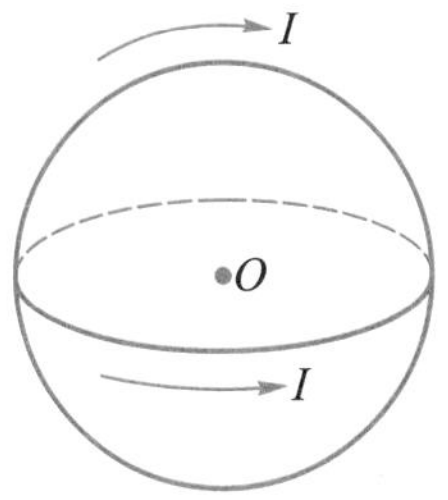

图 5-21 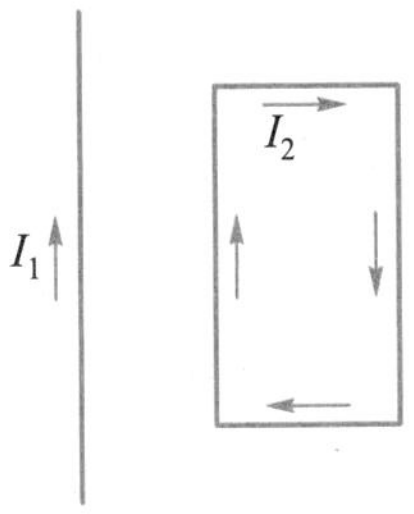　　　　　　　　图 5-22 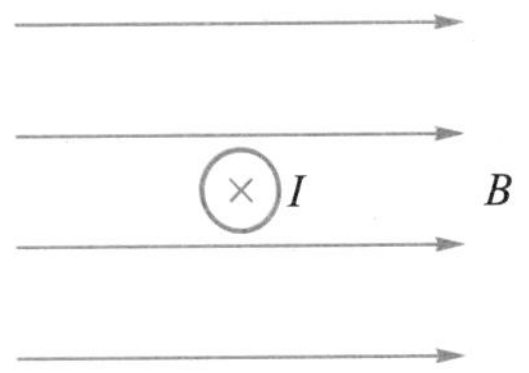　　　　　　　　图 5-23

（8）空心线圈被插入铁心后（　　）。

A. 磁性将大大增强　　B. 磁性将减弱　　　C. 磁性基本不变　　　D. 不能确定

（9）为减小剩磁，电磁线圈的铁心应采用（　　）。

A. 硬磁性材料　　　　B. 非磁性材料　　　C. 软磁性材料　　　D. 矩磁性材料

（10）铁磁性物质的磁滞损耗与磁滞回线面积的关系是（　　）。

A. 磁滞回线包围的面积越大，磁滞损耗也越大

B. 磁滞回线包围的面积越小,磁滞损耗越大

C. 磁滞回线包围的面积大小与磁滞损耗无关

D. 以上答案均不正确

3. 填空题

(1) 磁场与电场一样,是一种_____,具有_____和_____的性质。

(2) 磁感线的方向:在磁体外部由_____指向_____;在磁体内部由_____指向_____。

(3) 如果在磁场中每一点的磁感应强度大小_____,方向_____,这种磁场称为匀强磁场。在匀强磁场中,磁感线是一组_____。

(4) 描述磁场的四个主要物理量是_____、_____、_____和_____;它们的符号分别是_____、_____、_____和_____;在国际单位制中,它们的单位分别是_____、_____、_____和_____。

(5) 在图 5-24 中,当电流通过导线时,导线下面的磁针 N 极转向读者,则导线中的电流方向为_____。

(6) 在图 5-25 中,电源左端应为_____极,右端应为_____极。

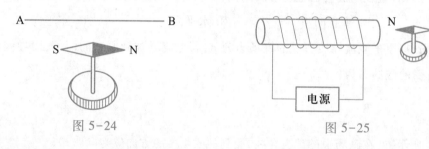

图 5-24 图 5-25

(7) 磁场间相互作用的规律是同名磁极相互_____,异名磁极相互_____。

(8) 载流导线与磁场平行时,导线所受磁场力为_____;载流导线与磁场垂直时,导线所受磁场力为_____。

(9) 铁磁性物质在磁化过程中,_____和_____的关系曲线称为磁化曲线。当反复改变励磁电流的大小和方向,所得闭合的 B 与 H 的关系曲线称为_____。

(10) 所谓磁滞现象,就是_____的变化总是落后于_____的变化;而当 H 为零时,B 却不等于零,称为_____现象。

4. 问答与计算题

(1) 在图 5-26 所示的匀强磁场中,穿过磁极极面的磁通 $\Phi = 3.84 \times 10^{-2}$ Wb,磁极边长分别是 4 cm 和 8 cm,求磁极间的磁感应强度。

(2) 在上题中,若已知磁感应强度 $B = 0.8$ T,铁心的横截面积是 20 cm^2,求通过铁心横截面中的磁通。

(3) 有一匀强磁场,磁感应强度 $B = 3 \times 10^{-2}$ T,介质为空气,计算该磁场的磁场强度。

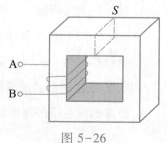

图 5-26

（4）已知硅钢片中，磁感应强度为 1.4 T，磁场强度为 5 A/cm，求硅钢片的相对磁导率。

（5）在匀强磁场中，垂直放置一横截面积为 12 cm² 的铁心，设其中的磁通为 $4.5×10^{-3}$ Wb，铁心的相对磁导率为 5 000，求磁场的磁场强度。

（6）把 30 cm 长的通电直导线放入匀强磁场中，导线中的电流是 2 A，磁场的磁感应强度是 1.2 T，求电流方向与磁场方向垂直时导线所受的磁场力。

（7）在磁感应强度是 0.4 T 的匀强磁场里，有一根和磁场方向相交成 60°角、长 8 cm 的通电直导线 AB，如图 5-27 所示。磁场对通电导线的作用力是 0.1 N，方向和纸面垂直指向读者，求导线里电流的大小和方向。

（8）有一根金属导线，长 0.6 m，质量为 0.01 kg，用两根柔软的细线悬在磁感应强度为 0.4 T 的匀强磁场中，如图 5-28 所示。问金属导线中的电流为多大，流向如何才能抵消悬线中的张力？

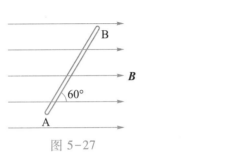

图 5-27

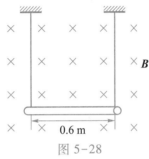

图 5-28

（9）有一空心环形螺旋线圈，平均周长 30 cm，横截面的直径为 6 cm，匝数为 1 000 匝。若线圈中通入 5 A 的电流，求这时管内的磁通。

（10）求在长度为 80 cm，横截面直径为 4 cm 的空心螺旋线圈中产生 $5×10^{-5}$ Wb 的磁通所需的磁动势。

第六章　电磁感应

学习指导

在上一章内容的基础上,本章通过对典型实验的分析,总结出感应电流产生的条件、楞次定律和电磁感应定律。这部分内容是电磁学的重要组成部分,也是学习交流电的基础,所以很重要。

在这一章的学习中,学生应该多注意培养自己分析、思考物理现象的能力,着重培养自己怎样抽象出隐藏在具体现象背后的规律性的东西,并运用规律有步骤地去分析、解决实际问题。

本章的基本要求是:

1. 理解电磁感应现象,掌握产生感应电流的条件,掌握楞次定律和右手定则。
2. 理解感应电动势的概念,掌握电磁感应定律以及感应电动势的计算公式。
3. 理解自感系数和互感系数的概念,并了解自感现象和互感现象及其在实际中的应用。
4. 理解互感线圈的同名端概念,掌握互感线圈的串联。
5. 理解电感器的储能特性及在电路中能量的转换规律,了解磁场能量的计算。

第一节　电磁感应现象

在发现电流的磁效应以后,人们自然想到:既然电流能够产生磁场,反过来磁场是不是也能产生电流呢? 下面用实验来研究这个问题。

如图 6-1 所示,如果让导体 AB 在磁场中向前或向后运动,电流表的指针就发生偏转,表明电路中有了电流。导体 AB 静止或上下运动时,电流表指针不偏转,电路中没有电流。可以借助磁感线的概念来说明上述现象。导体 AB 向前或向后运动时要切割磁感线,导体 AB 静止或上下运动时不切割磁感线。可见,闭合电路中的一部分导体做切割磁感线的运动时,电路中就有电流产生。

在这个实验中,是导体 AB 运动。如果导体不动,让磁场运动,会不会在电路中产生电流呢? 可以做下面的实验。

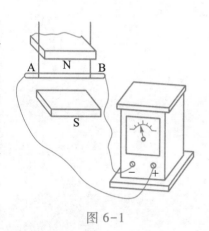

图 6-1

如图 6-2 所示,把磁铁插入线圈,或把磁铁从线圈中抽出时,电流表指针发生偏转,这说明闭合电路中产生了电流。如果磁铁插入线圈后静止不动,或磁铁和线圈以同一速度运动,即保持相对静止,电流表指针不偏转,闭合电路中没有电流。在这个实验中,磁铁相对于线圈运动时,线圈的导线切割磁感线。可见,不论是导体运动,还是磁场运动,只要闭合电路的一部分导体切割磁感线,电路中就有电流产生。

闭合电路的一部分导体切割磁感线时,穿过闭合电路的磁感线条数发生变化,即穿过闭合电路的磁通发生变化。由此提示我们:如果导体和磁场不发生相对运动,而让穿过闭合电路的磁场发生变化,会不会在电路中产生电流呢?为了研究这个问题,可做下面的实验。

如图 6-3 所示,把线圈 B 套在线圈 A 的外面,合上开关给线圈 A 通电时,电流表的指针发生偏转,说明线圈 B 中有了电流。当线圈 A 中的电流达到稳定时,线圈 B 中的电流消失。打开开关使线圈 A 断电时,线圈 B 中也有电流产生。如果用变阻器来改变电路中的电阻,使线圈 A 中的电流发生变化,线圈 B 中也有电流产生。在这个实验中,线圈 B 处在线圈 A 的磁场中,当 A 通电和断电时,或者使 A 中的电流发生变化时,A 的磁场随着发生变化,穿过线圈 B 的磁通也随着发生变化。因此,这个实验表明:在导体和磁场不发生相对运动的情况下,只要穿过闭合电路的磁通发生变化,闭合电路中就有电流产生。

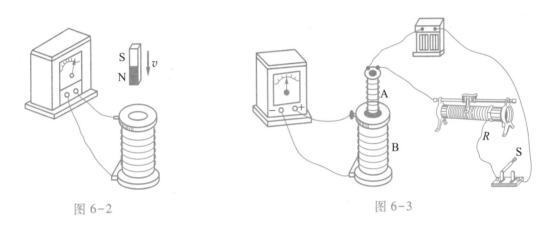

图 6-2   图 6-3

总之,不论用什么方法,只要穿过闭合电路的磁通发生变化,闭合电路中就有电流产生。这种利用磁场产生电流的现象称为电磁感应现象,产生的电流称为感应电流。

第二节　感应电流的方向

在上一节的实验中,当穿过闭合电路的磁通发生变化时,可以观察到电路中电流表的指针有时偏向这边,有时偏向那边。这表明在不同的情况下,感应电流的方向是不同的。那么,怎样确定感应电流的方向呢?

一、右手定则

当闭合电路中的一部分导线做切割磁感线运动时,感应电流的方向,可用右手定则来判定。伸开右手,使大拇指与其余四指垂直,并且都跟手掌在一个平面内,让磁感线垂直进入手心,大拇指指向导体运动方向,这时四指所指的方向就是感应电流的方向。

二、楞次定律

下面用图6-2的例子,来讨论判定感应电流方向更普遍的规律。

当磁铁插入或抽出线圈时,由于线圈中有感应电流产生,线圈本身就和一根条形磁铁相似,也有它自己的两个磁极——N极和S极。哪一端是N极,哪一端是S极,决定于通过线圈的感应电流方向。因此,如果能够确定线圈的两个极,就可以确定感应电流的方向了。

从下面的讨论中将看到,线圈的N极和S极可以根据能量守恒定律来确定。

当磁铁插入或抽出线圈时,线圈由于产生感应电流而具有磁性,磁铁和线圈之间必然要发生相互作用,或者相互推斥,或者相互吸引。从能量守恒定律可以断定,这个相互作用总是要阻碍磁铁的运动的。也就是说,当磁铁插入线圈的时候要受到推斥,这时在线圈靠近磁铁的一端出现同性磁极,如图6-4(a)和(c)所示;当磁铁抽出线圈的时候要受到吸引,这时在线圈靠近磁铁的一端出现异性磁极,如图6-4(b)和(d)所示。这是为什么呢?因为线圈中感应电流的能量是不会凭空产生的,只有当磁铁插入或抽出线圈时,磁力阻碍它们相对运动,外力克服磁力的阻碍做了功,其他形式的能才会转化成感应电流的电能。假如不是这样,当磁铁插入或抽出线圈时,线圈两端由于感应电流而出现的极性跟图6-4相反,这样磁力就不是阻碍它们做相对运动,而是帮助它们做相对运动,那么,这个相对运动就要在磁力的作用下加速,于是凭空得到了机械能和电能。这是违反能量守恒定律的,因而也是不可能发生的。

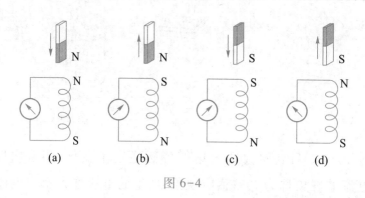

图6-4

上述结论可以用图6-5所示的简单实验来验证。用磁铁的任一极来插入闭合的A环,可以看到A环被磁铁推斥;从A环中抽出磁铁,又可以看到A环被磁铁吸引。但是用磁铁去插入或抽出断开的B环时,B环都不运动。这正是根据上述结论应该出现的现象。

当磁铁插入线圈时,穿过线圈的磁通增加,这时感应电流的磁场方向跟磁铁的磁场方向相反,阻碍磁通的增加;当磁铁抽出线圈时,穿过线圈的磁通减少,这时感应电流的磁场方向跟磁铁的磁场方向相同,阻碍磁通的减少。总之,感应电流的方向,总是要使感应电流的磁场阻碍引起感应电流的磁通的变化,这就是楞次定律,它是判断感应电流方向的普遍规律。

应用楞次定律判定感应电流方向的具体步骤是:首先要明确原来磁场的方向以及穿过闭合电路的磁通是增加还是减少,然后根据楞次定律确定感应电流的磁场方向,最后利用安培定则来确定感应电流的方向。

用楞次定律和右手定则都可以判定感应电流的方向,使用两种方法得出的结论完全一致。如图 6-6 所示,有一矩形线框 ABCD,线框平面和磁感线垂直,线框上 AB 边可在 DA、CB 边上滑动,当 AB 向右运动时,可以看成闭合电路 ABCD 中的磁通增加了,根据楞次定律,ABCD 中所产生的感应电流的磁场要阻碍磁通的增加,所以感应电流必沿 DCBA 方向。同样,用右手定则也可方便地判定闭合回路中感应电流的方向是 DCBA。

图 6-5   图 6-6

一般地说,如果导线和磁场之间有相对运动,用右手定则判定感应电流的方向比较方便;如果导线和磁场之间无相对运动,而感应电流的产生仅是由于"穿过闭合电路的磁通发生了变化",则用楞次定律来判定感应电流的方向。

第三节　电磁感应定律

一、感应电动势

要使闭合电路中有电流通过,这个电路中必须有电动势。既然电磁感应现象中闭合电路里有电流产生,那么这个电路中也必定有电动势存在。在电磁感应现象中产生的电动势称为感应电动势。产生感应电动势的那段导体,如切割磁感线的导线和磁通变化的线圈,就相当于电源。感应电动势的方向和感应电流的方向相同,仍用右手定则或楞次定律来判断。

电动势是电源本身的特性,感应电动势也是这样。不管外电路是否闭合,只要有发生电磁感应现象的条件,也就是只要穿过电路的磁通发生变化,电路中就有感应电动势。如果外电路是闭合的,电路中就有感应电流;如果外电路是断开的,电路中就没有感应电流,但感应电动势仍然存在。那么,感应电动势的大小跟哪些因素有关呢?下面来研究这个问题。

二、切割磁感线时的感应电动势

如图 6-7 所示,ABCD 是一个矩形线圈,它处于磁感应强度为 B 的匀强磁场中,线圈平面和磁场垂直,AB 边可以在线圈平面上自由滑动。AB 的长为 l,以速度 v 沿垂直于磁感线方向向右运动,这时导线中产生的感应电动势为 E,由于导线是闭合的,所以导线中有感应电流 I,电流方

向由 A 到 B。载有感应电流的运动导线 AB 在磁场中将受到作用力 F，而

$$F = BIl$$

由左手定则可知，此力 F 将阻碍导线的运动。要使导线 AB 匀速地做切割磁感线运动，就必须有一个跟磁场力大小相等、方向相反的外力 F_{out} 作用在导线上，来抵抗磁场力 F 做功。外力做功就把机械能转换为线圈中的电能，使线圈中产生感应电动势。

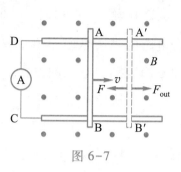

图 6-7

如果导线 AB 在 t 时间内运动的距离为 $l_{AA'}$，那么外力抵抗磁场力所做的功为

$$W_1 = F_{out} l_{AA'} = F l_{AA'} = BIlvt$$

而在 t 时间内感应电流所做的功为

$$W_2 = EIt$$

根据能量守恒定律 $W_1 = W_2$，因此有

$$BIlvt = EIt$$

由此得到感应电动势的大小为

$$E = Blv$$

AB 导线两端感应电动势的方向由 A 指向 B。

上式的适用条件是导线运动方向跟导线本身垂直，并且跟磁感线方向也垂直。在这种情况下感应电动势的数值最大。

如果导线运动方向与导线本身垂直，而与磁感线方向成 θ 角，由图 6-8 可知，把导线的运动速度 v 分解为互相垂直的两个分速度 v_1 和 v_2，平行于磁感线的分速度 v_1 不切割磁感线，不产生感应电动势，只有垂直于磁感线的分速度 v_2 切割磁感线，产生感应电动势，而

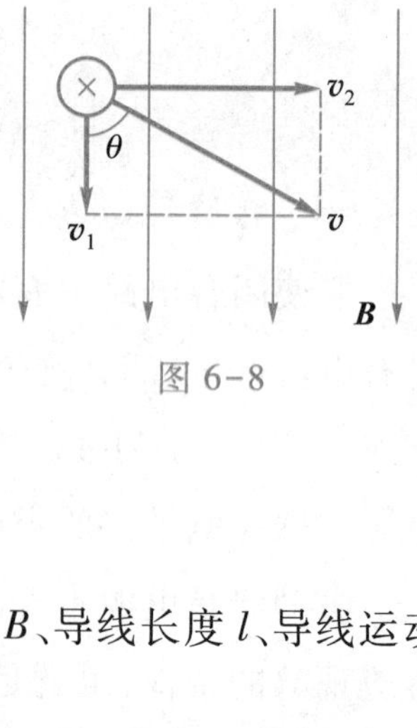

$$v_2 = v\sin\theta$$

图 6-8

因此

$$E = Blv\sin\theta$$

上式表明，在磁场中，运动导线的感应电动势的大小与磁感应强度 B、导线长度 l、导线运动速度 v 以及运动方向与磁感线方向间夹角的正弦 $\sin\theta$ 成正比。

当 B 的单位为 T，v 的单位为 m/s，l 的单位为 m 时，E 的单位为 V。

如果闭合电路的电阻为 R，则感应电流为

$$I = \frac{E}{R}$$

[例1]　在图 6-7 中，设匀强磁场的磁感应强度 B 为 0.1 T，切割磁感线的导线长度 l 为 40 cm，向右匀速运动的速度 v 为 5 m/s，整个线框的电阻 R 为 0.5 Ω，求：

（1）感应电动势的大小；

（2）感应电流的大小和方向；

（3）使导线向右匀速运动所需的外力；

（4）外力做功的功率；

（5）感应电流的功率。

解：（1）线圈中的感应电动势为

$$E = Blv = 0.1 \times 0.4 \times 5 \text{ V} = 0.2 \text{ V}$$

（2）线圈中的感应电流为

$$I = \frac{E}{R} = \frac{0.2}{0.5} \text{ A} = 0.4 \text{ A}$$

利用楞次定律或右手定则，都可以确定出线圈中的电流方向是沿 ABCD 方向。

（3）外力跟磁场对电流的力平衡，因此，外力的大小为

$$F = BIl = 0.1 \times 0.4 \times 0.4 \text{ N} = 0.016 \text{ N}$$

外力的方向显然是指向右方。

（4）外力做功的功率为

$$P = Fv = 0.016 \times 5 \text{ W} = 0.08 \text{ W}$$

（5）感应电流的功率为

$$P' = EI = 0.2 \times 0.4 \text{ W} = 0.08 \text{ W}$$

可以看到，$P = P'$，这正是能量守恒定律所要求的。由于线圈是纯电阻电路，电流的功完全用来生热，所以发热功率 RI^2 也一定等于 P 或 P'，可通过简单的计算验证。

三、电磁感应定律

在式 $E = Blv\sin\theta$ 中，lv 是导线在运动中单位时间内所扫过的面积，$lv\sin\theta$ 是这个面积在垂直于磁感线方向上的投影，$Blv\sin\theta$ 是导线运动单位时间内切割的磁感线的数目，即单位时间内穿过线圈回路的磁通的改变量。如果用 $\Delta\Phi = \Phi_2 - \Phi_1$ 表示导线在 $\Delta t = t_2 - t_1$ 时间内磁通的改变量，则得

$$E = \frac{\Delta\Phi}{\Delta t}$$

式中，$\frac{\Delta\Phi}{\Delta t}$ 表示单位时间内导线回路里磁通的改变量，又称为磁通的变化率。因此，线圈中感应电动势的大小与穿过线圈的磁通的变化率成正比，这个规律称为法拉第电磁感应定律。法拉第电磁感应定律对所有的电磁感应现象都成立，它表示了确定感应电动势大小的最普遍的规律。

当 $\Delta\Phi$ 的单位为 Wb，Δt 的单位为 s 时，E 的单位为 V。

如果线圈有 N 匝，由于每匝线圈内的磁通变化都相同，而整个线圈又是由 N 匝线圈串联组成的，那么线圈中的感应电动势就是单匝时的 N 倍，即

$$E = N\frac{\Delta\Phi}{\Delta t}$$

上式又可写成

$$E = \frac{N\Phi_2 - N\Phi_1}{\Delta t}$$

$N\Phi$ 表示磁通与线圈匝数的乘积，通常称为磁链，用 Ψ 表示，即

$$\Psi = N\Phi$$

于是

$$E = \frac{\Delta\Psi}{\Delta t}$$

[例2]　在一个 $B = 0.01$ T 的匀强磁场里，放一个面积为 0.001 m^2 的线圈，其匝数为 500 匝。在 0.1 s 内，把线圈平面从平行于磁感线的方向转过 90°，变成与磁感线的方向垂直。求感应电动势的平均值。

解：在线圈转动的过程中，穿过线圈的磁通变化率是不均匀的，所以不同时刻感应电动势的大小也不相等，可以根据穿过线圈的磁通的平均变化率来求得感应电动势的平均值。

在时间 0.1 s 内，线圈转过 90°，穿过它的磁通从 0 变成

$$\Phi = BS = 0.01 \times 0.001 \text{ Wb} = 1 \times 10^{-5} \text{ Wb}$$

在这段时间里，磁通的平均变化率为

$$\frac{\Delta\Phi}{\Delta t} = \frac{\Phi - 0}{\Delta t} = \frac{1 \times 10^{-5} - 0}{0.1} \text{ Wb/s} = 1 \times 10^{-4} \text{ Wb/s}$$

根据法拉第电磁感应定律，线圈的感应电动势的平均值为

$$E = N\frac{\Delta\Phi}{\Delta t} = 500 \times 1 \times 10^{-4} \text{ V} = 0.05 \text{ V}$$

从上面的两道例题可以看出，在应用公式 $E = Blv\sin\theta$ 时，如果 v 是一段时间内的平均速度，那么 E 就是这段时间内感应电动势的平均值；如果 v 是某一时刻的瞬时速度，那么 E 就是那个时刻感应电动势的瞬时值。公式 $E = N\frac{\Delta\Phi}{\Delta t}$ 中的 $\Delta\Phi$ 是时间 Δt 内磁通的变化量，$\frac{\Delta\Phi}{\Delta t}$ 是指时间 Δt 内磁通的平均变化率，因此，E 也应是时间 Δt 内感应电动势的平均值。

第四节　自　感　现　象

在电磁感应现象中，有一种称为自感现象的特殊情形，现在来研究这种现象。

一、自感现象

在图 6-9 所示的实验中,先合上开关 S,调节变阻器 R 的电阻,使同样规格的两个指示灯 HL1 和 HL2 的明亮程度相同。再调节变阻器 R_1 使两个指示灯都正常发光,然后断开开关 S。

再接通电路时可以看到,跟变阻器 R 串联的指示灯 HL2 立刻正常发光,而跟有铁心的线圈 L 串联的指示灯 HL1 却是逐渐亮起来的。为什么会出现这样的现象呢?原来,在接通电路的瞬间,电路中的电流增大,穿过线圈 L 的磁通也随着增加。根据电磁感应定律,线圈中必然会产生感应电动势,这个感应电动势阻碍线圈中电流的增大,所以通过 HL1 的电流只能逐渐增大,HL1 只能逐渐亮起来。

现在再来做图 6-10 所示的实验,把指示灯 HL 和带铁心的电阻较小的线圈 L 并联在直流电路里。接通电路,HL 正常发光后,再断开电路,这时可以看到,断电的那一瞬间,指示灯突然发出很强的亮光,然后才熄灭。为什么会出现这种现象呢?这是由于电路断开的瞬间,通过线圈的电流突然减弱,穿过线圈的磁通也就很快地减少,因而在线圈中产生感应电动势。虽然这时电源已经断开,但线圈 L 和指示灯 HL 组成了闭合电路,在这个电路中有感应电流通过,所以指示灯不会立即熄灭。

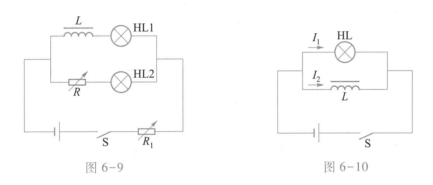

图 6-9   图 6-10

从上述两个实验可以看出,当线圈中的电流发生变化时,线圈本身就产生感应电动势,这个电动势总是阻碍线圈中电流的变化。这种由于线圈本身的电流发生变化而产生的电磁感应现象,称为自感现象,简称自感。在自感现象中产生的感应电动势,称为自感电动势。

二、自感系数

下面进一步考察自感电动势与电流变化的定量关系。当电流通过回路时,在回路内就要产生磁通,称为自感磁通,用符号 Φ_L 表示。

当电流通过匝数为 N 的线圈时,线圈的每一匝都有自感磁通穿过,如果穿过线圈每一匝的磁通都一样,那么,这个线圈的自感磁链为

$$\Psi_L = N\Phi_L$$

当同一电流 I 通过结构不同的线圈时,所产生的自感磁链 Ψ_L 各不相同。为了表明各个线圈产生自感磁链的能力,将线圈的自感磁链与电流的比值称为线圈(或回路)的自感系数(或称为自感量),简称电感,用符号 L 表示,即

$$L = \frac{\Psi_L}{I}$$

L 表示一个线圈通过单位电流所产生的磁链。

自感系数的单位是 H(亨),在电子技术中,常采用较小的单位,mH(毫亨)和 μH(微亨)。

三、线圈电感的计算

在实际工作中,常常需要估算线圈的电感,下面介绍环形螺旋线圈电感的计算公式。

假定环形螺旋线圈均匀地绕在某种材料做成的圆环上,线圈的匝数为 N,圆环的平均周长为 l。对于这样的线圈,可以近似认为磁通都集中在线圈的内部,而且磁通在横截面 S 上的分布是均匀的。当线圈通上电流 I 时,线圈内的磁感应强度为

$$B = \mu H = \mu \frac{NI}{l}$$

而磁通为

$$\Phi = BS = \frac{\mu NIS}{l}$$

由 $N\Phi = LI$ 可得

$$L = \frac{N\Phi}{I} = \frac{\mu N^2 S}{l}$$

式中,l 的单位为 m,S 的单位为 m^2,$\mu = \mu_0 \mu_r$ 是线圈芯所用材料的磁导率,L 的单位是 H。上式说明,线圈的电感是由线圈本身的特性决定的,它与线圈的尺寸、匝数和介质的磁导率有关,而线圈中是否有电流或电流的大小都不会使线圈电感改变。

其他近似环形的线圈,例如,口字形铁心的线圈或其他闭合磁路线圈,在铁心没有饱和的条件下,也可以用上式近似地计算线圈的电感,此时 l 是铁心的平均长度。若磁路不闭合,因为有气隙对电感影响很大,所以电感不能用上式计算。

必须指出,铁磁性材料的磁导率 μ 不是一个常数,它是随磁化电流的不同而变化的量,铁心越接近饱和,这种现象就越显著。因此,具有铁心的线圈,其电感也不是一个定值,这种电感称为非线性电感。因此,用上式计算出的电感只是一个大致的数值。

四、自感电动势

根据法拉第电磁感应定律,可以列出自感电动势的数学表达式为

$$E_L = \frac{\Delta \Psi}{\Delta t}$$

把 $\Psi_L = LI$ 代入,则

$$E_L = \frac{\Psi_{L_2} - \Psi_{L_1}}{\Delta t} = \frac{LI_2 - LI_1}{\Delta t}$$

即

$$E_L = L \frac{\Delta I}{\Delta t}$$

上式说明:自感电动势的大小与线圈中电流的变化率成正比。根据上式还可规定自感系数的单位,当线圈中的电流在 1 s 内变化 1 A 时,引起的自感电动势为 1 V,这个线圈的自感系数就是 1 H。

五、自感现象的应用

自感现象在各种电气设备和无线电技术中有广泛的应用,荧光灯的镇流器就是利用线圈自感现象的一个例子。

图 6-11 是荧光灯的电路图,它主要由灯管、镇流器和启辉器组成。镇流器是一个带铁心的线圈。启辉器的结构如图 6-12 所示,它是一个充有氖气的小玻璃泡,里面装上两个电极,一个是固定不动的静触片,另一个是用双金属片制成的 U 形触片。灯管内充有稀薄的水银蒸气。当水银蒸气导电时,就发出紫外线,使涂在管壁上的荧光粉发出柔和的光。由于激发水银蒸气导电所需的电压比 220 V 的电源电压高得多,因此,荧光灯在开始点亮时需要一个高出电源电压很多的瞬时电压。在荧光灯点亮后正常发光时,灯管的电阻变得很小,只允许通过不大的电流,电流过大就会烧坏灯管,这时又要使加在灯管上的电压大大低于电源电压。这两方面的要求都是利用跟灯管串联的镇流器来达到的。

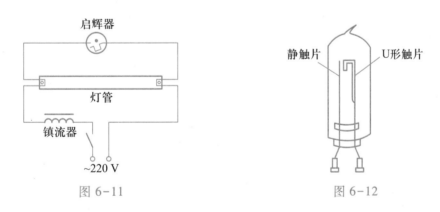

图 6-11　　　　　　　　　　　　　　图 6-12

当开关闭合后,电源把电压加在启辉器的两极之间,使氖气放电而发出辉光,辉光产生的热量使 U 形触片膨胀伸长,跟静触片接触而使电路接通,于是镇流器的线圈和灯管的灯丝中就有电流通过。电路接通后,启辉器中的氖气停止放电,U 形触片冷却收缩,两个触片分离,电路自动断开。在电路突然断开的瞬时,镇流器的两端就产生一个瞬时高电压,这个电压和电源电压都加在灯管两端,使灯管中的水银蒸气开始导电,于是灯管成为电流的通路开始发光。在荧光灯正常发光时,与灯管串联的镇流器就起着降压限流作用,保证灯的正常工作。

自感现象也有不利的一面。在自感系数很大而电流又很强的电路(如大型电动机的定子绕组)中,在切断电路的瞬间,由于电流在很短的时间内发生很大的变化,会产生很高的自感电动势,在断开处形成电弧,这不仅会烧坏开关,甚至危及工作人员的安全。因此,切断这类电路时必须采用特制的安全开关。

六、磁场能量

电感线圈和电容器都是电路中的储能元件。为了说明磁场具有储能的特性,可以回忆一下图 6-10 所示的实验,通电线圈在切断电流的瞬间,能使与它并联的指示灯猛然一亮,然后逐渐熄灭,就是由于在电源切断的瞬间,磁场把它储存的能量释放出来,转换成指示灯的热能和光能的缘故。

和电场能量相对比,磁场能量和电场能量有许多相同的特点,现举出主要的两点如下:

(1) 磁场能量和电场能量在电路中的转换都是可逆的。例如,随着电流增大,线圈的磁场增强,存储的磁场能量就增多;随着电流的减小,磁场减弱,磁场能量通过电磁感应的作用,又转换为电能。因此,线圈和电容器一样都是储能元件,而不是电阻器一类的耗能元件。

(2) 磁场能量的计算公式,在形式上和电场能量的计算公式相似。这里,线圈中通过的电流 I 与电容器两端电压相对应,线圈的电感 L 与电容器的电容 C 相对应。根据高等数学推导,线圈中的磁场能量 W_L,可用下式计算

$$W_L = \frac{1}{2}LI^2$$

式中,若 L 的单位为 H,I 的单位为 A,则 W_L 的单位为 J。

上式表明:当线圈通有电流时,线圈中就要储存磁场能,通过线圈的电流越大,储存的能量也越多,通电线圈从外界吸收能量;在通有相同电流的线圈中,电感越大的线圈,储存的能量越多,因此,线圈的电感就反映它储存磁场能量的能力。

第五节 互 感 现 象

一、互感现象

假如两个线圈或回路靠得很近,当第一个线圈中有电流 i_1 通过时,它所产生的自感磁通 Φ_{11},必然有一部分要穿过第二个线圈,这一部分磁通称为互感磁通,用 Φ_{21} 表示,它在第二个线圈上产生互感磁链 Ψ_{21}($\Psi_{21} = N_2\Phi_{21}$)。同样,当第二个线圈通有电流 i_2 时,它所产生的自感磁通 Φ_{22},也会有一部分 Φ_{12} 要穿过第一个线圈,产生互感磁链 Ψ_{12}($\Psi_{12} = N_1\Phi_{12}$)。

如果 i_1 随时间变化,则 Ψ_{21} 也随时间变化,因此,在第二个线圈中将要产生感应电动势,这种现象称为互感现象。产生的感应电动势称为互感电动势,此时第二个线圈上的互感电动势为

$$E_{M2} = \frac{\Delta\Psi_{21}}{\Delta t}$$

同理,当 i_2 随时间变化时,也要在第一个线圈中产生互感电动势,其值为

$$E_{M1} = \frac{\Delta \Psi_{12}}{\Delta t}$$

二、互感系数

和研究自感电动势的方法一样,为了确定互感电动势和电流的关系,下面首先研究互感磁通和电流的关系。

在两个有磁交链(耦合)的线圈中,互感磁链与产生此磁链的电流比值,称为这两个线圈的互感系数(或互感量),简称互感,用符号 M 表示,即

$$M = \frac{\Psi_{21}}{i_1} = \frac{\Psi_{12}}{i_2}$$

由上式可知,两个线圈中,当其中一个线圈通有 1 A 电流时,在另一线圈中产生的互感磁链数,就是这两个线圈之间的互感系数。互感系数的单位和自感系数一样,也是 H。

通常互感系数只和这两个回路的结构、相互位置及介质的磁导率有关,而与回路中的电流无关。只有当介质为铁磁性材料时,互感系数才与电流有关。

下面研究两线圈间的互感系数和它们的自感系数之间的关系。

设 K_1、K_2 为各线圈所产生的互感磁通与自感磁通的比值,即 K_1、K_2 表示出每个线圈所产生的磁通有多少与相邻线圈相交链。

$$K_1 = \frac{\Phi_{21}}{\Phi_{11}} = \frac{\Psi_{21}/N_2}{\Psi_{11}/N_1} = \frac{\Psi_{21}N_1}{\Psi_{11}N_2}$$

由于

$$\Psi_{21} = Mi_1, \Psi_{11} = L_1 i_1$$

故得

$$K_1 = \frac{\Psi_{21}N_1}{\Psi_{11}N_2} = \frac{Mi_1 N_1}{L_1 i_1 N_2} = \frac{MN_1}{L_1 N_2}$$

同理得

$$K_2 = \frac{\Phi_{12}}{\Phi_{22}} = \frac{MN_2}{L_2 N_1}$$

K_1 与 K_2 的几何平均值称为线圈的交链系数或耦合系数,用 K 来表示,即

$$K = \sqrt{K_1 K_2} = \sqrt{\frac{MN_1}{L_1 N_2} \times \frac{MN_2}{L_2 N_1}} = \frac{M}{\sqrt{L_1 L_2}}$$

耦合系数用来说明两线圈间的耦合程度,因为

$$K_1 = \frac{\Phi_{21}}{\Phi_{11}} \leqslant 1, K_2 = \frac{\Phi_{12}}{\Phi_{22}} \leqslant 1$$

所以,K 的值在 0 与 1 之间。当 $K = 0$ 时,说明线圈产生的磁通互不交链,因此不存在互感;当

$K=1$时,说明两个线圈耦合得最紧,一个线圈产生的磁通全部与另一个线圈相交链,其中没有漏磁通,因此,产生的互感最大,这时又称为全耦合。由前式可得

$$M = K\sqrt{L_1 L_2}$$

上式说明,互感系数决定于两线圈的自感系数和耦合系数。

三、互感电动势

假定两个靠得很近的线圈中,第一个线圈的电流 i_1 发生变化,将在第二个线圈中产生互感电动势 E_{M2},根据法拉第电磁感应定律,可得

$$E_{M2} = \frac{\Delta \Psi_{21}}{\Delta t}$$

设两线圈的互感系数 M 为常数,并把 $\Psi_{21}=Mi_1$ 代入上式得

$$E_{M2} = \frac{\Delta(Mi_1)}{\Delta t} = M\frac{\Delta i_1}{\Delta t}$$

同理可得,第二个线圈的电流 i_2 发生变化,在第一个线圈中产生的互感电动势为

$$E_{M1} = M\frac{\Delta i_2}{\Delta t}$$

上式说明,线圈中的互感电动势,是与互感系数和另一线圈中电流的变化率的乘积成正比。互感电动势的方向,可用楞次定律判定。

互感现象在电工和电子技术中的应用非常广泛,如电源变压器、电流互感器、电压互感器和中周变压器等都是根据互感原理工作的。

第六节 互感线圈的同名端和串联

一、互感线圈的同名端

在电子电路中,对于两个或两个以上的有电磁耦合的线圈,常常需要知道互感电动势的极性。例如,LC 正弦波振荡器中,必须使互感线圈的极性正确连接,才能产生振荡。

如前所述,可以运用楞次定律判断感应电动势的方向,但是在实际的电路图上,要把每个线圈的绕法和各线圈的相对位置都画出来,再来判断感应电动势的极性是很不方便的,因此,常常在电路图中的互感线圈上标注互感电动势极性的标记,这就是同名端的标记。

为了说明同名端的意义,先来研究图6-13所示的互感线圈。图中两个线圈 L_1 和 L_2 绕在同一圆柱形磁棒上,L_1 通入电流 i,并且假定 i 是随时间而增大的,则 i 所产生的磁通 Φ_1 也随时间而增大。这时,L_1 中要产生自感电动势,L_2 中要产生互感电动势(这两个电动势都是由于 Φ_1 的变化所引起的),它们的感应电流都要产生与 Φ_1 方向相反的磁通,以抵消原磁通 Φ_1 的增加(若 i 随时间而减小,则感应电流产生的磁通,与 Φ_1 方向相同,以抵消 Φ_1 的减少)。根据右手

螺旋定则,可以确定 L_1 和 L_2 中感应电动势的方向,标在图上,可知端点 1 与 3、2 与 4 的极性相同。若 i 是减小的,则 L_1 和 L_2 中感应电动势的方向都反了过来,但端点 1 与 3、2 与 4 的极性仍然相同。另外,无论电流从哪端流入线圈,上述端点 1 与 3、2 与 4 的极性仍然保持相同。因此,把这种在同一变化磁通的作用下,感应电动势极性相同的端点称为同名端,感应电动势极性相反的端点称为异名端。一般用符号"·"表示同名端。在标出同名端后,每个线圈的具体绕法和它们间的相对位置就不需要在图上表示出来了。这样,图 6-13 就可画成图 6-14 的形式。

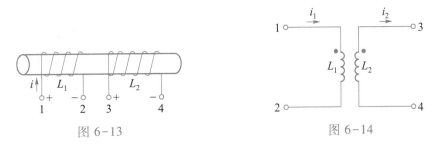

图 6-13　　　　　　　　　　　　图 6-14

知道同名端后,就可以根据电流的变化趋势,很方便地判断出互感电动势的极性。如图 6-14 所示,设电流 i_2 由端点 3 流出并在减小,根据楞次定律可判定端点 3 的自感电动势的极性为正;再根据同名端的定义,立刻判定端点 1 也为正。

在确定互感线圈的同名端时,如果已经知道了线圈的绕法,可以运用楞次定律直接判定;如果线圈的具体绕法无法知道,可以用实验方法来判定。图 6-15 所示就是判定同名端的电路。当开关 S 闭合时,电流从线圈的端点 1 流入,且电流随时间增加而增大。如果此时电流表的指针向正刻度方向偏转,则端点 1 与 3 是同名端,否则 1 与 3 是异名端。同学们可以考虑一下,这是什么道理。

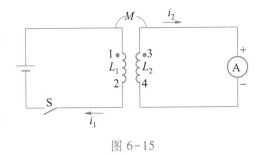

图 6-15

二、互感线圈的串联

把两个有互感的线圈串联起来有两种不同的接法。异名端相接称为顺串,同名端相接称为反串。

(1) 顺串　如图 6-16(a)所示,设电流 i 从端点 1 经过 2、3 流向端点 4,并且电流是减小的,则在两个线圈中出现四个感应电动势,两个自感电动势 E_{L1}、E_{L2} 和两个互感电动势 E_{M1}、E_{M2}。E_{L1}、E_{L2} 串联,且与 i 同方向。因端点 1、3 是同名端,所以 E_{M2} 与 E_{L1} 同方向,E_{M1} 与 E_{L2} 同方向,因此,总的感应电动势为这四个感应电动势之和,即

$$E = E_{L1} + E_{M1} + E_{L2} + E_{M2}$$

$$= L_1 \frac{\Delta i}{\Delta t} + L_2 \frac{\Delta i}{\Delta t} + 2M \frac{\Delta i}{\Delta t}$$

$$= (L_1 + L_2 + 2M) \frac{\Delta i}{\Delta t} = L_{顺} \frac{\Delta i}{\Delta t}$$

式中，$L_顺 = L_1 + L_2 + 2M$。

这就是说，两个有互感的线圈顺串时，相当于一个具有等效电感 $L_顺 = L_1 + L_2 + 2M$ 的电感线圈。

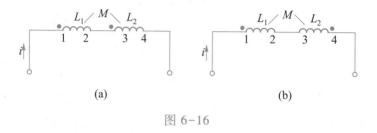

图 6-16

（2）反串　如图 6-16（b）所示，同样假设电流是减小的，则 E_{L1}、E_{L2} 的方向仍与 i 的方向相同，但 E_{M1}、E_{M2} 的方向与 i 的方向相反，所以有

$$E = E_{L1} - E_{M1} + E_{L2} - E_{M2}$$

$$= L_1 \frac{\Delta i}{\Delta t} + L_2 \frac{\Delta i}{\Delta t} - 2M \frac{\Delta i}{\Delta t}$$

$$= (L_1 + L_2 - 2M) \frac{\Delta i}{\Delta t} = L_反 \frac{\Delta i}{\Delta t}$$

式中，$L_反 = L_1 + L_2 - 2M$。

这就是说，两个有互感的线圈反串时，相当于一个具有等效电感 $L_反 = L_1 + L_2 - 2M$ 的电感线圈。将 $L_顺$ 减去 $L_反$ 得

$$L_顺 - L_反 = 4M$$

即

$$M = \frac{L_顺 - L_反}{4}$$

由此可知，只要通过实验分别测得 $L_顺$ 和 $L_反$，就可以计算出互感系数 M。

在电子电路中，常常需要使用具有中心抽头的线圈，并且要求从中点分成两部分的线圈完全相同。为了满足这个要求，在实际绕制这种线圈时，可以用两根相同的漆包线平行地绕在同一个铁心上，然后，再把两个线圈的异名端接在一起作为中心抽头。

如果两个互感线圈的同名端串接在一起，则两个线圈所产生的磁通在任何时候总是大小相等而方向相反，因此相互抵消。这样接成的线圈就不会有磁通穿过，因而就没有电感，它只起一个电阻作用。因此，为了获得无感电阻，就可以在绕制电阻时，将电阻线对折，双线并绕。

第七节 涡流和磁屏蔽

一、涡流

如果仔细观察发电机、电动机和变压器,就可以看到,它们的铁心都不是整块金属,而是由许多薄的硅钢片叠压而成的。这是为什么呢?

把块状金属放在交变磁场中,金属块内将产生感应电流。这种电流在金属块内自成闭合回路,很像水的漩涡,因此称为涡电流,简称涡流。由于整块金属电阻很小,所以涡流很大,这就不可避免地会使铁心发热,温度升高,引起材料绝缘性能下降,甚至破坏绝缘发生故障。铁心发热,还使一部分电能转换成热能白白浪费,这种电能损失称为涡流损失。

在电机、电器的铁心中,要想完全消灭涡流是不可能的,但可以采取有效措施尽可能地减小涡流。为了减少涡流损失,电机和变压器的铁心通常用涂有绝缘漆的薄硅钢片叠压制成。这样涡流就被限制在狭窄的薄片之内,回路的电阻很大,涡流大为减弱,从而使涡流损失大大降低。铁心采用硅钢片,是因为这种钢比普通钢的电阻率大,可以进一步减少涡流损失。硅钢片的涡流损失只有普通钢片的 $1/5 \sim 1/4$。

事物总是一分为二的,涡流在很多情况下是有害的,但在一些特殊的场合,它也可以被利用。例如,感应加热技术已经被广泛用于有色金属和特种合金的冶炼。利用涡流加热的电炉称为高频感应炉,它的主要结构是一个与大功率的高频交流电源相接的线圈,被加热的金属就放在线圈中间的坩埚内,当线圈中通以强大的高频电流时,它产生的交变磁场能使坩埚内的金属中产生强大的涡流,发出大量的热,使金属熔化。

二、磁屏蔽

在电子技术中,很多地方要利用互感,但有些地方却要避免互感现象,防止出现干扰和自激。例如,仪器中的变压器或其他线圈产生的漏磁通,可能影响某些器件的正常工作,如破坏示波管或显像管中电子聚焦。为此,必须将这些器件屏蔽起来,使其免受外界磁场的影响,这种措施称为磁屏蔽。

最常用的磁屏蔽措施就是利用软磁性材料制成屏蔽罩,将需要屏蔽的器件放在罩内。因为铁磁性材料的磁导率是空气的许多倍,因此,铁壁的磁阻比空气磁阻小得多,外界磁场的磁通在磁阻小的铁壁中通过,因而进入屏蔽罩内的磁通很少,从而起到磁屏蔽的作用。有时为了更好地达到磁屏蔽的作用,常常采用多层铁壳屏蔽的办法,把漏进罩内的磁通一次一次地屏蔽掉。

对高频变化的磁场,常常用铜或铝等导电性能良好的金属制成屏蔽罩,交变的磁场在金属屏蔽罩上产生很大的涡流,利用涡流的去磁作用来达到磁屏蔽的目的。在这种情况下,一般不用铁磁性材料制成的屏蔽罩。这是由于铁的电阻率较大,涡流较小,去磁作用小,效果不好。

此外,在装配器件时,应将相邻两线圈互相垂直放置,这时第一个线圈所产生的磁通不穿过第二个线圈,如图 6-17(a)所示;而第二个线圈产生的磁通穿过第一个线圈时,线圈上半部和线圈下半部磁通的方向正好相反,如图 6-17(b)所示,因此,所产生的互感电动势也相互抵消,从而起到了消除互感的作用。

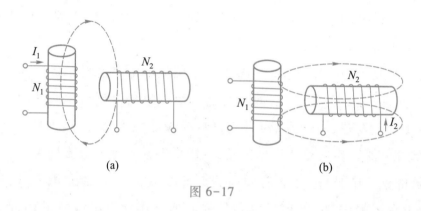

(a)   (b)

图 6-17

阅读与应用

一 动圈式话筒

在大功率扩音器中广泛使用的话筒是动圈式话筒,又称为电动式话筒。

动圈式话筒的构造主要由软铁、衬圈、护罩、膜片、音圈、永久磁铁等部分组成,如图 6-18 所示。膜片多采用铝合金或聚苯乙烯材料,压制成表面为绉形折纹的薄片。音圈用漆包线绕成,套在永久磁铁所形成的强磁场空隙中。

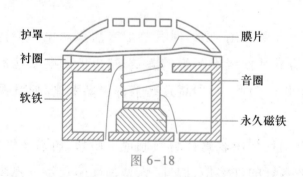

图 6-18

当声波传到膜片上时,膜片随声波的频率和强弱振动,并把这种振动传递给音圈,使音圈沿垂直磁场方向振动。音圈在磁场中做切割磁感线运动,从而产生感应电流,这个感应电流的大小按声波的频率和强弱变化,把此感应电流输入到扩音器中进行放大。最后,由扬声器还原成声音。

由于膜片和音圈都具有惯性等原因,当声波的频率较高时,动圈式话筒将会产生失真。

二　电　感　器

电感器是一种储能元件,能把电能转换成磁场能。它和电阻器、电容器一样都是电子设备中的重要组成元件。电感器的种类很多,通常按电感的形式分为固定电感器、可变电感器、微调电感器;按磁体性质分为空心线圈、磁心线圈、铜心线圈;按结构特点分为单层线圈、多层线圈、蜂房线圈。常见的有变压器线圈、荧光灯镇流器的线圈、收音机中的天线线圈等,图6-19分别示出了它们的外形。

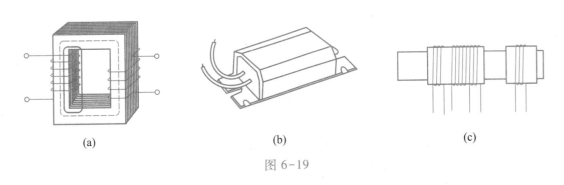

(a)　　　　　　　　(b)　　　　　　　　(c)

图 6-19

各种电感线圈具有不同的特点和不同的用途,但它们都是用漆包线或纱包线绕在绝缘骨架上或铁心上构成的,而且每圈与每圈之间要彼此绝缘。为适应各种用途的要求,电感线圈做成了各种各样的形状。

电感量 L 和品质因数 Q 是电感线圈的主要参数。电感量的大小与线圈的匝数、形状、大小及磁心的材料等因素有关。品质因数越高,表明电感线圈的功率损耗越小,即"品质"越好。

由于线圈每两圈(或每两层)导线可以看成电容器的两块金属片,导线之间的绝缘材料相当于绝缘介质,这相当于一个很小的电容,称为线圈的分布电容。由于分布电容存在,将使线圈有效电感量下降,为此,将线圈绕成蜂房式,或采用分段绕法,就是为了减小分布电容。

本章小结

1. 穿过电路的磁通发生变化时,电路中就有感应电动势产生。如果电路是闭合的,则在电路中形成感应电流。

电路中感应电流的方向可用右手定则或楞次定律来判定。

电路中感应电动势的大小可用如下公式进行计算

$$E = Blv\sin\theta$$

或

$$E = N\frac{\Delta\Phi}{\Delta t} = \frac{\Delta\Psi}{\Delta t}$$

线圈中感应电动势的大小与穿过线圈的磁通的变化率成正比,称为法拉第电磁感应定律。

2. 由于线圈本身的电流发生变化而产生的电磁感应现象,称为自感现象。由自感现象产生的感应电动势称为自感电动势,它的大小为

$$E_L = L \frac{\Delta I}{\Delta t}$$

式中,L 是线圈的自感磁链与电流的比值,称为线圈的自感,即

$$L = \frac{\Psi_L}{I}$$

线圈的自感是由线圈本身的特性决定的,即与线圈的尺寸、匝数和介质的磁导率有关,而与线圈中是否有电流或电流的大小无关,即

$$L = \frac{\mu N^2 S}{l}$$

3. 两个靠得很近的线圈,当一个线圈中的电流发生变化时,在另一个线圈中产生的电磁感应现象,称为互感现象,互感电动势的大小为

$$E_{M1} = M \frac{\Delta i_2}{\Delta t}$$

$$E_{M2} = M \frac{\Delta i_1}{\Delta t}$$

式中,M 是互感磁链与产生此磁链的电流的比值,称为这两个线圈的互感,即

$$M = \frac{\Psi_{21}}{i_1} = \frac{\Psi_{12}}{i_2}$$

互感只和这两个线圈的结构、相互位置和介质的磁导率有关,而与线圈中是否有电流或电流的大小无关,即

$$M = K\sqrt{L_1 L_2}$$

4. 电感线圈和电容器一样,都是电路中的储能元件。磁场能量的大小可按下式计算

$$W_L = \frac{1}{2} L I^2$$

5. 在同一变化磁通的作用下,感应电动势极性相同的端点称为同名端,感应电动势极性相反的端点称为异名端。利用同名端判别互感电动势的方向是既实用又简便的方法。

把两个有互感的线圈串联起来有两种不同的接法,异名端相接称为顺串,同名端相接称为反串。顺串、反串后的等效电感分别为

$$L_{顺} = L_1 + L_2 + 2M$$

$$L_{反} = L_1 + L_2 - 2M$$

习 题

1. 是非题

(1) 导体在磁场中运动时,总是能够产生感应电动势。 ( )

(2) 线圈中只要有磁场存在,就必定会产生电磁感应现象。 ( )

(3) 感应电流产生的磁通方向总是与原来的磁通方向相反。 ( )

(4) 线圈中电流变化越快,则其自感系数就越大。 ( )

(5) 自感电动势的大小与线圈本身的电流变化率成正比。 ( )

(6) 当结构一定时,铁心线圈的电感是一个常数。 ( )

(7) 互感系数与两个线圈中的电流均无关。 ( )

(8) 线圈 A 的一端与线圈 B 的一端为同名端,那么线圈 A 的另一端与线圈 B 的另一端就为异名端。

( )

(9) 把两个互感线圈的异名端相连接称为顺串。 ( )

(10) 两个顺串线圈中产生的所有感应电动势方向都是相同的。 ( )

2. 选择题

(1) 下列属于电磁感应现象的是( )。

A. 通电直导体产生磁场　　　　　　　　B. 通电直导体在磁场中运动

C. 变压器铁心被磁化　　　　　　　　　D. 线圈在磁场中转动发电

(2) 如图 6-20 所示,若线框 ABCD 中不产生感应电流,则线框一定( )。

A. 匀速向右运动　　　　　　　　　　　B. 以导线 EE′为轴匀速转动

C. 以 BC 为轴匀速转动　　　　　　　　D. 以 AB 为轴匀速转动

(3) 如图 6-21 所示,当开关 S 打开时,电压表指针( )。

A. 正偏　　　　　B. 不动　　　　　C. 反偏　　　　　D. 不能确定

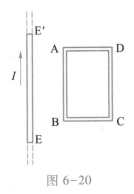

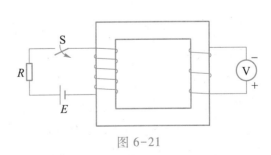

图 6-20　　　　　　　　　　　　　　　　　　图 6-21

(4) 法拉第电磁感应定律可以这样表述:闭合电路中感应电动势的大小( )。

A. 与穿过这一闭合电路的磁通变化率成正比

B. 与穿过这一闭合电路的磁通成正比

C. 与穿过这一闭合电路的磁通变化量成正比

D. 与穿过这一闭合电路的磁感应强度成正比

（5）线圈自感电动势的大小与（　　　）无关。

A. 线圈的自感系数 　　　　　　　　　B. 通过线圈的电流变化率

C. 通过线圈的电流大小 　　　　　　　D. 线圈的匝数

（6）线圈中产生的自感电动势总是（　　　）。

A. 与线圈内的原电流方向相同 　　　　B. 与线圈内的原电流方向相反

C. 阻碍线圈内原电流的变化 　　　　　D. 以上三种说法都不正确

（7）下面说法正确的是（　　　）。

A. 两个互感线圈的同名端与线圈中的电流大小有关

B. 两个互感线圈的同名端与线圈中的电流方向有关

C. 两个互感线圈的同名端与两个线圈的绕向有关

D. 两个互感线圈的同名端与两个线圈的绕向无关

（8）互感系数与两个线圈的（　　　）有关。

A. 电流变化 　　　　　　　　　　　　B. 电压变化

C. 感应电动势 　　　　　　　　　　　D. 相对位置

（9）两个反串线圈的 $K = 0.5$，$L_1 = 9$ mH，$L_2 = 4$ mH，则等效电感为（　　　）。

A. 13 mH 　　　　　B. 7 mH 　　　　　C. 19 mH 　　　　　D. 1 mH

（10）两个互感线圈顺串时等效电感为 50 mH，反串时等效电感为 30 mH，则互感系数为（　　　）。

A. 10 mH 　　　　　B. 5 mH 　　　　　C. 20 mH 　　　　　D. 40 mH

3. 填空题

（1）感应电流的方向，总是要使感应电流的磁场_____引起感应电流的_____的变化，称为楞次定律。即若线圈中磁通增加，感应电流的磁场方向与原磁场方向_____；若线圈中磁通减少，感应电流的磁场方向与原磁场方向_____。

（2）由于线圈自身_____而产生的_____现象称为自感现象。线圈的_____与_____的比值，称为线圈的电感。

（3）线圈的电感是由线圈本身的特性决定的，即与线圈的_____、_____和介质的_____有关，而与线圈是否有电流或电流的大小_____。

（4）荧光灯电路主要由_____、_____和_____组成。镇流器的作用是：荧光灯正常发光时，起_____作用；荧光灯点亮时，产生_____。

（5）空心线圈的电感是线性的，而铁心线圈的电感是_____，其电感大小随电流的变化而_____。

（6）在同一变化磁通的作用下，感应电动势极性_____的端点称为同名端；感应电动势极性_____的端点称为异名端。

（7）两个互感线圈同名端相连接称为_____，异名端相连接称为_____。

（8）耦合系数 K 的值在_____和_____之间。

（9）在 0.03 s 内线圈 A 中的电流由 0.5 A 增加到 2 A,线圈 A 的自感系数为 0.9 H,两个线圈间的互感系数 $M = 0.6$ H,则线圈 B 中产生的互感电动势为_____V;线圈 A 中产生_____电动势,大小为_____V。

（10）电阻器是_____元件,电感器和电容器都是_____元件,线圈的_____就反映它储存磁场能量的能力。

4. 问答与计算题

（1）图 6-22 中,CDEF 是金属框,当导体 AB 向右移动时,试用右手定则确定 ABCD 和 ABFE 两个电路中感应电流的方向。应用楞次定律,能不能用这两个电路中的任意一个来判定导体 AB 中感应电流的方向?

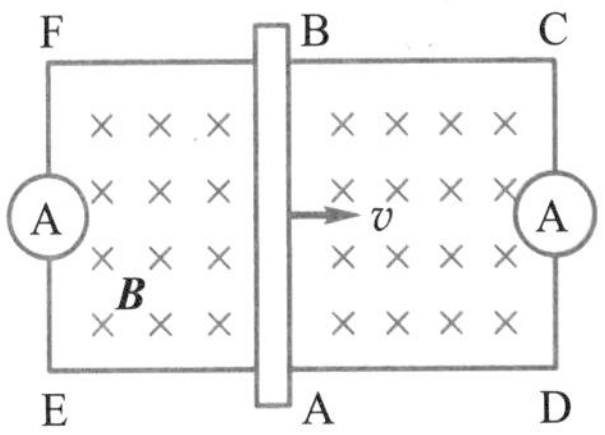

（2）图 6-23 所示的电路中,把变阻器 R 的滑动片向左移动使电流减弱,试确定这时线圈 A 和 B 中感应电流的方向。

（3）在 0.4 T 的匀强磁场中,长度为 25 cm 的导线以 6 m/s 的速度做切割磁感线的运动,运动方向与磁感线成 30°,并与导线本身垂直,求导线中感应电动势的大小。

图 6-22

（4）如图 6-24 所示,一个正方形线圈 ABCD 在不均匀磁场中,以一定速度向右移动,磁感应强度从左向右递减,试问:

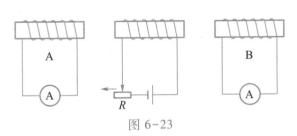

图 6-23

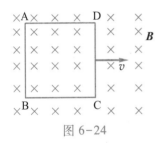

图 6-24

① 为什么线圈中会产生感应电动势? 感应电流的方向是怎样的?

② 如果线圈边长 $l = 10$ cm,整个线圈电阻 $R = 0.5$ Ω,移动速度 $v = 5$ m/s,图中 AB 处磁感应强度 $B_1 = 1.5$ T,CD 处磁感应强度 $B_2 = 1$ T,求这一时刻线圈中的感应电流?

（5）有一个 1 000 匝的线圈,在 0.4 s 内穿过它的磁通从 0.02 Wb 增加到 0.09 Wb,求线圈中的感应电动势。如果线圈的电阻是 10 Ω,当它跟一个电阻为 990 Ω 的电热器串联组成闭合电路时,通过电热器的电流是多大?

（6）一个线圈的电流在 $\dfrac{1}{1\,000}$ s 内有 0.02 A 的变化时,产生 50 V 的自感电动势,求线圈的自感系数。如果这个电路中电流的变化率为 40 A/s,那么自感电动势是多大?

（7）若某一空心线圈中通入 10 A 电流,自感磁链为 0.01 Wb,求线圈的电感。若线圈有 100 匝,求线圈中电流为 5 A 时的自感磁链和线圈内的磁通。

（8）两个靠得很近的线圈,已知甲线圈中电流变化率为 200 A/s 时,在乙线圈中产生 0.2 V 的互感电动势,求两线圈间的互感系数。又若甲线圈中的电流为 3 A,求由甲线圈产生而与乙线圈交链的磁链。

（9）若有两个线圈,第一个线圈的电感是 0.8 H,第二个线圈的电感是 0.2 H,它们之间的耦合系数是 0.5,求当它们顺串和反串时的等效电感。

（10）两个线圈顺串时等效电感为 0.75 H,而反串时等效电感为 0.25 H,又已知第二个线圈的电感为 0.25 H,求第一个线圈的电感和它们之间的耦合系数。

第七章　正弦交流电的基本概念

本章内容与直流电的知识有密切联系,要用到直流电中讲过的许多概念和规律。但由于交流电又具有不同于直流电的特点,因此,表征交流电特征的物理量,影响交流电的电路元件又有其自己的特殊性。在学习中对比直流电来研究交流电,可以加深对交流电特性的理解。

本章的基本要求是:

1. 了解正弦交流电的产生。

2. 理解正弦交流电的特征,特别是三要素(有效值、频率和初相位)以及相位差的概念。

3. 掌握正弦交流电的各种表示方法(解析式表示法、波形图表示法和相量图表示法)以及相互间的关系。

第一节　交流电的产生

一、交流电的产生

照图 7-1 那样使矩形线圈 ABCD 在匀强磁场中匀速转动。观察电流表的指针,可以看到,指针随着线圈的转动而摆动,并且线圈每转一周,指针左右摆动一次。这表明转动的线圈里产生了感应电流,并且感应电流的大小和方向都在随时间做周期性变化。这种大小和方向都随时间做周期性变化,并且在一个周期内的平均值为零的电流称为交流电。

下面研究交流电的变化规律。

图 7-2 中标 A 的小圆圈表示线圈 AB 边的横截面,标 D 的小圆圈表示线圈 CD 边的横截面。假定线圈平面从与磁感线垂直的平面(这个面称为中性面)开始,沿逆时针方向匀速转动,角速度是 ω,单位为 rad/s(弧度/秒)。经过时间 t 后,线圈转过的角度是 ωt。这时,AB 边的线速度 v 的方向与磁感线方向间的夹角也等于 ωt。设 AB 边的长度是 l,磁场的磁感应强度是 B,那么 AB 边中的感应电动势 $e_{AB} = Blv\sin \omega t$,CD 边中的感应电动势跟 AB 边中的大小相同,而且又是串联在一起,所以这一瞬间整个线圈中的感应电动势 e 可用下式表示

$$e = 2Blv\sin \omega t$$

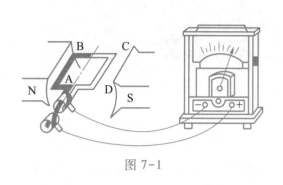

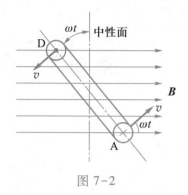

图 7-1   图 7-2

当线圈平面转到与磁感线平行的位置时，AB 边和 CD 边的线速度方向都与磁感线垂直，即 AB 边和 CD 边都垂直切割磁感线，由于 $\omega t = \pi/2$，$\sin \omega t = 1$，所以这时的感应电动势最大，用 E_m 来表示，即 $E_m = 2Blv$，代入上式得到

$$e = E_m \sin \omega t$$

式中，e 称为电动势的瞬时值，E_m 称为电动势的最大值。由上式可知，在匀强磁场中匀速转动的线圈里产生的感应电动势是按正弦规律变化的。

如果把线圈和电阻组成闭合电路，则电路中就有感应电流。

用 R 表示整个闭合电路的电阻，用 i 表示电路中的感应电流，那么

$$i = \frac{e}{R} = \frac{E_m}{R} \sin \omega t$$

式中，$\dfrac{E_m}{R}$ 是电流的最大值，用 I_m 表示，则电流的瞬时值可用下式表示

$$i = I_m \sin \omega t$$

可见感应电流也是按正弦规律变化的。

外电路中一段导线上的电压同样也是按正弦规律变化的。设这段导线的电阻为 R'，电压的瞬时值 u 为

$$u = R'i = R'I_m \sin \omega t$$

式中，$R'I_m$ 是电压的最大值，用 U_m 表示，所以

$$u = U_m \sin \omega t$$

上述各式都是从线圈平面跟中性面重合的时刻开始计时的，如果不是这样，而是从线圈平面与中性面有一夹角 φ_0 时开始计时，如图 7-3 所示，那么，经过时间 t，线圈平面与中性面间的角度是 $\omega t + \varphi_0$，感应电动势的公式就变成

$$e = E_m \sin (\omega t + \varphi_0)$$

电流和电压的公式分别变成

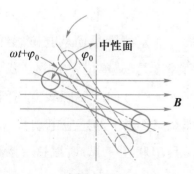

图 7-3

$$i = I_{\mathrm{m}}\sin\left(\omega t + \varphi_0\right)$$

$$u = U_{\mathrm{m}}\sin\left(\omega t + \varphi_0\right)$$

这种按正弦规律变化的交流电称为正弦交流电,简称交流电,它是一种最简单而又最基本的交流电。

二、交流电的波形图

交流电的变化规律也可以用波形图直观地表示出来。图 7-4(b)和(c)分别表示出 $e = E_{\mathrm{m}}\sin\omega t$ 和 $i = I_{\mathrm{m}}\sin\omega t$ 的波形图。当 $t = 0$ 时,AB、CD 边都不切割磁感线,所以线圈中不产生感应电动势,电路中没有电流。图 7-4(a)表示出对应于 e、i 等于零或正、负最大值时的线圈位置。

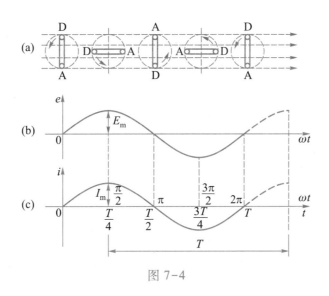

图 7-4

从图 7-4 中可以看出,线圈平面每经过中性面一次,感应电动势和感应电流的方向就改变一次,因此,线圈转动一周,感应电动势和感应电流的方向改变两次,并且线圈转过一周,e 和 i 的大小和方向都恢复到开始时的情况,在以后的转动中,e 和 i 将周期性地重复以前的变化。

图 7-5 示出了交变电流 $i = I_{\mathrm{m}}\sin\left(\omega t + \varphi_0\right)$ 或交变电压 $u = U_{\mathrm{m}}\sin(\omega t + \varphi_0)$ 的波形图,其中 $\varphi_0 = \pi/6$。

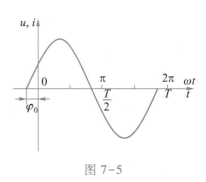

图 7-5

第二节　表征交流电的物理量

直流电的电压、电流是恒稳的,都不随时间而改变,要描述直流电,只用电压和电流这两个物理量就够了。交流电则不然,它的电压、电流的大小、方向都随时间做周期性的变化,比直流电复杂,因此,要描述交流电,需要的物理量就比较多。下面就来讨论表征交流电特点的物理量。

一、周期和频率

交流电的变化跟别的周期性过程一样,是用周期或频率来表示变化的快慢的。在图7-1所示的实验里,线圈匀速转动一周,电动势、电流都按正弦规律变化一周。交流电完成一次周期性变化所需的时间,称为交流电的周期。周期通常用T表示,单位是s(秒)。交流电在1 s内完成周期性变化的次数称为交流电的频率,频率通常用f表示,单位是Hz(赫)。

根据定义,周期和频率的关系是

$$T = \frac{1}{f}$$

或

$$f = \frac{1}{T}$$

我国工农业生产和生活用的交流电,周期是0.02 s,频率是50 Hz,电流方向每秒改变100次。

交流电变化的快慢,除了用周期和频率表示外,还可以用角频率表示。通常交流电变化一周可用2π弧度或360°来计量。那么,交流电每秒所变化的角度(电角度),称为交流电的角频率,用ω表示,单位是rad/s(弧度/秒)。因为交流电变化一周所需要的时间是T,所以角频率与周期、频率的关系是

$$\omega = \frac{2\pi}{T} = 2\pi f$$

二、最大值和有效值

交流电的最大值(I_{m},U_{m})是交流电在一个周期内所能达到的最大数值,可以用来表示交流电的电流强弱或电压高低,在实际应用中有重要意义。例如,把电容器接在交流电路中,就需要知道交流电压的最大值,电容器所能承受的电压要高于交流电压的最大值,否则电容器可能被击穿。但是在研究交流电的功率时,最大值用起来却不够方便,它不适于表示交流电产生的效果。因此,在实际工作中通常用有效值来表示交流电的大小。

交流电的有效值是根据电流的热效应来规定的。让交流电和直流电分别通过同样阻值的电阻,如果它们在同一时间内产生的热量相等,就把这一直流电的数值称为这一交流电的有效值。例如,在同一时间内,某一交流电通过一段电阻产生的热量,跟3 A的直流电通过阻值相同的另一电阻产生的热量相等,那么,这一交流电流的有效值就是3 A。

交流电动势和电压的有效值可以用同样的方法来确定。通常用E、U、I分别表示交流电的电动势、电压和电流的有效值。计算表明,正弦交流电的有效值和最大值之间有如下的关系:

$$E = \frac{E_{\mathrm{m}}}{\sqrt{2}} \approx 0.707 E_{\mathrm{m}}$$

$$U = \frac{U_{\mathrm{m}}}{\sqrt{2}} \approx 0.707 U_{\mathrm{m}}$$

$$I = \frac{I_{\mathrm{m}}}{\sqrt{2}} \approx 0.707 I_{\mathrm{m}}$$

通常说照明电路的电压是 220 V,便是指有效值。各种使用交流电的电气设备上所标的额定电压和额定电流的数值,一般交流电流表和交流电压表测量的数值,也都是有效值。以后提到交流电的数值,凡没有特别说明的,都是指有效值。

三、相位和相位差

从交流电瞬时值的表达式可以看出,交流电瞬时值何时为零,何时最大,不是简单地由时间 t 来确定,而是由 $\omega t + \varphi_0$ 来确定的。这个相当于角度的量 $\omega t + \varphi_0$ 对于确定交流电的大小和方向起着重要作用,称为交流电的相位。φ_0 是 $t = 0$ 时的相位,称为初相位,简称初相。相位可以用来比较交流电的变化步调。

两个交流电的相位之差称为它们的相位差,用 φ 来表示。如果交流电的频率相同,相位差就等于初相之差,即

$$\varphi = (\omega t + \varphi_{01}) - (\omega t + \varphi_{02}) = \varphi_{01} - \varphi_{02}$$

这时相位差是恒定的,不随时间而改变。

两个频率相同的交流电,如果它们的相位相同,即相位差为零,就称这两个交流电为同相的。它们的变化步调一致,总是同时到达零和正负最大值,它们的波形如图 7-6(a)所示。

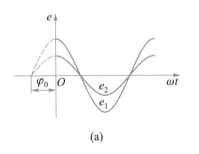
(a)

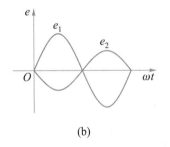
(b)

图 7-6

两个频率相同的交流电,如果相位差为 180°,就称这两个交流电为反相。它们的变化步调恰好相反,一个到达正的最大值,另一个恰好到达负的最大值;一个减小到零,另一个恰好增大到零,它们的波形如图 7-6(b)所示。

图 7-7 表示两个频率相同的交流电,但初相不同,且 $\varphi_{01} > \varphi_{02}$。从图中可以看出,它们的变化步调不一致,$e_1$ 比 e_2

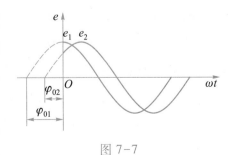

图 7-7

先到达正的最大值、零或负的最大值。这时说 e_1 比 e_2 超前 φ，或者 e_2 比 e_1 滞后 φ。

有效值（或最大值）、频率（或周期、角频率）、初相是表征正弦交流电的三个重要物理量。知道了这三个量，就可以写出交流电瞬时值的表达式，从而知道正弦交流电的变化规律，故把它们称为正弦交流电的三要素。

第三节　交流电的表示法

正弦交流电可以用解析式、波形图、相量图和复数表示。前两种方法已在前面介绍过，这里只做简要归纳。复数表示法将在第九章中介绍。

一、解析式表示法

上述的正弦交流电的电动势、电压和电流的瞬时值表达式就是交流电的解析式，即

$$e = E_{\mathrm{m}}\sin(\omega t + \varphi_{e0})$$

$$u = U_{\mathrm{m}}\sin(\omega t + \varphi_{u0})$$

$$i = I_{\mathrm{m}}\sin(\omega t + \varphi_{i0})$$

如果知道了交流电的有效值（或最大值）、频率（或周期、角频率）和初相，就可以写出它的解析式，可算出交流电任何瞬间的瞬时值。

例如，已知某正弦交流电压的最大值 $U_{\mathrm{m}} = 310$ V，频率 $f = 50$ Hz，初相 $\varphi_0 = 30°$，则它的解析式为

$$u = U_{\mathrm{m}}\sin(\omega t + \varphi_0) = 310\sin(100\pi t + 30°) \text{ V}$$

$t = 0.01$ s 瞬时的电压瞬时值为

$$u = 310\sin(100\pi \times 0.01 + 30°) \text{ V} = 310\sin 210° \text{ V} = -155 \text{ V}$$

二、波形图表示法

正弦交流电还可用与解析式相对应的波形图，即正弦曲线来表示，如图 7-8 所示。图中的横坐标表示时间 t 或角度 ωt，纵坐标表示随时间变化的电动势、电压和电流的瞬时值，在波形上可以反映出最大值、初相和周期等。

图 7-8(a) 正弦曲线的初相为零，图 7-8(b) 的初相在 $0 \sim \pi$ 之间，图 7-8(c) 的初相在 $-\pi \sim 0$ 之间，图 7-8(d) 的初相为 $\pm\pi$。

由图 7-8 可看出，如果初相是正值，曲线的起点就在坐标原点的左边；如果初相是负值，则起点在坐标原点的右边。

有时为了比较几个正弦量的相位关系，也可以把它们的曲线画在同一坐标系内。图 7-9 画出了两个正弦量 u、i 的曲线，但由于它们的单位不同，故纵坐标上电压、电流可分别按照不同的比例来表示。

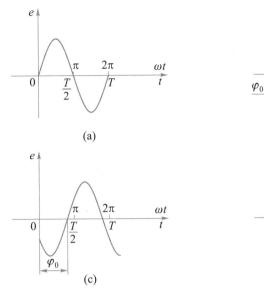

(a)

(b)

(c)

(d)

图 7-8

三、相量图表示法

正弦交流电也可用旋转矢量表示。现以正弦电动势 $e = E_m \sin(\omega t + \varphi_0)$ 为例,在平面直角坐标系中,从原点绘制一矢量 $\boldsymbol{E}_m$,使其长度等于正弦交流电动势的最大值 E_m,矢量与横轴 Ox 的夹角等于正弦交流电动势的初相 φ_0,矢量以角速度 ω 逆时针方向旋转,如图 7-10(a) 所示。这样,旋转矢量在任一瞬间与横轴 Ox 的夹角就是正弦交流电动势的相位 $\omega t + \varphi_0$,而旋转矢量在纵轴上的投影就是对应瞬

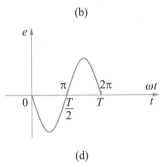

图 7-9

时的正弦交流电动势的瞬时值。例如,当 $t = 0$ 时,旋转矢量在纵轴上的投影为 e_0,相当于图 7-10(b) 中电动势波形的 a 点;当 $t = t_1$ 时,矢量与横轴的夹角为 $\omega t_1 + \varphi_0$,此时矢量在纵轴上的投影为 e_1,相当于波形的 b 点;如果矢量继续旋转下去,就可得出电动势 e 的波形图。

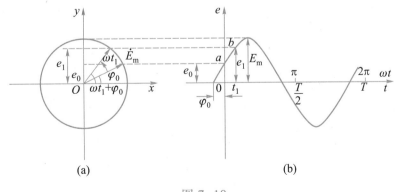

(a)

(b)

图 7-10

由此可见,一个正弦量可以用一个旋转矢量表示。矢量以角速度 ω 沿逆时针方向旋转。显然,对于这样的矢量不可能也没有必要把它的每一瞬间的位置都画出来,只要画出它的起始位置即可。因此,一个正弦量只要它的最大值和初相确定后,表示它的矢量就可确定。必须指出,表示正弦交流电的矢量与一般的空间矢量(如力、速度等)是不同的,它只是正弦量的一种表示方法。为了与一般的空间矢量相区别,把表示正弦交流电的这一矢量称为相量,并用大写字母上加黑点的符号来表示,如 $\dot{I}_m$ 和 $\dot{E}_m$ 分别表示电流相量和电动势相量。

同频率的几个正弦量的相量,可以画在同一图上,这样的图称为相量图。例如,有三个同频率的正弦量为

$$e = 60\sin\,(\omega t + 60°)\ \text{V}$$

$$u = 30\sin\,(\omega t + 30°)\ \text{V}$$

$$i = 5\sin\,(\omega t - 30°)\ \text{A}$$

它们的相量图,如图 7-11 所示。

在实际问题中遇到的都是有效值,故把相量图中各个相量的长度缩小到原来的 $1/\sqrt{2}$,这样,相量图中每一个相量的长度不再是最大值,而是有效值,这种相量称为有效值相量,用符号 $\dot{E}$、$\dot{U}$、$\dot{I}$ 表示,而原来最大值的相量称为最大值相量。

[例]　设 $u = 220\sqrt{2}\sin\,(\omega t + 53°)\ \text{V}$,$i = 0.41\sqrt{2}\sin\,\omega t\ \text{A}$,绘制端电压 u 与电流 i 的相量图。

解:电流初相 $\varphi_{i0} = 0$,就以它作参考相量。电压和电流之间的相位差为

$$\varphi = 53° - 0 = 53°$$

电压超前电流 53°,相量图如图 7-12 所示。

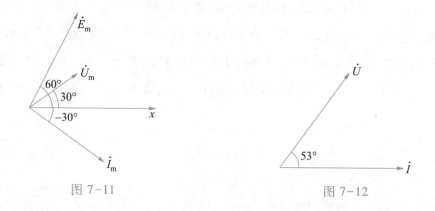

图 7-11　　　　　　　　　　　图 7-12

本章小结

1. 大小和方向都随时间做周期性变化的电流称为交变电流,简称交流电。将矩形线圈置于匀强磁场中匀速转动,即可产生按正弦规律变化的交流电,称为正弦交流电,它是一种最简

单而又最基本的交流电。

2. 描述交流电的物理量有瞬时值、最大值、有效值、周期、角频率、频率、相位和初相等。其中有效值(或最大值)、频率(或周期、角频率)、初相称为正弦交流电的三要素。

正弦交流电的电动势、电压和电流的瞬时值为

$$e = E_m \sin (\omega t + \varphi_{e0})$$

$$u = U_m \sin (\omega t + \varphi_{u0})$$

$$i = I_m \sin (\omega t + \varphi_{i0})$$

交流电的有效值和最大值之间的关系为

$$E = \frac{E_m}{\sqrt{2}} \approx 0.707 E_m$$

$$U = \frac{U_m}{\sqrt{2}} \approx 0.707 U_m$$

$$I = \frac{I_m}{\sqrt{2}} \approx 0.707 I_m$$

角频率、频率和周期之间的关系为

$$\omega = 2\pi f = \frac{2\pi}{T}$$

两个交流电的相位之差称为相位差。如果它们的频率相同,相位差就等于初相之差,即

$$\varphi = \varphi_{01} - \varphi_{02}$$

相位差确立了两个正弦量之间的相位关系,一般的相位关系是超前、滞后;特殊的相位关系有同相、反相。

3. 已经学过的物理量有标量,即只有大小而无方向的量,如温度;矢量,即有大小和方向的量,如力;相量,即有大小和相位的量,如正弦电压。

正弦交流电的表示法有:解析式、波形图和相量图。

习题

1. 是非题

(1) 通常照明用交流电电压的有效值是220 V,其最大值即为380 V。　　　　　　　　(　)

(2) 正弦交流电的平均值就是有效值。　　　　　　　　　　　　　　　　　　　　(　)

(3) 正弦交流电的有效值除与最大值有关外,还与它的初相有关。　　　　　　　　　　(　)

(4) 如果两个同频率的正弦电流在某一瞬间都是5 A,则两者一定同相且幅值相等。　　　(　)

（5）10 A 直流电和最大值为 12 A 的正弦交流电,分别流过阻值相同的电阻,在相等的时间内,10 A 直流电发出的热量多。（　　）

（6）正弦交流电的相位,可以决定正弦交流电在变化过程中,瞬时值的大小和正负。（　　）

（7）初相的范围应是 $-2\pi \sim 2\pi$。（　　）

（8）两个同频率正弦量的相位差,在任何瞬间都不变。（　　）

（9）只有同频率的几个正弦量的相量,才可以画在同一个相量图上进行分析。（　　）

（10）若某正弦量在 $t=0$ 时的瞬时值为正,则该正弦量的初相为正;反之则为负。（　　）

2. 选择题

（1）人们常说的交流电压 220 V、380 V,是指交流电压的（　　）。

A. 最大值　　　　　B. 有效值　　　　　C. 瞬时值　　　　　D. 平均值

（2）关于交流电的有效值,下列说法正确的是（　　）。

A. 最大值是有效值的 $\sqrt{3}$ 倍

B. 有效值是最大值的 $\sqrt{2}$ 倍

C. 最大值为 311 V 的正弦交流电压,就其热效应而言,相当于一个 220 V 的直流电压

D. 最大值为 311 V 的正弦交流电,可以用 220 V 的直流电代替。

（3）一个电容器的耐压为 250 V,把它接入正弦交流电中使用,加在它两端的交流电压的有效值可以是（　　）。

A. 150 V　　　　　B. 180 V　　　　　C. 220 V　　　　　D. 都可以

（4）已知 $u=100\sqrt{2}\sin\left(314t-\dfrac{\pi}{6}\right)$ V,则它的角频率、有效值、初相分别为（　　）。

A. 314 rad/s、$100\sqrt{2}$ V、$-\dfrac{\pi}{6}$ 　　　　　B. 100π rad/s、100 V、$-\dfrac{\pi}{6}$

C. 50 Hz、100 V、$-\dfrac{\pi}{6}$ 　　　　　D. 314 rad/s、100 V、$\dfrac{\pi}{6}$

（5）某正弦交流电流的初相 $\varphi_0=-\dfrac{\pi}{2}$,在 $t=0$ 时,其瞬时值将（　　）。

A. 等于零　　　　　B. 小于零　　　　　C. 大于零　　　　　D. 不能确定

（6）$u=5\sin\left(\omega t+15°\right)$ V 与 $i=5\sin\left(2\omega t-15°\right)$ A 的相位差是（　　）。

A. 30°　　　　　B. 0°　　　　　C. -30°　　　　　D. 无法确定

（7）两个同频率正弦交流电流 i_1、i_2 的有效值各为 40 A 和 30 A,当 i_1+i_2 的有效值为 50 A 时,i_1 与 i_2 的相位差是（　　）。

A. 0°　　　　　B. 180°　　　　　C. 45°　　　　　D. 90°

（8）某交流电压 $u=100\sin\left(100\pi t+\dfrac{\pi}{4}\right)$,当 $t=0.01$ s 时的值是（　　）。

A. -70.7 V　　　　　B. 70.7 V　　　　　C. 100 V　　　　　D. -100 V

（9）某正弦电压的有效值为 380 V,频率为 50 Hz,在 $t=0$ 时的值 $u=380$ V,则该正弦电压的表达式

为（　　）。

A. $u=380\sin（314t+90°）$ V　　　　　　B. $u=380\sin 314t$ V

C. $u=380\sqrt{2}\sin（314t+45°）$ V　　　　D. $u=380\sqrt{2}\sin（314t-45°）$ V

（10）图7-13所示的相量图中,交流电压 u_1 与 u_2 的相位关系是（　　）。

A. u_1 比 u_2 超前75°　　　　　　　　B. u_1 比 u_2 滞后75°

C. u_1 比 u_2 超前30°　　　　　　　　D. 无法确定

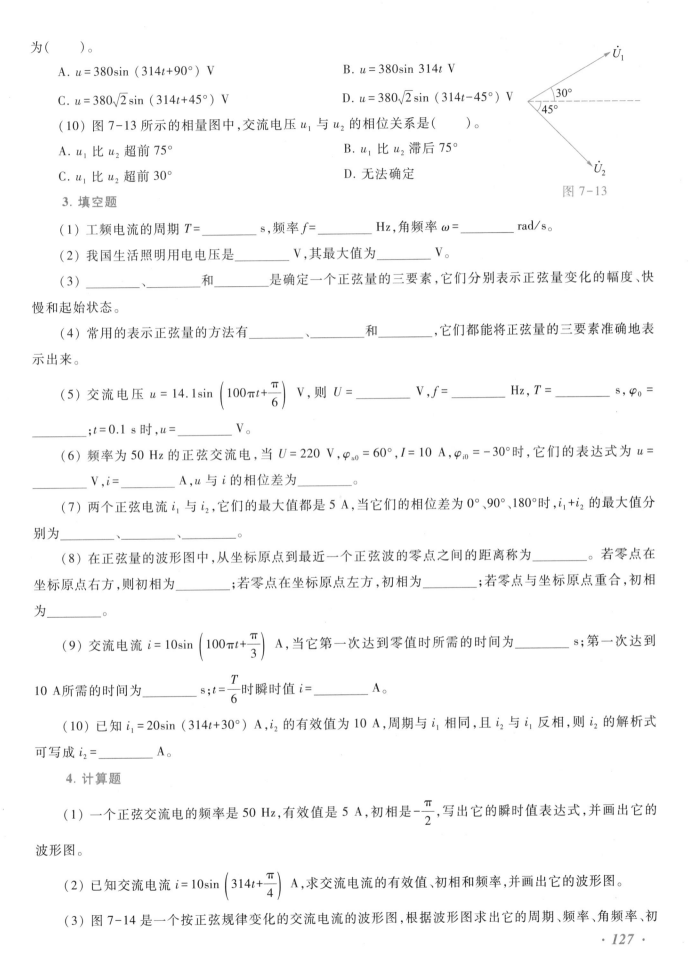

图7-13

3. 填空题

（1）工频电流的周期 $T=$ _____ s,频率 $f=$ _____ Hz,角频率 $\omega=$ _____ rad/s。

（2）我国生活照明用电电压是 _____ V,其最大值为 _____ V。

（3）_____ 、_____ 和 _____ 是确定一个正弦量的三要素,它们分别表示正弦量变化的幅度、快慢和起始状态。

（4）常用的表示正弦量的方法有 _____ 、_____ 和 _____ ,它们都能将正弦量的三要素准确地表示出来。

（5）交流电压 $u=14.1\sin\left（100\pi t+\dfrac{\pi}{6}\right）$ V, 则 $U=$ _____ V, $f=$ _____ Hz, $T=$ _____ s, $\varphi_0=$ _____ ; $t=0.1$ s 时, $u=$ _____ V。

（6）频率为 50 Hz 的正弦交流电,当 $U=220$ V, $\varphi_{u0}=60°$, $I=10$ A, $\varphi_{i0}=-30°$ 时,它们的表达式为 $u=$ _____ V, $i=$ _____ A, u 与 i 的相位差为 _____ 。

（7）两个正弦电流 i_1 与 i_2 ,它们的最大值都是 5 A,当它们的相位差为 0°、90°、180°时, i_1+i_2 的最大值分别为 _____ 、_____ 、_____ 。

（8）在正弦量的波形图中,从坐标原点到最近一个正弦波的零点之间的距离称为 _____ 。若零点在坐标原点右方,则初相为 _____ ;若零点在坐标原点左方,初相为 _____ ;若零点与坐标原点重合,初相为 _____ 。

（9）交流电流 $i=10\sin\left（100\pi t+\dfrac{\pi}{3}\right）$ A,当它第一次达到零值时所需的时间为 _____ s;第一次达到 10 A所需的时间为 _____ s; $t=\dfrac{T}{6}$ 时瞬时值 $i=$ _____ A。

（10）已知 $i_1=20\sin（314t+30°）$ A, i_2 的有效值为 10 A,周期与 i_1 相同,且 i_2 与 i_1 反相,则 i_2 的解析式可写成 $i_2=$ _____ A。

4. 计算题

（1）一个正弦交流电的频率是 50 Hz,有效值是 5 A,初相是 $-\dfrac{\pi}{2}$,写出它的瞬时值表达式,并画出它的波形图。

（2）已知交流电流 $i=10\sin\left（314t+\dfrac{\pi}{4}\right）$ A,求交流电流的有效值、初相和频率,并画出它的波形图。

（3）图7-14是一个按正弦规律变化的交流电流的波形图,根据波形图求出它的周期、频率、角频率、初相、有效值,并写出它的解析式。

（4）求交流电压 $u_1 = U_m \sin \omega t$ 和 $u_2 = U_m \sin (\omega t + 90°)$ 之间的相位差,并画出它们的波形图和相量图。

（5）已知交流电压 $u_1 = 220\sqrt{2} \sin \left(100\pi t + \dfrac{\pi}{6}\right)$ V, $u_2 = 380\sqrt{2} \sin \left(100\pi t + \dfrac{\pi}{3}\right)$ V,求各交流电压的最大值、有效值、角频率、频率、周期、初相和它们之间的相位差,指出它们之间的"超前"或"滞后"关系,并画出它们的相量图。

（6）已知两个同频率的正弦交流电,它们的频率是 50 Hz,电压的有效值分别为 12 V 和 6 V,而且前者超前后者 $\dfrac{\pi}{2}$ 的相位角,以前者为参考相量,试写出它们的电压瞬时值表达式,并在同一坐标中画出它们的波形图,画出相量图。

（7）在图 7-15 所示的相量图中,已知 $U = 220$ V, $I_1 = 10$ A, $I_2 = 5\sqrt{2}$ A,写出它们的解析式。

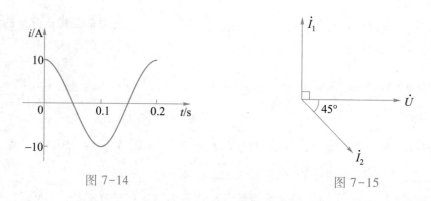

图 7-14　　　　　　　　图 7-15

第八章　正弦交流电路

正弦交流电路的基本理论和基本分析方法,是学习交流电机、变压器和电子技术的重要基础,所以本章是全书的重要内容之一。

分析与计算正弦交流电路,主要是确定不同参数和不同结构的各种电路中电压与电流之间的关系(数值关系和相位关系)及功率。在学习本章时,必须建立交流的概念,特别是相位的概念,要搞清电容元件和电感元件在正弦交流电路中的作用,否则容易引起错误。

本章的基本要求是:

1. 会用相量图分析和计算简单的交流电路($R-L-C$ 串、并联电路),以单一参数的交流电路为基础。

2. 掌握串、并联谐振电路的条件和特点,以及谐振电路选择性、品质因数和通频带之间的辩证关系。

3. 理解交流电路中有功功率、无功功率、视在功率和功率因数的概念,明确提高功率因数的意义,并掌握用并联电容器提高功率因数的方法。

第一节　纯电阻电路

交流电路中如果只有电阻,这种电路就称为纯电阻电路。电炉、电烙铁等电路就是纯电阻电路。

在纯电阻电路中,设加在电阻 R 上的交流电压是 $u = U_m \sin \omega t$,通过这个电阻的电流的瞬时值为

$$i = \frac{u}{R} = \frac{U_m}{R} \sin \omega t = I_m \sin \omega t$$

式中,$I_m = \dfrac{U_m}{R}$。如果在等式两边同时除以 $\sqrt{2}$,则得

$$I = \frac{U}{R}$$

这就是纯电阻电路中欧姆定律的表达式。这个表达式跟直流电路中欧姆定律的形式完全相同,所不同的是在交流电路中电压和电流要用有效值。在图 8-1 所示的电路中通以交流电,用

电压表和电流表测量出电压和电流,可以证实上述表达式是正确的。

在纯电阻电路中,电流和电压是同相的。在图 8-1 所示的实验中,如果用手摇发电机或低频交流电源给电路通以低频交流电,可以看到电流表和电压表的指针的摆动步调一致,表示电流和电压是同相的,它们的波形图和相量图如图 8-2(a)和(b)所示。

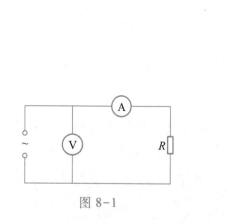

图 8-1

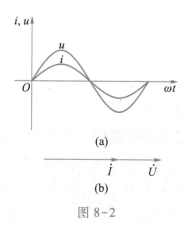

(a)

(b)

图 8-2

[例] 在纯电阻电路中,已知电阻为 44 Ω,交流电压 $u = 311\sin(314t + 30°)$ V,求通过电阻的电流是多大?写出电流的解析式。

解:电压的有效值为

$$U = \frac{U_m}{\sqrt{2}} = \frac{311}{\sqrt{2}} \text{ V} \approx 220 \text{ V}$$

所以

$$I = \frac{U}{R} = \frac{220}{44} \text{ A} = 5 \text{ A}$$

$$I_m = \sqrt{2}I = \sqrt{2} \times 5 \text{ A} \approx 7.07 \text{ A}$$

或

$$I_m = \frac{U_m}{R} = \frac{311}{44} \text{ A} \approx 7.07 \text{ A}$$

因此,电流的解析式为

$$i = I_m\sin(\omega t + \varphi_0) = 7.07\sin(314t + 30°) \text{ A}$$

第二节　纯电感电路

一、电感对交流电的阻碍作用

在图 8-3 所示的电路中,当双刀双掷开关 S 分别接通直流电源和交流电源(直流电压和交流电压的有效值相等)的时候,指示灯的亮度相同,这表明电阻对直流电和对交流电的阻碍作用是相同的。

用电感线圈 L 代替图 8-3 中的电阻 R，并且让线圈 L 的电阻值等于 R，如图 8-4 所示，再用双刀双掷开关 S 分别接通直流电源和交流电源，可以看到，接通直流电源时，指示灯的亮度与图 8-3 时相同；接通交流电源时，指示灯明显变暗，这表明电感线圈对直流电和对交流电的阻碍作用是不同的。对于直流电，起阻碍作用的只是线圈的电阻；对交流电，除了线圈的电阻外，电感也起阻碍作用。

为什么电感对交流电有阻碍作用呢？这是因为交流电通过电感线圈时，电流时刻都在改变，电感线圈中必然产生自感电动势，阻碍电流的变化，这样就形成了对电流的阻碍作用。

电感对交流电的阻碍作用称为感抗，用符号 X_L 表示，它的单位也是 Ω（欧）。

感抗的大小与哪些因素有关呢？在图 8-4 所示的实验中，如果把铁心从线圈中取出，使线圈的自感系数减小，指示灯就变亮；重新把铁心插入线圈，使线圈的自感系数增大，指示灯又变暗。这表明线圈的自感系数越大，感抗就越大。在图 8-4 所示的实验中，如果变更交流电的频率而保持电源电压有效值不变，可以看到，频率越高，指示灯越暗。这表明交流电的频率越高，线圈的感抗也越大。

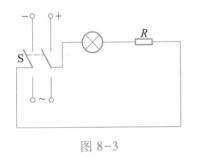

图 8-3

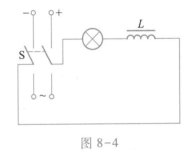

图 8-4

为什么线圈的感抗与它的自感系数和交流电的频率有关呢？感抗是由自感现象引起的，线圈的自感系数 L 越大，自感作用就越大，因而感抗也越大；交流电的频率 f 越高，电流的变化率越大，自感作用也越大，感抗也就越大。进一步的研究指出，线圈的感抗 X_L 跟它的自感系数 L 和交流电的频率 f 有如下的关系

$$X_L = \omega L = 2\pi f L$$

X_L、f、L 的单位分别是 Ω（欧）、Hz（赫）、H（亨）。

二、扼流圈

$X_L = 2\pi f L$ 表明感抗与通过的电流的频率有关。例如，自感系数是 1 H 的线圈，对于直流电，$f=0$，$X_L=0$；对于 50 Hz 的交流电，$X_L=314\ \Omega$；对于 500 kHz 的交流电，$X_L=3.14\ M\Omega$。因此，电感线圈在电路中有"通直流、阻交流"或"通低频、阻高频"的特性。

在电工和电子技术中，用来"通直流、阻交流"的电感线圈，称为低频扼流圈。线圈绕在闭合的铁心上，匝数为几千甚至超过一万，自感系数为几十亨，这种线圈对低频交流电有很大的

阻碍作用。用来"通低频、阻高频"的电感线圈,称为高频扼流圈。线圈有的绕在圆柱形的铁氧体心上,有的是空心的,匝数为几百,自感系数为几毫亨。这种线圈对低频交流电的阻碍作用较小,对高频交流电的阻碍作用很大。

三、电流与电压的关系

一般的线圈中电阻比较小,可以忽略不计,而认为线圈只有电感。只有电感的电路称为纯电感电路。

下面用图 8-5 所示的电路来研究纯电感电路中电流与电压之间的大小关系,其中 L 是电阻可忽略不计的电感线圈,T 是调压变压器,用它可以连续改变输出电压。改变滑动触头 P 的位置,L 两端的电压和通过 L 的电流都随着改变。记下几组电流、电压的值,就会发现,在纯电感电路中,电流跟电压成正比,即

$$I = \frac{U}{X_L}$$

这就是纯电感电路中欧姆定律的表达式。

电流和电压之间的相位关系,可以用图 8-6 所示的实验来进行观察。用手摇发电机或低频交流电源给电路通低频交流电,可以看到电流表和电压表两指针摆动的步调是不同的。这表明,电感两端的电压跟其中的电流不是同相的。

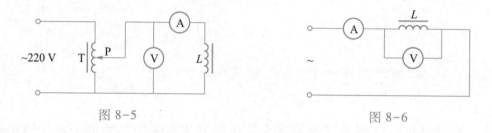

图 8-5   图 8-6

进一步研究这个问题可以使用示波器。把电感线圈两端的电压和线圈中的电流的变化输送给示波器,在荧光屏上就可以看到电压和电流的波形。从波形看出,电感使交流电的电流的相位落后于电压。精确的实验可以证明,在纯电感电路中,电流比电压的相位落后 $\pi/2$,它们的波形图和相量图如图 8-7(a)和(b)所示。

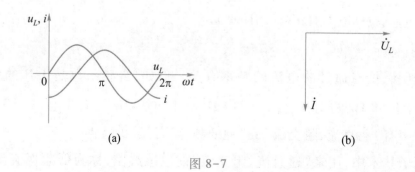

(a)   (b)

图 8-7

第三节 纯电容电路

按图 8-8 那样,把指示灯和电容器串联成一个电路,如果把它们接在直流电源上,灯不亮,说明直流电不能通过电容器。如果把它们接在交流电源上,灯就亮了,说明交流电能"通过"电容器。这是为什么呢?原来,电流实际上并没有通过电容器的电介质,只不过是在交流电压的作用下,当电源电压增高时,电容器充电,电荷向电容器的极板上集聚,形成充电电流;当电源电压降低时,电容器放电,电荷从电容器的极板上放出,形成放电电流。电容器交替进行充电和放电,电路中就有了电流,就好似交流电"通过"了电容器。

一、电容对交流电的阻碍作用

在图 8-8 所示的实验中,如果把电容器从电路中取下来,使灯直接与交流电源相接,可以看到,灯要比接有电容器时亮得多。这表明电容也对交流电有阻碍作用。

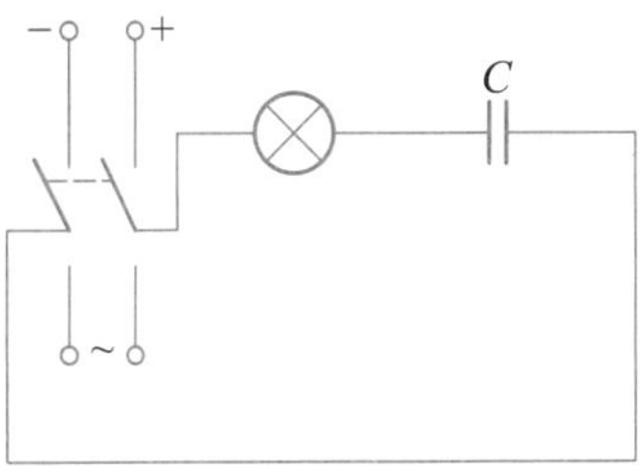

电容对交流电的阻碍作用称为容抗,用符号 X_C 表示,它的单位也是 Ω(欧)。

容抗的大小与哪些因素有关呢?在图 8-8 所示的实验中,换用电容不同的电容器来做实验,可以看到,电容越大,指示灯越亮。这表明电容器的电容量越大,容抗越小。若仍用原来的电

图 8-8

路,保持电源的电压有效值不变,而改变交流电的频率,重做实验,可以看到,频率越高,指示灯越亮。这表明交流电的频率越高,容抗越小。

为什么电容器的容抗与它的电容和交流电的频率有关呢?这是因为电容越大,在同样电压下电容器容纳的电荷越多,因此,充电电流和放电电流就越大,容抗就越小。交流电的频率越高,充电和放电就进行得越快,因此,充电电流和放电电流就越大,容抗就越小。进一步的研究指出,电容器的容抗 X_C 与它的电容 C 和交流电的频率 f 有如下的关系

$$X_C = \frac{1}{\omega C} = \frac{1}{2\pi f C}$$

式中,X_C、f、C 的单位分别是 Ω(欧)、Hz(赫)、F(法)。

二、隔直电容器和旁路电容器

与感抗类似,容抗也与通过的电流的频率有关。容抗与频率成反比,频率越高,容抗越小。例如,10 μF 的电容器,对于直流电,$f = 0$,X_C 为 ∞;对于 50 Hz 的交流电,$X_C \approx 318\ \Omega$;对于 500 kHz 的交流电,$X_C \approx 0.031\ 8\ \Omega$。因此,电容器在电路中有"通交流、隔直流"或"通高频、阻低频"的特性。这种特性,使电容器成为电子技术中的一种重要元件。

在电子技术中,从某一装置输出的电流常常既有交流成分,又有直流成分。如果只需要把

交流成分输送到下一级装置,只要在两级电路之间串联一个电容器,如图 8-9(a)所示,就可以使交流成分通过,而阻止直流成分通过。这种用途的电容器称为隔直电容器,隔直电容器的电容一般较大。

从某一装置输出的交流电也常常既有高频成分,又有低频成分。如果只需要把低频成分输送到下一级装置,只要在下一级电路的输入端并联一个电容器,如图 8-9(b)所示,就可以达到目的。电容器对高频成分的容抗小,对低频成分的容抗大,高频成分就通过电容器,而低频成分则输入到下一级。这种用途的电容器称为高频旁路电容器,高频旁路电容器的电容一般较小。

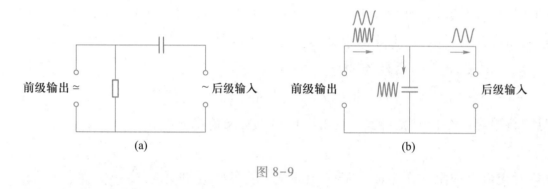

图 8-9

这种将交流成分(或高频成分)滤去的过程称为滤波,用来滤波的电路称为滤波电路。

三、电流与电压的关系

只有电容的电路称为纯电容电路。

下面用图 8-10 所示的电路来研究纯电容电路中电流与电压之间的大小关系。改变滑动触头 P 的位置,电路两端的电压和电路中的电流都随着改变。记下几组电流、电压的值,就会发现,在纯电容电路中,电流与电压成正比,即

$$I = \frac{U}{X_C}$$

这就是纯电容电路中欧姆定律的表达式。

电流和电压之间的相位关系,可以用图 8-11 所示的实验来进行观察。用手摇发电机或低频交流电源给电路通低频交流电,可以看到电流表和电压表两指针摆动的步调是不同的。这表明,电容两端的电压与其中的电流不是同相的。

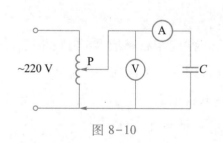

图 8-10

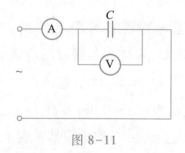

图 8-11

进一步研究这个问题可以使用示波器。把电容两端的电压和其中电流的变化输送给示波器,从荧光屏上的电流和电压的波形可以看出,电容使交流电电流的相位超前于电压。精确的实验可以证明,在纯电容电路中,电流的相位比电压的相位超前 $\pi/2$,它们的波形图和相量图如图 8-12(a)和(b)所示。

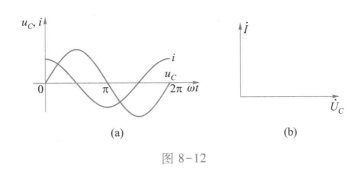

图 8-12

第四节　电阻、电感、电容的串联电路

由电阻、电感和电容相串联所组成的电路,称为 $R-L-C$ 串联电路,如图 8-13 所示。设在此电路中通过的正弦交流电流为

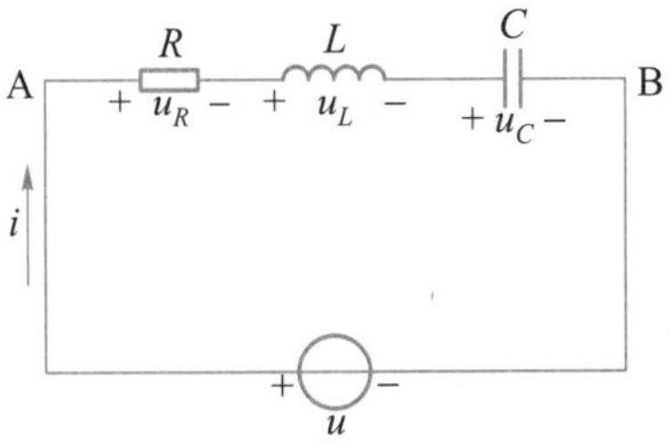

$$i = I_m \sin \omega t$$

电阻两端的电压为

$$u_R = R I_m \sin \omega t$$

电感两端的电压为

$$u_L = X_L I_m \sin \left(\omega t + \frac{\pi}{2} \right) = \omega L I_m \sin \left(\omega t + \frac{\pi}{2} \right)$$

电容两端的电压为

$$u_C = X_C I_m \sin \left(\omega t - \frac{\pi}{2} \right) = \frac{1}{\omega C} I_m \sin \left(\omega t - \frac{\pi}{2} \right)$$

图 8-13

电路 A、B 两端的电压为

$$u = u_R + u_L + u_C$$

一、端电压与电流的相位关系

由上述可知,电阻两端电压与电流同相,电感两端电压较电流超前 90°,电容两端电压较电流落后 90°。因此,电感上的电压 u_L 与电容上的电压 u_C 是反相的,故 $R-L-C$ 串联电路的性质要由这两个电压分量的大小来决定。由于串联电路中电流相等,而 $U_L = X_L I$,$U_C = X_C I$,所以电路的性质实际上是由 X_L 和 X_C 的大小来决定。

(1) 若 $X_L > X_C$,则 $U_L > U_C$。端电压应为三个电压 $\dot{U}_R$、$\dot{U}_L$、$\dot{U}_C$ 的相量和,如图 8-14(a)所示。

由图可知,端电压较电流超前一个小于90°的 φ,电路呈电感性,称为电感性电路。端电压 u 与电流 i 的相位差为

$$\varphi = \varphi_{u0} - \varphi_{i0} = \arctan \frac{U_L - U_C}{U_R} > 0$$

(2)若 $X_L < X_C$,则 $U_L < U_C$。它们的相量关系如图8-14(b)所示,端电压较电流滞后一个小于90°的 φ,电路呈电容性,称为电容性电路。端电压 u 与电流 i 的相位差为

$$\varphi = \varphi_{u0} - \varphi_{i0} = \arctan \frac{U_L - U_C}{U_R} < 0$$

这时 φ 为负值。

(3)若 $X_L = X_C$,则 $U_L = U_C$。电感两端电压和电容两端电压大小相等,相位相反,故端电压就等于电阻两端的电压 $U = U_R$。端电压 u 与电流 i 的相位差为

$$\varphi = \varphi_{u0} - \varphi_{i0} = 0$$

电路呈电阻性。电路的这种状态称为串联谐振,相量关系如图8-14(c)所示。

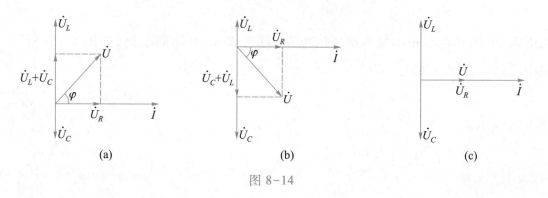

图 8-14

二、端电压和电流的大小关系

从图8-14中可以看到,电路的端电压与各分电压构成一个直角三角形,称为电压三角形。端电压为直角三角形的斜边。直角边由两个分量组成,一个分量是与电流相位相同的分量,也就是电阻两端的电压 U_R;另一个分量是与电流相位相差90°的分量,也就是电感与电容两端电压之差 $|U_L - U_C|$。

由电压三角形可得到:端电压有效值与各分电压有效值的关系是相量和,而不是代数和。根据勾股定理

$$U = \sqrt{U_R^2 + (U_L - U_C)^2}$$

将 $U_R = RI, U_L = X_L I, U_C = X_C I$ 代入上式,得

$$U = \sqrt{R^2 + (X_L - X_C)^2}\,I = |Z|\,I$$

或

$$I = \frac{U}{|Z|}$$

这就是 R-L-C 串联电路中欧姆定律的表达式。式中

$$|Z| = \sqrt{R^2 + (X_L - X_C)^2}$$

称为电路的阻抗,它的单位是 Ω(欧)。

感抗和容抗两者之差称为电抗,用 X 表示,即 $X = X_L - X_C$,单位为 Ω(欧),故得

$$|Z| = \sqrt{R^2 + X^2}$$

将电压三角形各边同除以电流 I 可得到阻抗三角形。斜边为阻抗 $|Z|$,直角边为电阻 R 和电抗 X,如图 8-15 所示。

$|Z|$ 和 R 两边的夹角 φ 也称为阻抗角,它就是端电压和电流的 相位差,即

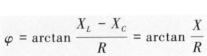

$$\varphi = \arctan \frac{X_L - X_C}{R} = \arctan \frac{X}{R}$$

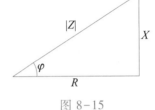

图 8-15

[例1] 在 R-L-C 串联电路中,已知电路端电压 $U = 220$ V,电源频率为 50 Hz,电阻 $R = 30$ Ω,电感 $L = 445$ mH,电容 $C = 32$ μF。求(1)电路中的电流大小;(2)端电压和电流之间的相位差;(3)电阻、电感和电容两端的电压。

解:(1)先计算感抗、容抗和阻抗。

$$X_L = 2\pi f L \approx 2 \times 3.14 \times 50 \times 0.445 \ \Omega \approx 140 \ \Omega$$

$$X_C = \frac{1}{2\pi f C} \approx \frac{1}{2 \times 3.14 \times 50 \times 32 \times 10^{-6}} \ \Omega \approx 100 \ \Omega$$

$$|Z| = \sqrt{R^2 + (X_L - X_C)^2} = \sqrt{30^2 + (140 - 100)^2} \ \Omega = 50 \ \Omega$$

所以

$$I = \frac{U}{|Z|} = \frac{220}{50} \ \text{A} = 4.4 \ \text{A}$$

(2)端电压和电流之间的相位差是

$$\varphi = \arctan \frac{X_L - X_C}{R} = \arctan \frac{140 - 100}{30} \approx 53.1°$$

因为 $X_L > X_C$,所以 $\varphi > 0$,电路呈电感性。

(3)电阻、电感和电容两端的电压分别是

$$U_R = RI = 30 \times 4.4 \ \text{V} = 132 \ \text{V}$$

$$U_L = X_L I = 140 \times 4.4 \ \text{V} = 616 \ \text{V}$$

$$U_C = X_C I = 100 \times 4.4 \ \text{V} = 440 \ \text{V}$$

三、R-L-C 串联电路的两个特例

（1）若电路中 $X_C=0$，即 $U_C=0$，则电路就是 R-L 串联电路，其相量图如图 8-16(a) 所示。

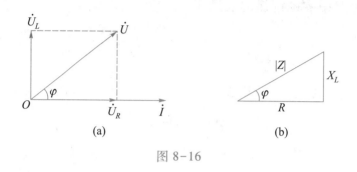

图 8-16

端电压与电流的数值关系为

$$U = \sqrt{U_R^2 + U_L^2} = \sqrt{R^2 + X_L^2}\, I = |Z|\, I$$

或

$$I = \frac{U}{|Z|}$$

这就是 R-L 串联电路中欧姆定律的表达式，式中

$$|Z| = \sqrt{R^2 + X_L^2}$$

阻抗 $|Z|$、电阻 R 和感抗 X_L 也构成一阻抗三角形，如图 8-16(b) 所示。

[例2] 为了降低小功率单相交流电动机的转速，可以用降低电动机端电压的办法来解决。为此，在电路中串联一个电感线圈，称为电抗器，如图 8-17 所示。如电动机电阻 $R=190\ \Omega$，感抗 $X_L'=260\ \Omega$，电源端电压 $U=220\ \text{V}$，电源频率 $f=50\ \text{Hz}$。要求串联电抗器后电动机两端的电压为 $U'=180\ \text{V}$，求电抗器的电感为多大？

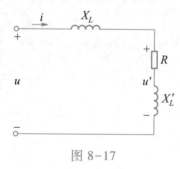

图 8-17

解：电动机的阻抗为

$$|Z'| = \sqrt{R^2 + X_L'^2} = \sqrt{190^2 + 260^2}\ \Omega \approx 322\ \Omega$$

根据降压要求，电路中电流应该为

$$I = \frac{U'}{|Z'|} = \frac{180}{322}\ \text{A} \approx 0.56\ \text{A}$$

电路中的总阻抗是

$$|Z| = \frac{U}{I} = \frac{220}{0.56}\ \Omega \approx 393\ \Omega$$

此阻抗包括电阻 R、电动机感抗 X_L' 和电抗器感抗 X_L，所以可求出总感抗

$$X_L + X_L' = \sqrt{|Z|^2 - R^2} = \sqrt{393^2 - 190^2}\ \Omega \approx 344\ \Omega$$

因此,电抗器的电感为

$$L = \frac{X_L}{2\pi f} \approx \frac{344 - 260}{2 \times 3.14 \times 50} \text{ H} \approx 0.27 \text{ H}$$

（2）若电路中 $X_L = 0$,即 $U_L = 0$,则电路就是 $R-C$ 串联电路,其相量图如图 8-18(a)所示。

端电压与电流的数值关系为

$$U = \sqrt{U_R^2 + U_C^2} = \sqrt{R^2 + X_C^2}\, I = |Z| I$$

或

$$I = \frac{U}{|Z|}$$

这就是 $R-C$ 串联电路中欧姆定律的表达式,式中

$$|Z| = \sqrt{R^2 + X_C^2}$$

阻抗 $|Z|$、电阻 R 和容抗 X_C 也构成一阻抗三角形,如图 8-18(b)所示。

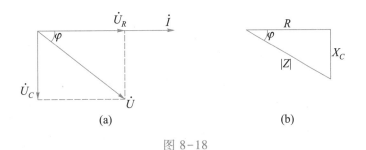

图 8-18

[例 3] 在图 8-19(a)所示的 $R-C$ 串联电路中,已知电压频率是 800 Hz,电容是 0.046 μF,需要输出电压 u_2 较输入电压 u 滞后 30°的相位差,求电阻的数值应为多少?

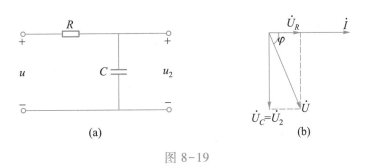

图 8-19

解:先画出电流和各元件两端电压的相量图,如图 8-19(b)所示。因为 u_2 较 u 滞后 30°,所以端电压和电流的相位差为

$$\varphi = 90° - 30° = 60°$$

由阻抗三角形可得

$$\tan \varphi = \frac{X_C}{R}$$

所以

$$R = \frac{X_C}{\tan \varphi} = \frac{1}{2\pi f C \tan \varphi}$$

$$\approx \frac{1}{2 \times 3.14 \times 800 \times 0.046 \times 10^{-6} \times \tan 60°} \Omega \approx 2\ 498\ \Omega$$

即电路应选择 2 498 Ω 的电阻,就能使输出电压滞后于输入电压 30°。

例 3 所举的电路,因为能够产生电压相位的偏移,因此,是一种移相电路。

第五节 串联谐振电路

一、串联谐振的定义和条件

在电阻、电感、电容串联的电路中,当电路端电压和电流同相时,电路呈电阻性,电路的这种状态称为串联谐振。

可以先做一个简单的实验,如图 8-20 所示,将三个元件 R、L 和 C 与一个指示灯串联,接在频率可调的正弦交流电源上,并保持电源电压不变。

实验时,将电源频率逐渐由小调大,发现指示灯也慢慢由暗变亮。当达到某一频率时,指示灯最亮,当频率继续增加时,会发现指示灯又慢慢由亮变暗。指示灯亮度随频率变化而变化,意味着电路中的电流随频率而变化。怎么解释这个现象呢?

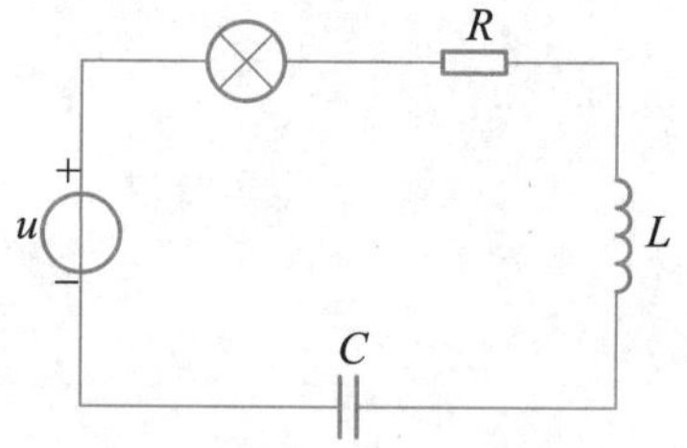

在电路两端加上正弦电压 U,根据欧姆定律有

图 8-20

$$I = \frac{U}{|Z|}$$

式中

$$|Z| = \sqrt{R^2 + (X_L - X_C)^2} = \sqrt{R^2 + \left(\omega L - \frac{1}{\omega C}\right)^2}$$

ωL 和 $\frac{1}{\omega C}$ 都是频率的函数。当频率较低时,容抗大而感抗小,阻抗 $|Z|$ 较大,电流较小;当频率较高时,感抗大而容抗小,阻抗 $|Z|$ 也较大,电流也较小。在这两个频率之间,总会有某一频率,在这个频率时,容抗和感抗恰好相等。这时阻抗最小且为纯电阻,所以电流最大,且与端电压同相,这就发生了串联谐振。

根据上述分析,串联谐振的条件为

$$X_L = X_C$$

即

$$\omega_0 L = \frac{1}{\omega_0 C}$$

或

$$\omega_0 = \frac{1}{\sqrt{LC}}$$

$$f_0 = \frac{1}{2\pi\sqrt{LC}}$$

f_0 称为谐振频率。可见,当电路的参数 L 和 C 一定时,谐振频率也就确定了。如果电源的频率一定,可以通过调节 L 或 C 的大小来实现谐振。

二、串联谐振的特点

（1）串联谐振时,因为 $X_L = X_C$,所以电路的阻抗为

$$|Z_0| = R$$

其值最小,且为纯电阻。

（2）串联谐振时,因为阻抗最小,所以在电源电压 U 一定时,电流最大,其值为

$$I_0 = \frac{U}{|Z_0|} = \frac{U}{R}$$

由于电路呈纯电阻,故电流与电源电压同相,其 $\varphi = 0$。

（3）电阻两端电压等于总电压,电感和电容两端的电压相等,其大小为总电压的 Q 倍,即

$$U_R = RI_0 = R\frac{U}{R} = U$$

$$U_L = U_C = X_L I_0 = X_C I_0 = \frac{\omega_0 L}{R}U = \frac{1}{\omega_0 CR}U = QU$$

式中,Q 称为串联谐振电路的品质因数,其值为

$$Q = \frac{\omega_0 L}{R} = \frac{1}{\omega_0 CR}$$

谐振电路中的品质因数,一般可达 100 左右。可见,电感和电容上的电压比电源电压大很多倍,故串联谐振也称为电压谐振。线圈的电阻越小,电路消耗的能量也越小,则表示电路品质好,品质因数高;若线圈的电感 L 越大,储存的能量也就越多,而损耗一定时,同样也说明电路品质好,品质因数高。因此,在电子技术中,由于外来信号微弱,常常利用串联谐振来获得一个与信号电压频率相同,但大很多倍的电压。

（4）谐振时,电能仅供给电路中电阻消耗,电源与电路间不发生能量转换,而电感与电容间进行着磁场能和电场能的转换。

三、串联谐振的应用

在收音机中,常利用串联谐振电路来选择电台信号,这个过程称为调谐,如图 8-21（a）所

示,图 8-21(b)是它的等效电路。

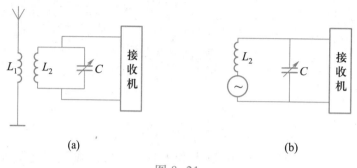

图 8-21

当各种不同频率信号的电波在天线上产生感应电流时,电流经过线圈 L_1 感应到线圈 L_2。如果 L_2C 回路对某一信号频率发生谐振,回路中该信号的电流最大,则在电容器两端产生一个高于该信号电压 Q 倍的电压 U_C。而对于其他各种频率的信号,因为没有发生谐振,在回路中电流很小,从而被电路抑制掉。因此,可以通过改变电容器的电容 C,以改变回路的谐振频率,从而选择所需要的电台信号。

四、谐振电路的选择性

由上面的分析可以看出,串联谐振电路具有"选频"的本领。如果一个谐振电路能够比较有效地从邻近的不同频率中选择出所需要的频率,并且相邻的不需要的频率对它产生的干扰很小,则说明这个谐振电路的选择性好,即它具有较强的信号选择能力。

如果以角频率 ω(或 f)作为自变量,把回路电流 I 作为它的函数,绘成函数曲线,就得到图 8-22 所示的谐振曲线。显然,谐振曲线越陡,选择性越好。而谐振曲线的尖锐和平坦同 Q 值有关。设电路的 L 和 C 值不变,只改变 R 值。R 值越小,Q 值越大,则谐振曲线越陡,如图 8-23 所示,也就是选择性越好,这是品质因数 Q 的另外一个物理意义。因此,在电子技术中,常用 Q 值的高低来体现选择性的好坏。

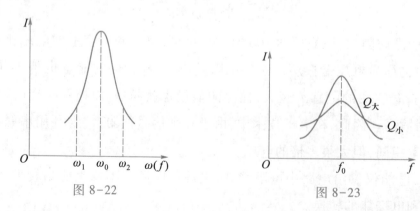

图 8-22   图 8-23

在谐振电路中,Q 值是不是越高越好呢?对这个问题要进行全面分析。在电子技术中,所传输的信号往往不是具有单一频率的信号,而是包含着一个频率范围,称为频带。例如,广播电台播放的音乐节目,频带宽度可达十几千赫。为了保证收音机不失真地重现原来的节目,就要求调谐回路具有足够宽的频带。若 Q 值过高,就会使一部分需要传输的频率被抑制掉,造成信号失真。

事实上,要想在规定的频带内,使信号电流都等于谐振电流 I_0 是不可能的。在电子技术中规定,当回路外加电压的幅值不变时,回路中产生的电流不小于谐振值的 $1/\sqrt{2} \approx 0.707$ 倍的一段频率范围,称为谐振电路的通频带,简称带宽。通频带用 Δf 表示,即 $\Delta f = f_2 - f_1$。式中,f_1、f_2 是通频带低端和高端频率,如图 8-24 所示。可以证明

$$\Delta f = \frac{f_0}{Q}$$

由以上分析可见,增大谐振电路的品质因数 Q,可以提高电路的选择性,但却使通频带变窄了,接收的信号就容易失真,所以两者是矛盾的。在实际应用中,如何处理这两者关系,应对具体问题具体分析,可以有所侧重,也可以两者兼顾。

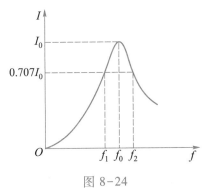

图 8-24

*第六节　电阻、电感、电容的并联电路

由电阻、电感和电容并联组成的电路称为 $R\text{-}L\text{-}C$ 并联电路,如图 8-25 所示。在 AB 两端加上一个正弦交流电压

$$u = U_m \sin \omega t$$

那么,各支路上的电流分别为

$$i_R = I_{Rm} \sin \omega t, \quad I_R = \frac{U}{R}$$

$$i_L = I_{Lm} \sin \left(\omega t - \frac{\pi}{2}\right), \quad I_L = \frac{U}{X_L}$$

$$i_C = I_{Cm} \sin \left(\omega t + \frac{\pi}{2}\right), \quad I_C = \frac{U}{X_C}$$

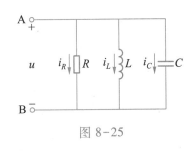

图 8-25

电路中任一瞬间总电流的值等于各条支路电流瞬时值之和,即

$$i = i_R + i_L + i_C$$

一、总电流和电压的相位关系

由上述可知,电阻上的电流与电路端电压同相,而电感支路的电流则滞后端电压90°,电容支路的电流则超前端电压90°,因此,电感支路的电流与电容支路的电流是反相的,故 $R\text{-}L\text{-}C$ 并联电路的性质要由这两个电流分量的大小来决定。但在并联电路中,各元件两端的电压相

等,而 $I_L = \dfrac{U}{X_L}$,$I_C = \dfrac{U}{X_C}$,所以电路的性质由感抗和容抗的大小决定。

（1）若 $X_L < X_C$,即 $\dfrac{1}{X_L} > \dfrac{1}{X_C}$($B_L > B_C$),则 $I_L > I_C$。总电流应为三个电流 $\dot{I}_R$、$\dot{I}_L$、$\dot{I}_C$ 的相量和,如图 8-26(a)所示。总电流滞后端电压,电路呈电感性。总电流与端电压的相位差为

$$\varphi = \varphi_{i0} - \varphi_{u0} = -\arctan\frac{I_L - I_C}{I_R}$$

$$= -\arctan\frac{U/X_L - U/X_C}{U/R} = -\arctan\frac{\dfrac{1}{X_L} - \dfrac{1}{X_C}}{\dfrac{1}{R}}$$

$$= -\arctan\frac{B_L - B_C}{G} < 0$$

式中,$B_L = \dfrac{1}{X_L}$ 称为感纳,$B_C = \dfrac{1}{X_C}$ 称为容纳,$G = \dfrac{1}{R}$ 称为电导。感纳、容纳和电导的单位都是 S（西）。

（2）若 $X_L > X_C$,即 $\dfrac{1}{X_L} < \dfrac{1}{X_C}$($B_L < B_C$),则 $I_L < I_C$,相量图如图 8-26(b)所示。总电流超前端电压,电路呈电容性。总电流与端电压的相位差为

$$\varphi = \varphi_{i0} - \varphi_{u0} = \arctan\frac{I_C - I_L}{I_R} = \arctan\frac{B_C - B_L}{G} > 0$$

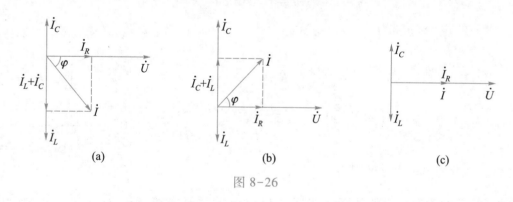

图 8-26

（3）若 $X_L = X_C$,即 $\dfrac{1}{X_L} = \dfrac{1}{X_C}$($B_L = B_C$),则 $I_L = I_C$,这就是说电感支路电流 I_L 和电容支路电流 I_C,大小相等,相位相反,电路中的总电流等于电阻支路的电流,即 $I = I_R$。此时,端电压和总电流的相位差为零,即端电压与总电流同相,电路呈电阻性,电路的这种状态称为并联谐振,其相量图如图 8-26(c)所示。

二、总电流和电压的大小关系

从上面并联电路的相量图中可看到,电路中的总电流与各支路电流,构成一个直角三角形,称为电流三角形。总电流为三角形的斜边。直角边由两个分量组成,一个分量是与端电压相位相同的分量,也就是电路中电阻支路的电流 I_R;另一个分量是与端电压相位相差 90°的分量,也就是电感支路和电容支路的电流之差$\mid I_L - I_C \mid$。

由电流三角形可得到,总电流有效值与各条支路电流有效值的关系是相量和,而不是代数和。根据勾股定理,有

$$I = \sqrt{I_R^2 + (I_L - I_C)^2}$$

将 $I_R = \dfrac{U}{R} = GU$,$I_L = \dfrac{U}{X_L} = B_L U$,$I_C = \dfrac{U}{X_C} = B_C U$,代入上式得

$$I = \sqrt{G^2 + (B_L - B_C)^2}\, U = \mid Y \mid U$$

或

$$I = \frac{U}{\dfrac{1}{\mid Y \mid}} = \frac{U}{\mid Z \mid}$$

这就是 R-L-C 并联电路中欧姆定律的表达式,式中

$$\mid Y \mid = \sqrt{G^2 + (B_L - B_C)^2}$$

称为电路的导纳,$B_L - B_C = B$ 称为电纳

$$\mid Z \mid = \frac{1}{\mid Y \mid} = \frac{1}{\sqrt{G^2 + (B_L - B_C)^2}} = \frac{1}{\sqrt{\left(\dfrac{1}{R}\right)^2 + \left(\dfrac{1}{X_L} - \dfrac{1}{X_C}\right)^2}}$$

称为电路的阻抗,它的单位是 Ω(欧)。

将电流三角形各边同除以电压 U,可得一导纳三角形。斜边为导纳$\mid Y \mid$,直角边为电导 G 和电纳 B,如图 8-27 所示。

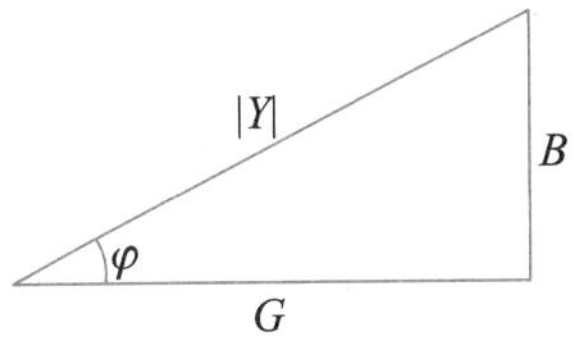

$\mid Y \mid$ 和 G 两边的夹角 φ 就是总电流和电压的相位差,即

$$\varphi = \varphi_{i0} - \varphi_{u0} = -\arctan \frac{B_L - B_C}{G} = -\arctan \frac{B}{G}$$

图 8-27

三、R-L-C 并联电路的两个特例

(1) 若电路中 $X_L \to \infty$,即 $B_L = 0$,则 $I_L = 0$,这时电路就是 R-C 并联电路,相量图如图 8-28(a)所示。可得

$$I = \sqrt{I_R^2 + I_C^2} = \sqrt{G^2 + B_C^2}\, U = \mid Y \mid U$$

式中

$$\mid Y \mid = \sqrt{G^2 + B_C^2}$$

导纳$\mid Y \mid$、电导 G 和容纳 B_C 也构成一个导纳三角形,如图 8-28(b)所示,则

$$\varphi = \arctan \frac{B_C}{G}$$

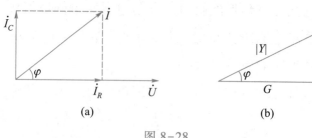

图 8-28

（2）若电路中 $X_C \to \infty$ ，即 $B_C = 0$ ，则 $I_C = 0$ ，这时电路就是 $R-L$ 并联电路，其相量图如图8-29（a）所示。可得

$$I = \sqrt{I_R^2 + I_L^2} = \sqrt{G^2 + B_L^2}\, U = |Y|\, U$$

式中

$$|Y| = \sqrt{G^2 + B_L^2}$$

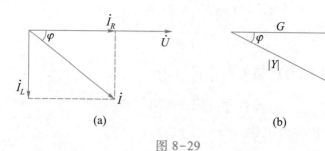

图 8-29

导纳 $|Y|$ 、电导 G 和感纳 B_L 也构成一导纳三角形，如图 8-29（b）所示，则

$$\varphi = -\arctan \frac{B_L}{G}$$

[例]　在 $R-L-C$ 并联电路中， $R = 40\ \Omega$ ， $X_L = 15\ \Omega$ ， $X_C = 30\ \Omega$ ，接到外加电压 $u = 120\sqrt{2}\ \sin\left(100\pi t + \dfrac{\pi}{6}\right)$ V的电源上。求：（1）电路上的总电流；（2）电路的总阻抗；（3）画出电压和各支路中电流的相量图。

解：（1）各支路中的电流分别为

$$I_R = \frac{U}{R} = \frac{120}{40}\ \text{A} = 3\ \text{A}$$

$$I_L = \frac{U}{X_L} = \frac{120}{15}\ \text{A} = 8\ \text{A}$$

$$I_C = \frac{U}{X_C} = \frac{120}{30}\ \text{A} = 4\ \text{A}$$

所以电路总电流为

$$I = \sqrt{I_R^2 + (I_L - I_C)^2} = \sqrt{3^2 + (8 - 4)^2} \text{ A} = 5 \text{ A}$$

（2）电路的总阻抗为

$$|Z| = \frac{U}{I} = \frac{120}{5} \, \Omega = 24 \, \Omega$$

（3）电压和各支路上电流的相量图如图 8-30 所示。

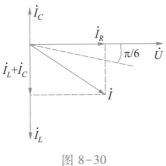

图 8-30

这道题还有另一种解法，同学们可自己计算一下。

* 第七节　电感线圈和电容器的并联谐振电路

一、电感线圈和电容器的并联电路

电感线圈和电容器的并联电路，在电子技术中应用极为广泛。例如，收音机里的中频变压器，用以产生正弦波的 LC 振荡器等，都是以电感线圈和电容器的并联电路作为核心部分。图 8-31 所示是电感线圈和电容器并联的电路模型。设电容器的电阻损耗很小，可以忽略不计，看成一个纯电容；而线圈电阻损耗是不可忽略的，可以看成 R 和 L 的串联电路。

由于两并联支路的端电压相等，电路的总电流 i 等于流过两条支路的电流 i_1 和 i_C 的相量和。电感支路中的电流 i_1 滞后于端电压 u 一个小于 90° 的角度 φ_1。电容支路中的电流 i_C，则超前端电压 u 90°。取端电压 $\dot{U}$ 为参考相量，画出相量图如图 8-32 所示。

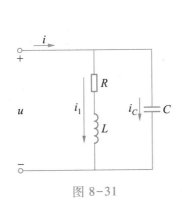

图 8-31

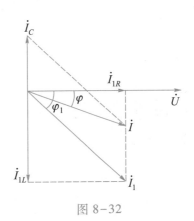

图 8-32

根据交流电路的欧姆定律,可以分别计算出每一条支路上的电流有效值为

$$I_1 = \frac{U}{|Z|} = \frac{U}{\sqrt{R^2 + X_L^2}}$$

$$I_C = \frac{U}{X_C} = \omega C U$$

为了计算的方便,电感支路上的电流 I_1,可用两个分量 I_{1R} 和 I_{1L} 代替,即

$$I_1 = \sqrt{I_{1R}^2 + I_{1L}^2}$$

所以电路总电流是

$$I = \sqrt{I_{1R}^2 + (I_{1L} - I_C)^2}$$

总电流和端电压的相位差是

$$\varphi = \arctan \frac{I_{1L} - I_C}{I_{1R}}$$

在 LC 并联电路两端外加交流电压,当电源频率很低时,电感支路中阻抗较小,电流 I_1 较大;电容支路中阻抗较大,电流 I_C 较小,结果电路中将流过较大的电流 I。当电源频率很高时,电感支路中阻抗较大,电流 I_1 较小;电容支路中阻抗较小,电流 I_C 较大,结果电路中仍将流过较大的电流 I。这两种情况都相当于并联电路的总阻抗较小。

在上述频率很高或很低的两种极端之间总会有某一频率使得电感支路中的电流 I_1 与电容支路中的电流 I_C 大小相等,这时由于两支路的电流的相位差接近于 $180°$(因为 $X_L \gg R$),它们互相抵消,在电路中仅剩下一很小的电流 I,该电流是与端电压 U 同相的,这种情况称为并联谐振。

二、电感线圈和电容器的并联谐振电路

串联谐振电路只有当电源内阻很小时,才能得到较高的品质因数 Q 和比较好的选择性。如电源内阻很大,Q 值就很低,选择性会明显变坏。这时,可采用另一种选频电路——并联谐振电路。

电感线圈和电容器组成的并联谐振电路是一种常见的、用途广泛的谐振电路。

谐振时,电路中的总电流和端电压同相,电路呈电阻性,所以电流和电压的相量图如图 8-33 所示。

从相量图上可看出

$$I_C = I_1 \sin \varphi_1$$

即

$$\frac{U}{X_C} = \frac{U}{\sqrt{R^2 + X_L^2}} \cdot \frac{X_L}{\sqrt{R^2 + X_L^2}}$$

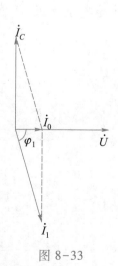

图 8-33

整理后可得

$$\omega_0 C = \frac{\omega_0 L}{R^2 + \omega_0^2 L^2}$$

上式就是电路发生谐振的条件。由此可求出电路谐振时的角频率为

$$\omega_0 = \sqrt{\frac{1}{LC} - \frac{R^2}{L^2}}$$

在一般情况下 $\omega_0 L \gg R$，即 $\frac{1}{LC} \gg \frac{R^2}{L^2}$，这时谐振角频率和谐振频率可化简为

$$\omega_0 \approx \frac{1}{\sqrt{LC}}$$

$$f_0 \approx \frac{1}{2\pi\sqrt{LC}}$$

这和串联谐振时的频率公式相同。在电路中线圈电阻损耗较小的情况下,误差是很小的。

谐振时,电路的特点是:

（1）谐振时,电路的总阻抗可从图 8-33 中求出。

$$I_0 = I_1 \cos \varphi_1 = \frac{U}{\sqrt{R^2 + X_L^2}} \cdot \frac{R}{\sqrt{R^2 + X_L^2}} = \frac{U}{(R^2 + X_L^2)/R}$$

所以

$$|Z_0| = \frac{R^2 + \omega_0^2 L^2}{R}$$

将式 $\omega_0 = \sqrt{\frac{1}{LC} - \frac{R^2}{L^2}}$ 代入上式,整理后可得

$$|Z_0| = \frac{L}{RC}$$

这时电路的阻抗最大,且为纯电阻。

（2）因此谐振时,阻抗 $|Z|$ 最大,所以电流最小,即

$$I_0 = \frac{U}{|Z_0|} = \frac{URC}{L}$$

电路呈电阻性,故总电流与端电压同相。

（3）电感和电容上的电流接近相等,并为总电流的 Q 倍。因为在一般情况下, $\omega_0 L \gg R$, R 可忽略不计,则

$$I_C \approx I_1 = \frac{U}{X_L} = \frac{U}{\omega_0^2 L^2} \cdot \frac{\omega_0 L}{R} \cdot R = \frac{\omega_0 L}{R} \cdot \frac{U}{\omega_0 L / (R\omega_0 C)} = QI_0$$

式中, Q 为电路的品质因数,其值为

$$Q = \frac{\omega_0 L}{R}$$

并联谐振和串联谐振的谐振曲线形状相同,选择性和通频带也一样,这里就不再赘述。

[例] 在图 8-31 所示的并联谐振电路中,已知谐振角频率为 5×10^6 rad/s,品质因数为 100,谐振时阻抗为 2 kΩ,求电路的参数 R、L 和 C。

解:因为在一般情况下,$\omega_0 L \gg R$,所以

$$\omega_0 = \frac{1}{\sqrt{LC}}$$

即

$$\frac{\omega_0^2 L^2}{R} = \frac{L}{RC} = |Z_0|$$

则

$$|Z_0| = Q^2 R$$

所以电路的参数 R、L 和 C 分别为

$$R = \frac{|Z_0|}{Q^2} = \frac{2\,000}{100^2} \ \Omega = 0.2 \ \Omega$$

$$L = \frac{QR}{\omega_0} = \frac{100 \times 0.2}{5 \times 10^6} \ \text{H} = 4 \ \mu\text{H}$$

$$C = \frac{L}{|Z_0|R} = \frac{4 \times 10^{-6}}{2 \times 10^3 \times 0.2} \ \text{F} = 0.01 \ \mu\text{F}$$

三、并联谐振的应用

并联谐振电路的特性使其具有选择信号、变换阻抗等用途。下面通过简单的例子来说明它的应用。

图 8-34 所示是由包括有 f_0 的多频率信号电源、固定内阻 R_0 和 L、C 并联回路所组成的电路。

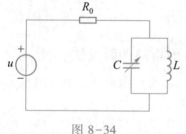

图 8-34

若要使 L、C 并联回路两端得到频率为 f_0 的信号电压,则必须调节回路中的电容 C,使 L、C 并联回路在频率 f_0 处谐振,这样 L、C 并联回路对 f_0 信号呈现的阻抗最大,并为电阻性。根据串联电路的特点可知,各电阻上的电压分配是与电阻的大小成正比的,故 f_0 信号的电压将在 L、C 并联回路两端有最大值,而对于其他频率信号的电压,由于 L、C 并联回路失谐后的阻抗小于谐振时的阻抗,故在它两端所分配的电压将小于 f_0 信号的电压。因此,可在 L、C 并联回路两端得到所需要的信号电压。改变回路中电容 C 的值,可以得到不同频率的信号电压。

第八节　交流电路的功率

一、交流电路的功率

在直流电路中,电功率等于电压和电流的乘积($P = UI$)。而在交流电路中,电压和电流是不断变化的,因此,将电压瞬时值 u 和电流瞬时值 i 的乘积称为瞬时功率,用字母 p 表示,即

$$p = ui$$

下面按各种交流电路来进行讨论。

（1）纯电阻电路的功率　设 $u = U_{Rm} \sin \omega t$,则 $i = I_m \sin \omega t$
所以

$$p = ui = U_{Rm} I_m \sin^2 \omega t = U_{Rm} I_m \left(\frac{1 - \cos 2\omega t}{2} \right)$$

$$= U_R I - U_R I \cos 2\omega t$$

画出 u、i 和 p 三者的波形,如图 8-35 所示。从函数式和波形图均可看出:因为电流和电压同相,所以瞬时功率总是正值。表示电阻总是消耗功率,把电能转换成热能,这种能量转换是不可逆的。

因为瞬时功率是变化的,不便用于表示电路的功率。为了反映电阻所消耗功率的大小,在实用中常用有功功率（也称为平均功率）表示。所谓有功功率就是瞬时功率在一个周期内的平均值,用 P 表示,单位为 W（瓦）。

由图 8-35 可以看出,有功功率 P 在数值上等于瞬时功率曲线的平均高度,也就是最大功率值的一半,即

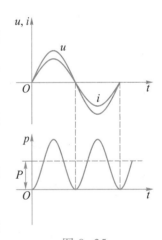

图 8-35

$$P = \frac{1}{2} P_m = \frac{1}{2} \times \sqrt{2} U_R \times \sqrt{2} I = U_R I$$

通常所说电器消耗的功率,例如,200 W 电热毯、75 W 电烙铁等,都是指有功功率。

（2）纯电容电路的功率　设 $u = U_{Cm} \sin \omega t$,则 $i = I_m \sin (\omega t + 90°)$,所以

$$p = ui = U_{Cm} \sin \omega t \cdot I_m \sin (\omega t + 90°) = U_{Cm} I_m \sin \omega t \cos \omega t$$

$$= \frac{1}{2} U_{Cm} I_m \sin 2\omega t = U_C I \sin 2\omega t$$

上式表明,瞬时功率也是正弦函数,u、i 和 p 的波形如图 8-36 所示。由图中可以看出,功率曲线一半为正,一半为负。因此,瞬时功

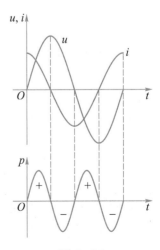

图 8-36

率的平均值为零,即 $P = 0$,说明电容元件是不消耗功率的。

我们知道,电容器是储能元件。当瞬时功率为正值时,表示电容器从电源吸收能量,并储存在电容器内部,此时电容器两端电压增加;当瞬时功率为负值时,表示电容器中的能量返还给电源,此时电容器两端电压减小。在电容器和电源之间进行着可逆的能量转换而不消耗功率,所以有功功率为零。

瞬时功率的最大值 $U_C I$,表示电容与电源之间能量交换的最大值,称为无功功率,用符号 Q_C 表示,单位是 var(乏),即

$$Q_C = U_C I$$

(3)纯电感电路的功率 设 $i = I_m \sin \omega t$,则 $u = U_{Lm} \sin (\omega t + 90°)$,所以

$$p = ui = U_{Lm} I_m \sin \omega t \cos \omega t = \frac{1}{2} U_{Lm} I_m \sin 2\omega t$$

$$= U_L I \sin 2\omega t$$

上式表明,瞬时功率也是正弦函数。其瞬时功率的平均值也为零,即 $P = 0$,说明电感线圈也不消耗功率,只是在线圈和电源之间进行着可逆的能量转换。

瞬时功率的最大值,也称为无功功率,它表示电感线圈与电源之间能量交换的最大值,用符号 Q_L 表示,即

$$Q_L = U_L I$$

(4)R-L-C 串联电路的功率 在 R-L-C 串联电路中,只有电阻是消耗功率的,而电感和电容都不消耗功率,因而在 R-L-C 串联电路中的有功功率,就是电阻上所消耗的功率,即

$$P = U_R I$$

由图 8-14 可知,电阻两端的电压和总电压的关系为

$$U_R = U \cos \varphi$$

所以

$$P = U_R I = UI \cos \varphi$$

电感和电容虽然不消耗功率,但与电源之间进行着周期性的能量交换,它们的无功功率分别为

$$Q_L = U_L I$$

$$Q_C = U_C I$$

由于电感和电容两端的电压在任何时刻都是反相的,所以 Q_L 和 Q_C 的符号相反。当磁场能量增加时,电场能量却在减少;反之,磁场能量减少时,电场能量却在增加。因此,在 R-L-C 串联电路中,当感抗大于容抗(即线圈中的磁场能量大于电容器中的电场能量)时,磁场能量减少所放出的能量,一部分储存在电容器的电场中,剩下来的能量送返电源或消耗在电阻上;而

磁场能量增加所需要的能量,一部分由电容器的电场能量转换而来,不足部分由电源补充。当感抗小于容抗时,情况与上述相似,只是此时电容器中的电场能量大于线圈中的磁场能量,有一部分能量在电容器和电源间转换。由此得到电路的无功功率为线圈和电容上的无功功率之差,即 $Q=Q_L-Q_C=(U_L-U_C)I$,由图 8-14 可知,$U_L-U_C=U\sin\varphi$。所以电路中的无功功率为

$$Q = UI\sin\varphi$$

公式 $P=UI\cos\varphi$ 指出,总电压有效值和电流有效值的乘积,并不代表电路中所消耗的功率,总电压有效值和电流有效值的乘积称为视在功率,以符号 S 表示,即

$$S = UI$$

视在功率的单位为 V·A(伏·安)。当 $\cos\varphi=1$ 时,电路消耗的功率与视在功率相等;在 $\cos\varphi\neq1$ 的情况下,电路所消耗的功率总小于视在功率;而 $\cos\varphi=0$,则电路的有功功率等于零,这时电路与纯电感或纯电容电路相同,电路中只有能量的转换,而没有能量的消耗。

如将图 8-14 中的电压三角形的各边乘以电流,便可得到如图 8-37 所示的功率三角形。由功率三角形可得

$$S = \sqrt{P^2 + Q^2}$$

最后应该指出,公式

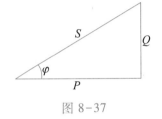

图 8-37

$$P = UI\cos\varphi, Q = UI\sin\varphi, S = UI$$

适用于任何交流电路,其中 φ 角为电路总电压和总电流的相位差。电路的有功功率表示电路中所消耗的功率,而视在功率则代表电源可能提供的功率。

二、功率因数

电路的有功功率与视在功率的比值称为功率因数,即

$$\lambda = \cos\varphi = \frac{P}{S}$$

功率因数的大小是表示电源功率被利用的程度。因为任何发电机都会受到温升和绝缘问题的限制,所以使用时必须在额定电压和额定电流范围以内,即额定视在功率以内。电路的功率因数越大,则表示电源所发出的电能转换为热能或机械能越多,而与电感或电容之间相互交换的能量就越少,由于交换的这一部分能量没有被利用,因此,功率因数越大,则说明电源的利用率越高。同时在同一电压下,要输送同一功率,功率因数越高,则线路中电流越小,故线路中的损耗也越小。因此,在电力工程上,力求使功率因数接近1。

[例 1] 已知某发电机的额定电压为 220 V,视在功率为 440 kV·A。(1)用该发电机向额定工作电压为 220 V,有功功率为 4.4 kW,功率因数为 0.5 的用电器供电,问能供多少个用电器?(2)若把功率因数提高到 1,又能供多少个用电器?

解:(1)发电机工作时的额定电流为

$$I_e = \frac{S}{U} = \frac{440 \times 10^3}{220} \text{ A} = 2\,000 \text{ A}$$

当 $\cos\varphi = 0.5$ 时,每个用电器的电流为

$$I = \frac{P}{U\cos\varphi} = \frac{4.4 \times 10^3}{220 \times 0.5} \text{ A} = 40 \text{ A}$$

所以发电机能供给的用电器个数为

$$\frac{I_e}{I} = \frac{2\,000}{40} = 50 \text{ 个}$$

（2）当 $\cos\varphi = 1$ 时,每个用电器的电流为

$$I = \frac{P}{U\cos\varphi} = \frac{4.4 \times 10^3}{220} \text{ A} = 20 \text{ A}$$

发电机能供给的用电器个数为

$$\frac{I_e}{I} = \frac{2\,000}{20} = 100 \text{ 个}$$

[例2]　一座发电站以 22 kV 的高压输给负载 4.4×10^4 kW 的电力,若输电线路的总电阻为10 Ω,试计算电路的功率因数由 0.5 提高到 0.8 时,输电线上一天少损失多少电能?

解：当功率因数 $\lambda_1 = \cos\varphi_1 = 0.5$ 时,线路中的电流为

$$I_1 = \frac{P}{U\lambda_1} = \frac{4.4 \times 10^7}{22 \times 10^3 \times 0.5} \text{ A} = 4 \times 10^3 \text{ A}$$

当功率因数 $\lambda_2 = \cos\varphi_2 = 0.8$ 时,线路中的电流为

$$I_2 = \frac{P}{U\lambda_2} = \frac{4.4 \times 10^7}{22 \times 10^3 \times 0.8} \text{ A} = 2.5 \times 10^3 \text{ A}$$

所以一天少损失的电能为

$$\begin{aligned}
\Delta W &= (I_1^2 - I_2^2)Rt \\
&= [(4 \times 10^3)^2 - (2.5 \times 10^3)^2] \times 10 \times 24 \times 3\,600 \text{ J} \\
&= 8.424 \times 10^{12} \text{ J} = 2.34 \times 10^6 \text{ kW} \cdot \text{h}
\end{aligned}$$

三、功率因数的提高

用电部门如何提高电路的功率因数呢? 方法之一是在电感性负载两端并联一只电容量适当的电容器。为什么并联电容器后能提高电路的功率因数呢? 如图 8-38(a) 所示,没有电容器并联时,电源供给负载的电流为 $\dot{I}_{RL}$,$\dot{I}_{RL}$ 滞后端电压 $\dot{U}$ 一个 φ_{RL} 角,绘制出相量图,如图 8-38 (b) 所示。电路的功率因数为 $\cos\varphi_{RL}$。并联电容器后,负载中的电流仍为 $\dot{I}_{RL}$,可是电源供给的电流却不等于 $\dot{I}_{RL}$,而是 $\dot{I}_{RL}$ 和 $\dot{I}_C$ 的相量和 $\dot{I}$。从相量图上可以看到并联电容器后,电源供给的电流减小了,与电压的相位差也减小了,因而,功率因数提高了,即 $\lambda = \cos\varphi > \lambda_{RL} = \cos\varphi_{RL}$。

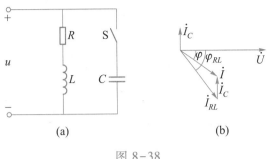

图 8-38

[例3] 有一个电感性负载,其额定功率为 1.1 kW,功率因数为 0.5,接在 50 Hz、220 V 的电源上。若要将电路的功率因数提高到 0.8,问需并联多大的电容器?

解:绘制出各支路电流和总电流的相量图,如图 8-38(b)所示。从图中可以看出

$$I_C = I_{RL}\cos\varphi_{RL}\tan\varphi_{RL} - I_{RL}\cos\varphi_{RL}\tan\varphi$$

$$= I_{RL}\cos\varphi_{RL}(\tan\varphi_{RL} - \tan\varphi)$$

而

$$I_{RL}\cos\varphi_{RL} = \frac{P}{U}$$

$$I_C = \frac{U}{X_C} = \omega CU$$

所以

$$\omega CU = \frac{P}{U}(\tan\varphi_{RL} - \tan\varphi)$$

即

$$C = \frac{P}{\omega U^2}(\tan\varphi_{RL} - \tan\varphi)$$

因为

$$\lambda_{RL} = \cos\varphi_{RL} = 0.5$$

所以

$$\varphi_{RL} = 60°$$

同理

$$\lambda = \cos\varphi = 0.8, \varphi \approx 36.9°$$

代入上式,即可求出并联电容器的电容量

$$C = \frac{P}{\omega U^2}(\tan\varphi_{RL} - \tan\varphi) = \frac{1\ 100}{2\pi \times 50 \times 220^2}(\tan 60° - \tan 36.9°)\ \text{F}$$

$$\approx 71\ \mu\text{F}$$

阅读与应用

一　常用电光源

照明用的电光源依据产生的方式可以分为两大类:热辐射光源和气体放电光源。热辐射光源发出的光是电流通过灯丝,将灯丝加热到高温辐射而产生的,如白炽灯、卤钨灯等;气体放电光源是借助两极之间的气体电离,激发荧光物质而发光的,常见的除荧光灯外,还有高压汞灯和高压钠灯等。

1. 卤钨灯

普通白炽灯在使用过程中,由于从灯丝蒸发出来的钨原子沉积在灯壁上而使玻璃壳黑化,使透光性降低,从而导致灯的光效降低。卤钨灯是将卤族元素充到石英灯管中,从而改善白炽灯的黑化现象。

卤钨灯按充入卤族元素的不同,可分为碘钨灯和溴钨灯。对于碘钨灯,当灯点亮后,由于高温分解,碘与从灯丝蒸发出来的钨在管壁上化合生成挥发性碘化钨,当碘化钨扩散到灯丝附近,由于高温又分解为碘和钨,其中钨又沉积回钨丝上,而碘又重新扩散至管壁上,再次与钨反应生成碘化钨,如此循环,碘可把蒸发出来的钨送回灯丝上,这样提高了发光率和使用寿命。

2. 高压汞灯

高压汞灯具有省电、光效高、耐用、使用和安装方便等优点,适合作广场、高大建筑物和道路等场所的照明光源。

高压汞灯由硬玻璃外壳、石英玻璃放电管、主电极 1 和 2、引燃极和电阻组成。在硬玻璃外壳内壁涂有荧光粉,外壳与石英玻璃放电管之间充有起保护作用的氮气,在石英玻璃放电管内充有适量的汞和启辉用的高纯氩气。结构和接线如图 8-39 所示。

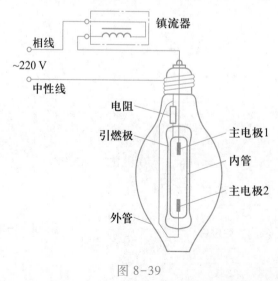

图 8-39

当接通电源后,主电极 1 和引燃极因距离较近,在电场作用下首先放电,石英玻璃放电管内温度升高,汞逐渐蒸发,达到一定程度,主电极 1 和 2 之间形成电弧放电而导通(此时主电极 1 和引燃极间停止放电),这时汞蒸气电离而发出紫外线,从而激发硬玻璃外壳内壁的荧光粉发光。

引燃极上串接的电阻,主要是在启动时起限流作用,使流过引燃极的电流不致太大。在高压汞灯正常发光时,限流电阻不起作用,此时镇流器起限流作用,而且管内汞蒸气压力较高,所以称为高压汞灯。

高压汞灯的启动需一定的时间,通常需经 5~10 min,才能正常发光。这种灯熄灭后不允许立即再点燃,一般需隔 5~10 min 后,才能再次启动,以防损坏。

3. 高压钠灯

高压钠灯也是一种气体放电光源,它是利用钠蒸气放电而激发荧光粉发光的,它比高压汞灯具有更高的光效和更长的使用寿命,而且具有光色柔和、透雾性强、能见度高、不易锈蚀等优点,特别适合在机场、道路、广场、港口等大面积光照场合使用。

二 电 磁 铁

1. 电磁铁的用途和分类

电磁铁是利用通电的铁心线圈吸引衔铁而工作的一种电气设备,它是用铁磁性材料作为铁心,在铁心上绕有线圈,再通以电流而成的。

电磁铁按励磁的性质不同,分为直流电磁铁和交流电磁铁。而按用途的不同又可分为起重电磁铁、控制和保护电磁铁以及电磁吸盘等。起重电磁铁主要用于起重设备,用以装卸和搬运各种钢铁材料及其制品。控制和保护电磁铁常用于接触器、继电器、电磁阀等电器中,用以控制电路的通断和保护电气设备等,因而是一个起开关作用的元件。电磁吸盘主要用于磨床、刨床等机械加工设备上,借助电磁吸力来固定被加工的钢制工件。除此之外,电磁铁还常用于牵引、制动等方面。

2. 直流电磁铁和交流电磁铁的区别

从外形、结构和基本工作原理来看,交、直流电磁铁并没有多大区别,但在电磁关系上却有很大的不同。

(1) 直流电磁铁的励磁电流与磁路性质无关,其大小仅决定于线圈两端电压和线圈电阻,而且是恒定的。而交流电磁铁的励磁电流则由磁路性质决定,即由磁路磁阻的大小决定。当空气隙大时磁阻大,励磁电流也大;当空气隙小时,励磁电流也小。因此,交流电磁铁在使用过程中,如果发现衔铁卡住而不能吸合,应立即切断电源,排除故障,否则就会因励磁电流过大而使线圈过热而损坏。

(2) 直流电磁铁在工作过程中(衔铁吸合时),磁路中的磁通、磁感应强度是恒定的,吸力是稳定的。而交流电磁铁在工作中,磁通和磁感应强度是交变的,因而吸力是脉动的。因此,交流电磁铁的极面上必须嵌装短路环,以减小衔铁的颤动和噪声。

短路环是一闭合的导体,当穿过短路环的磁通交变时,短路环中就产生感应电流。由于感应电流产生的磁通总是阻碍原磁通的变化,所以当原磁通减小为零时,感应电流所产生的磁通就使两磁极间保持一定的吸力,从而减小了衔铁的颤动和噪声。

(3) 在交变磁通作用下,交流电磁铁的铁心具有磁滞损耗和涡流损耗,因而其铁心应选用软磁性材料,一般是用彼此绝缘的硅钢片叠成。而直流电磁铁的铁心无铁损耗,选用铁心材料时主要考虑磁导率要大,且可以用整块材料做成。

因而即使额定电压相同的交、直流电磁铁也绝不能互换使用。

三 交流电路中的实际元件

在前面的讨论中,对电路中的电阻、电感和电容三个基本元件,仅考虑了在频率较低时的特性,如果频率较高,情况就不同了。下面分别加以讨论。

1. 导线的电阻

导线具有一定的电阻。一根导线通过直流电时,电流在导线横截面中的分布是均匀的。但通过交流电时,情况就不同,越接近导线表面的地方,电流越大;越靠近导线中心,电流越小,这种现象称为趋肤效应。

按照趋肤效应,电流比较集中地分布在导线表面,就相当于减小了导线的有效横截面积,所以电阻增加了,这种现象随着交流电频率的增大而更加显著。因此,导线对于直流的电阻(称为欧姆电阻)与对于交流的电阻(称为有效电阻)是不同的。

在频率较低时,趋肤效应引起的电阻增加可忽略不计,而认为有效电阻与欧姆电阻相等。但在流通高频电流时,导线的有效电阻有时会比欧姆电阻大几倍。为了能有效地利用金属材料,通过高频电流的导线常制成管形或者表面镀银。

2. 电感线圈

一个电感线圈通常可以看成一个电阻和一个纯电感相串联的元件,如图 8-40(b) 所示。

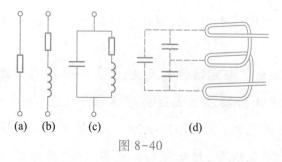

(a) (b) (c) (d)

图 8-40

当交流电频率增高时,电感线圈的电阻和感抗都会发生变化。电阻除由于趋肤效应而有所增加外,还由于邻近线匝中同方向的电流所产生磁场的影响,产生了邻近效应,使导线中电流分布的不均匀性增加,因而有效电阻的增加比直导线的更大。此外,线匝之间还有分布电容,因为线匝间有绝缘物隔开,相当于电容器,如图8-40(d)所示。在流通高频电流时,这些分布电容不可忽略。线圈在直流、低频交流和高频交流下的电路模型,分别如图8-40(a)(b)和(c)所示。

3. 电容器

实际的电容器也和理想电容器有所不同。

由于电容器极板之间的绝缘物不可能做到完全绝缘,因此,在电压的作用下,总有些漏电流,产生功率损耗。另外,极板间介质受到交变极化也有一些热损耗,并且随频率的增加而增大。考虑到这两种损耗,一个实际电容器可用一个电阻 R 与电容 C 的并联电路作为电路模型,如图8-41所示。漏电流可认为是从电阻 R 上流过。

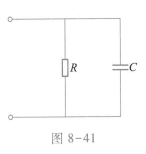

图 8-41

本章小结

1. 在交流电路中,电阻是耗能元件,电感、电容是储能元件。这些元件的电压、电流关系是分析交流电路的基础,其关系见表8-1。

表 8-1

项目 \ 电路形式		纯电阻电路	纯电感电路	纯电容电路
对电流的阻碍作用		电阻 R	感抗 $X_L = \omega L$	容抗 $X_C = \dfrac{1}{\omega C}$
电流和电压间的关系	大小	$I = \dfrac{U}{R}$	$I = \dfrac{U}{X_L}$	$I = \dfrac{U}{X_C}$
	相位	电流电压同相	电压超前电流90°	电压滞后电流90°
有功功率		$P = U_R I = R I^2$	0	0
无功功率		0	$Q_L = U_L I = X_L I^2$	$Q_C = U_C I = X_C I^2$

2. 串联电路中的电压、电流和功率关系见表8-2。

表 8-2

项目 \ 电路形式	R-L 串联电路	R-C 串联电路	R-L-C 串联电路
阻抗	$\lvert Z \rvert = \sqrt{R^2 + X_L^2}$	$\lvert Z \rvert = \sqrt{R^2 + X_C^2}$	$\lvert Z \rvert = \sqrt{R^2 + (X_L - X_C)^2}$

项目 \ 电路形式		$R-L$ 串联电路	$R-C$ 串联电路	$R-L-C$ 串联电路
电流和电压间的关系	大小	$I = \dfrac{U}{\mid Z \mid}$	$I = \dfrac{U}{\mid Z \mid}$	$I = \dfrac{U}{\mid Z \mid}$
	相位	电压超前电流 φ $\tan\varphi = \dfrac{X_L}{R}$	电压滞后电流 φ $\tan\varphi = -\dfrac{X_C}{R}$	$\tan\varphi = \dfrac{X_L - X_C}{R}$ $X_L > X_C$，电压超前电流 φ $X_L < X_C$，电压滞后电流 φ $X_L = X_C$，电压和电流同相
有功功率		$P = U_R I = UI\cos\varphi$	$P = U_R I = UI\cos\varphi$	$P = U_R I = UI\cos\varphi$
无功功率		$Q = U_L I = UI\sin\varphi$	$Q = U_C I = UI\sin\varphi$	$Q = (U_L - U_C)I = UI\sin\varphi$
视在功率		$S = UI = \sqrt{P^2 + Q^2}$		

在 $R-L-C$ 串联电路中，当 $X_L > X_C$ 时，端电压超前电流，电路呈现电感性；当 $X_L < X_C$ 时，端电压滞后电流，电路呈现电容性；当 $X_L = X_C$ 时，端电压与电流同相，电路呈现电阻性，即串联谐振。

3. 并联电路中的电压、电流和功率关系见表 8-3。

表 8-3

项目 \ 电路形式		$R-L$ 并联电路	$R-C$ 并联电路	$R-L-C$ 并联电路
阻抗		$\mid Z \mid = \dfrac{1}{\sqrt{\left(\dfrac{1}{R}\right)^2 + \left(\dfrac{1}{X_L}\right)^2}}$	$\mid Z \mid = \dfrac{1}{\sqrt{\left(\dfrac{1}{R}\right)^2 + \left(\dfrac{1}{X_C}\right)^2}}$	$\mid Z \mid = \dfrac{1}{\sqrt{\left(\dfrac{1}{R}\right)^2 + \left(\dfrac{1}{X_L} - \dfrac{1}{X_C}\right)^2}}$
电流和电压间的关系	大小	$I = \dfrac{U}{\mid Z \mid}$	$I = \dfrac{U}{\mid Z \mid}$	$I = \dfrac{U}{\mid Z \mid}$
	相位	电压超前电流 φ $\tan\varphi = -\dfrac{\dfrac{1}{X_L}}{\dfrac{1}{R}}$	电压滞后电流 φ $\tan\varphi = \dfrac{\dfrac{1}{X_C}}{\dfrac{1}{R}}$	$\tan\varphi = \dfrac{\dfrac{1}{X_C} - \dfrac{1}{X_L}}{\dfrac{1}{R}}$ $X_L < X_C$，电流滞后电压 φ $X_L > X_C$，电流超前电压 φ $X_L = X_C$，电压和电流同相
有功功率		$P = UI_R = UI\cos\varphi$	$P = UI_R = UI\cos\varphi$	$P = UI_R = UI\cos\varphi$
无功功率		$Q = UI_L = UI\sin\varphi$	$Q = UI_C = UI\sin\varphi$	$Q = U(I_L - I_C) = UI\sin\varphi$
视在功率		$S = UI = \sqrt{P^2 + Q^2}$		

在 R-L-C 并联电路中,当 $X_L > X_C$ 时,端电压滞后总电流,电路呈现电容性;当 $X_L < X_C$ 时,端电压超前总电流,电路呈现电感性;当 $X_L = X_C$ 时,端电压与总电流同相,电路呈现电阻性,即并联谐振。

4. 串联与并联谐振电路具有不同的特点,见表 8-4。

表 8-4

	R-L-C 串联谐振电路	电感线圈与电容器并联谐振电路
谐振条件	$X_L = X_C$	$X_L \approx X_C$
谐振频率	$f_0 = \dfrac{1}{2\pi\sqrt{LC}}$	$f_0 \approx \dfrac{1}{2\pi\sqrt{LC}}$
谐振阻抗	$Z_0 = R$(最小)	$Z_0 = \dfrac{L}{RC}$(最大)
谐振电流	$I_0 = \dfrac{U}{R}$(最大)	$I_0 = \dfrac{U}{Z_0}$(最小)
品质因数	$Q = \dfrac{\omega_0 L}{R} = \dfrac{1}{\omega_0 RC}$	$Q = \dfrac{\omega_0 L}{R} = \dfrac{1}{\omega_0 RC}$
元件上的电压或电流	$U_L = U_C = QU$ $U_R = U$	$I_{RL} \approx I_C \approx QI_0$
通频带	$\Delta f = \dfrac{f_0}{Q}$	$\Delta f = \dfrac{f_0}{Q}$
失谐时阻抗性质	$f > f_0$,电感性 $f < f_0$,电容性	$f > f_0$,电容性 $f < f_0$,电感性
对电源要求	适用于低内阻信号源	适用于高内阻信号源

5. 电路的有功功率与视在功率的比值称为电路的功率因数,即

$$\lambda = \cos\varphi = \frac{P}{S}$$

为提高发电设备的利用率,减少电能损耗,提高经济效益,必须提高电路的功率因数,方法是在电感性负载两端并联一只电容量适当的电容器。

 题

1. 是非题

(1) 电阻元件上电压、电流的初相一定都是零,所以它们是同相的。　　　　　　　　　　（　　）

（2）正弦交流电路中，电容元件上电压最大时，电流也最大。　　　　　　　　　　（　　）

（3）在同一交流电压作用下，电感 L 越大，电感中的电流就越小。　　　　　　　（　　）

（4）端电压超前电流的交流电路一定是电感性电路。　　　　　　　　　　　　　（　　）

（5）有人将一个额定电压为 220 V、额定电流为 6 A 的交流电磁铁线圈误接在 220 V 的直流电源上，此时电磁铁仍将能正常工作。　　　　　　　　　　　　　　　　　　　　　　（　　）

（6）某同学做荧光灯电路实验时，测得灯管两端电压为 110 V，镇流器两端电压为 190 V，两电压之和大于电源电压 220 V，说明该同学测量数据错误。　　　　　　　　　　　　　　　　　　　（　　）

（7）在 $R-L-C$ 串联电路中，U_R、U_L、U_C 的数值都有可能大于端电压。　　　　（　　）

（8）$R-L-C$ 串联谐振又称为电流谐振。　　　　　　　　　　　　　　　　　　　（　　）

（9）在 $R-L-C$ 串联电路中，感抗和容抗数值越大，电路中的电流也就越小。　　　（　　）

（10）正弦交流电路中，无功功率就是无用功率。　　　　　　　　　　　　　　　（　　）

（11）正弦交流电路中，电感元件上电压最大时，瞬时功率却为零。　　　　　　　（　　）

（12）在荧光灯两端并联一个适当数值的电容器，可提高电路的功率因数，因而可少交电费。（　　）

2. 选择题

（1）正弦电流通过电阻元件时，下列关系式正确的是（　　　）。

A. $i = \dfrac{U}{R}\sin \omega t$　　　　　　B. $i = \dfrac{U}{R}$　　　　　　C. $I = \dfrac{U}{R}$　　　　　　D. $i = \dfrac{U}{R}\sin (\omega t + \varphi)$

（2）纯电感电路中，已知电流的初相为 $-60°$，则电压的初相为（　　　）。

A. $30°$　　　　　　　　B. $60°$　　　　　　　　C. $90°$　　　　　　　　D. $120°$

（3）加在容抗为 100 Ω 的纯电容两端的电压 $u_C = 100\sin \left(\omega t - \dfrac{\pi}{3}\right)$ V，则通过它的电流应是（　　　）。

A. $i_C = \sin \left(\omega t + \dfrac{\pi}{3}\right)$ A　　　　　　　　　　　B. $i_C = \sin \left(\omega t + \dfrac{\pi}{6}\right)$ A

C. $i_C = \sqrt{2}\sin \left(\omega t + \dfrac{\pi}{3}\right)$ A　　　　　　　　　D. $i_C = \sqrt{2}\sin \left(\omega t + \dfrac{\pi}{6}\right)$ A

（4）两纯电感串联，$X_{L1} = 10$ Ω，$X_{L2} = 15$ Ω，下列结论正确的是（　　　）。

A. 总电感为 25 H　　　　　　　　　　B. 总感抗 $X_L = \sqrt{X_{L1}^2 + X_{L2}^2}$

C. 总感抗 25 Ω　　　　　　　　　　　D. 总感抗随交流电频率增大而减小

（5）某电感线圈，接入直流电，测出 $R = 12$ Ω；接入工频交流电，测出阻抗为 20 Ω，则线圈的感抗为（　　　）。

A. 20 Ω　　　　　　　　B. 16 Ω　　　　　　　　C. 8 Ω　　　　　　　　D. 32 Ω

（6）在图 8-42 所示电路中，u_i 和 u_o 的相位关系是（　　　）。

A. u_i 超前 u_o　　　　　　　　　　　B. u_i 和 u_o 同相

C. u_i 滞后 u_o　　　　　　　　　　　D. u_i 和 u_o 反相

（7）已知 $R-L-C$ 串联电路端电压 $U = 20$ V，各元件两端电压 $U_R = 12$ V，$U_L = 16$ V，$U_C = ($　　　$)$。

A. 4 V　　　　　　　　B. 32 V　　　　　　　　C. 12 V　　　　　　　　D. 28 V

（8）在 R-L-C 串联电路发生谐振时，下列说法正确的是（　　）。

A. Q 值越大，通频带越宽

B. 端电压是电容两端电压的 Q 倍

C. 电路的电抗为零，则感抗和容抗也为零

D. 总阻抗最小，总电流最大

（9）处于谐振状态的 R-L-C 串联电路，当电源频率升高时，电路呈（　　）。

A. 电感性　　　　　　　　B. 电容性　　　　　　　　C. 电阻性　　　　　　　　D. 无法确定

（10）图 8-43 所示电路中，$X_L = X_C = R$，电流表 A1 读数为 3 A，则电流表 A2、A3 读数分别为（　　）。

A. $3\sqrt{2}$ A、3 A　　　　　　　　　　　　　　　B. 1 A、1 A

C. 3 A、0 A　　　　　　　　　　　　　　　D. 0 A、3 A

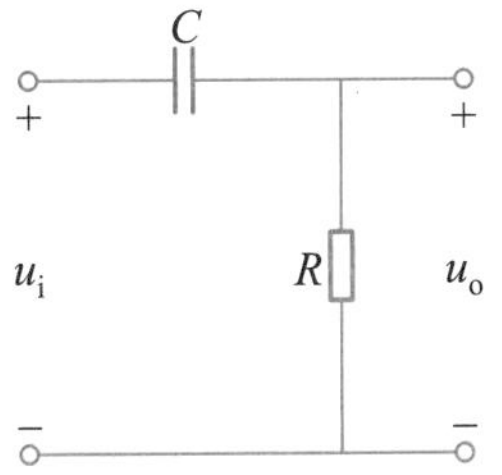

图 8-42

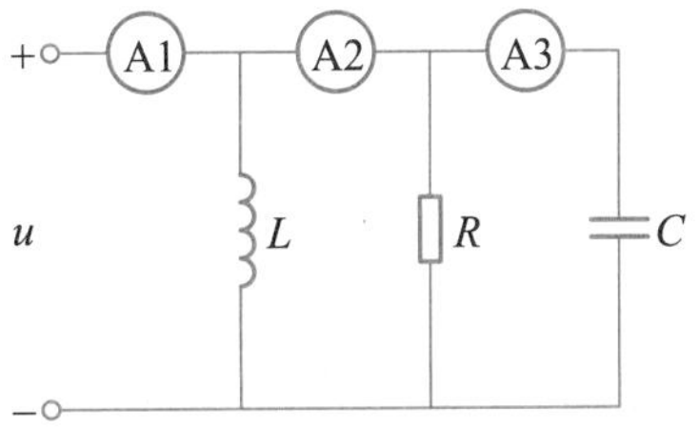

图 8-43

（11）正弦电路由两条支路组成，每条支路的有功功率、无功功率、视在功率分别为 P_1、Q_1、S_1 和 P_2、Q_2、S_2，下式正确的是（　　）。

A. $P = P_1 + P_2$　　　　　　　　　　　　B. $Q = Q_1 + Q_2$

C. $S = S_1 + S_2$　　　　　　　　　　　　D. 以上三式均不正确

（12）交流电路中提高功率因数的目的是（　　）。

A. 减小电路的功率消耗　　　　　　　　B. 提高负载的效率

C. 增加负载的输出功率　　　　　　　　D. 提高电源的利用率

3. 填空题

（1）一个 1 000 Ω 的纯电阻负载，接在 $u = 311\sin(314t + 30°)$ V 的电源上，负载中电流 $I =$ _____ A，$i =$ _____ A。

（2）电感对交流电的阻碍作用称为_____。若线圈的电感为 0.6 H，把线圈接在频率为 50 Hz 的交流电路中，$X_L =$ _____ Ω。

（3）有一个线圈，其电阻可忽略不计，把它接在 220 V、50 Hz 的交流电源上，测得通过线圈的电流为 2 A，则线圈的感抗 $X_L =$ _____ Ω，自感系数 $L =$ _____ H。

（4）一个纯电感线圈接在直流电源上，其感抗 $X_L =$ _____ Ω，电路相当于_____。

（5）电容对交流电的阻碍作用称为_____。100 pF 的电容器对频率是 10^6 Hz 的高频电流和 50 Hz 的工频电流的容抗分别是_____ Ω 和_____ Ω。

（6）一个电容器接在直流电源上，其容抗 $X_C =$ _____，电路稳定后相当于_____。

（7）一个电感线圈接到电压为 120 V 的直流电源上，测得电流为 20 A；接到频率为 50 Hz、电压为 220 V

的交流电源上,测得电流为 28.2 A,则线圈的电阻 $R =$ _____ Ω,电感 $L =$ _____ mH。

(8) 图 8-44 所示为移相电路,已知电容为 0.01 μF,输入电压 $u = \sqrt{2}\sin 1\,200\,\pi t$ V,欲使输出电压 u_C 的相位滞后 u 60°,则电阻 $R =$ _____,此时输出电压为 _____ V。

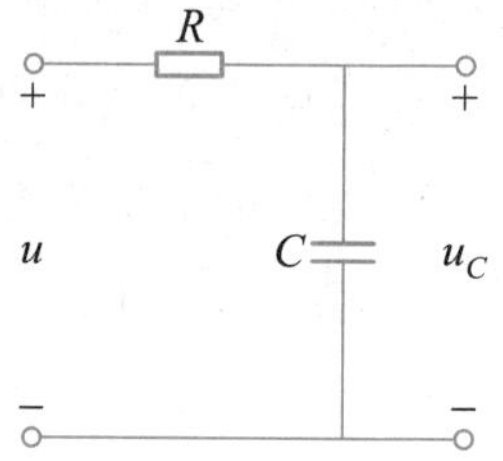

(9) R-L-C 串联电路中,电路端电压 $U = 20$ V,$\omega = 100$ rad/s,$R = 10$ Ω,$L = 2$ H,调节电容 C 使电路发生谐振,此时 $C =$ _____ μF,电容两端的电压为 _____ V。

图 8-44

(10) 在 R-L-C 并联电路中,已知 $R = 10$ Ω,$X_L = 8$ Ω,$X_C = 15$ Ω,电路端电压为 120 V,则电路中的总电流为 _____ A,总阻抗为 _____。

(11) 电感线圈与电容器并联的谐振电路中,线圈电阻越大,电路的品质因数越 _____,电路的选择性就越 _____。

(12) 在电感性负载两端并联一只电容量适当的电容器后,电路的功率因数 _____,电路中的总电流 _____,但电路的有功功率 _____,无功功率和视在功率都 _____。

4. 问答与计算题

(1) 一个线圈的自感系数为 0.5 H,电阻可以忽略,把它接在频率为 50 Hz、电压为 220 V 的交流电源上,求通过线圈的电流。若以电压作为参考相量,写出电流瞬时值的表达式,并画出电压和电流的相量图。

(2) 已知加在 2 μF 的电容器上的交流电压为 $u = 220\sqrt{2}\sin 314t$ V,求通过电容器的电流,写出电流瞬时值的表达式,并画出电流、电压的相量图。

(3) 在一个 R-L-C 串联电路中,已知电阻为 8 Ω,感抗为 10 Ω,容抗为 4 Ω,电路的端电压为 220 V,求电路中的总阻抗、电流、各元件两端的电压以及电流和端电压的相位关系,并画出电压、电流的相量图。

(4) 荧光灯电路可以看成一个 R-L 串联电路,若已知灯管电阻为 300 Ω,镇流器感抗为 520 Ω,电源电压为 220 V。① 画出电流、电压的相量图;② 求电路中的电流;③ 求灯管两端和镇流器两端的电压;④ 求电流和端电压的相位差。

(5) 交流接触器电感线圈的电阻为 220 Ω,电感为 10 H,接到电压为 220 V、频率为 50 Hz 的交流电源上,问线圈中电流多大?如果不小心将此接触器接到 220 V 的直流电源上,问线圈中电流又将多大?若线圈允许通过的电流为 0.1 A,会出现什么后果?

(6) 为了使一个 36 V、0.3 A 的纯电阻用电器接在 220 V、50 Hz 的交流电源上能正常工作,可以串上一个电容器限流,问应串联电容多大的电容器才能达到目的?

(7) 收音机的输入调谐回路为 R-L-C 串联谐振电路,当电容为 160 pF,电感为 250 μH,电阻为 20 Ω 时,求谐振频率和品质因数。

(8) 在 R-L-C 串联谐振电路中,已知信号源电压为 1 V,频率为 1 MHz,现调节电容器使回路达到谐振,这时回路电流为 100 mA,电容器两端电压为 100 V,求电路元件参数 R、L、C 和回路的品质因数。

(9) 在图 8-31 所示的并联谐振电路中,已知电阻为 50 Ω,电感为 0.25 mH,电容为 10 pF,求电路的谐振频率,谐振时的阻抗和品质因数。

(10) 在上题的并联谐振电路中,若已知谐振时阻抗是 10 kΩ,电感是 0.02 mH,电容是 200 pF,求电阻和电路的品质因数。

（11）已知某交流电路,电源电压 $u=100\sqrt{2}\sin\omega t$ V,电路中的电流 $i=\sqrt{2}\sin(\omega t-60°)$ A,求电路的功率因数、有功功率、无功功率和视在功率。

（12）某变电所输出的电压为 220 V,额定视在功率为 220 kV·A。如果给电压为 220 V、功率因数为 0.75、额定功率为 33 kW 的单位供电,问能供给几个这样的单位? 若把功率因数提高到 0.9,又能供给几个这样的单位?

（13）为了求出一个线圈的参数,在线圈两端接上频率为 50 Hz 的交流电源,测得线圈两端的电压为 150 V,通过线圈的电流为 3 A,线圈消耗的有功功率为 360 W,问此线圈的电感和电阻是多大?

（14）在 50 Hz、220 V 的交流电路中,接一盏 40 W 的荧光灯,测得功率因数为 0.5,现若并联一只 4.75 μF 的电容器,问功率因数可提高到多大?

第九章　相　量　法

学习指导

一个正弦交流电除了可用解析式、波形图和相量图表示外,还可以用相量来表示。所谓相量表示,就是用复数来表示同频率的正弦量。用相量表示正弦交流电后,正弦交流电路的分析和计算就可以用复数来进行,这时直流电路中介绍过的分析方法、基本定律就可全部应用到正弦交流电路中,非常简便,这种方法就是相量法,也称符号法。

本章的基本要求是:

1. 了解复数的各种表达式和相互之间的转换关系,以及复数的四则运算。

2. 了解正弦交流电的复数表示法,并利用这一方法来进行简单交流电路的分析和计算。

3. 理解复阻抗的概念,掌握复数形式的欧姆定律。

第一节　复数的概念

经常接触到的各种各样的数,如正数$(1,2,3,\cdots)$、负数$(-1,-2,-4,\cdots)$、无限非循环小数$(\pi=3.141\,59\cdots,e=2.718\cdots)$,这些都称为实数,任何实数的平方都是正数。除实数以外,还有另一种数,称为虚数,它的平方是负数。

[例1]　求一元二次方程$x^2+1=0$的根。

解:$x^2=-1$

再进一步求x时,必须得出一个数,它的平方等于负数(-1)。这种负数开方的问题,在原来的实数范围内是找不出答案的,因为任何实数的平方都是正数,不会是负数,因此方程的解只能写成

$$x=\pm\sqrt{-1}$$

把$\sqrt{-1}$作为虚数的单位,用符号j表示,即$j=\sqrt{-1}$。有了虚数单位后,负数开方问题就解决了。例如

$$x^2=-4$$

$$x=\pm\sqrt{-4}=\pm\sqrt{-1}\times\sqrt{4}=\pm j2$$

则

$$x_1=j2,\quad x_2=-j2$$

这里 x_1、x_2 便是虚数。

[例 2] 求方程 $x^2-2x+5=0$ 的解。

解：$x = \dfrac{2\pm\sqrt{(-2)^2-4\times5}}{2} = \dfrac{2\pm\sqrt{-16}}{2} = \dfrac{2\pm4\sqrt{-1}}{2}$

$= 1\pm\text{j}2$

则

$$x_2 = 1 + \text{j}2, \quad x_2 = 1 - \text{j}2$$

上例的解是由实数和虚数的代数和组成的数，称为复数。例如，复数 A 可以表示为

$$A = a + \text{j}b$$

其中 a 是实数，称为复数 A 的实数部分，简称 A 的实部；b 称为复数 A 的虚数部分，简称 A 的虚部。上式称为复数的代数表达式。

在直角坐标系中，如果以横坐标为实数轴，纵坐标为虚数轴，这样组成的平面称为复平面。任何一个复数都可以在复平面上表示出来，如复数 $A=3+\text{j}2$，其实部等于 3，虚部等于 2，分别在实轴和虚轴上取 3 个单位和 2 个单位，复平面上两坐标的交点 A 便代表该复数，如图 9-1 所示。

复数 A 还可以用矢量表示。如果从原点 0 到表示复数的 A 点连一直线，并在 A 点处标上箭头，这根带箭头的直线段的长度记为 r，线段与 x 轴正方向间的夹角记为 α，这样就可以把复数用 r 和 α 表示出来，即

$$A = r\underline{/\alpha}$$

上式称为复数的极坐标表达式，或

$$A = r\text{e}^{\text{j}\alpha}$$

上式称为复数的指数表达式。

式中，r 称为复数 A 的模，α 称为复数 A 的辐角，e 为自然对数的底，是一个常数（其值是 2.718…）。

从图 9-1 中可以看出，模 r、实部 a 和虚部 b 恰好构成一个直角三角形，其中模 r 和实部 a 的夹角为辐角 α。因此，很容易得出它们之间的变换公式。

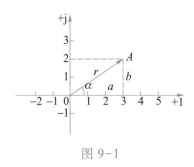

图 9-1

如果已知极坐标表示式（或指数表示式）的模 r 和辐角 α，求代数表示式的实部 a 和虚部 b，则

$$a = r\cos\alpha$$

$$b = r\sin\alpha$$

将上式代入复数的代数表达式，可得

$$A = r\cos\alpha + \text{j}r\sin\alpha$$

这就是复数的三角表达式。

如果已知代数表达式的实部 a 和虚部 b，求极坐标表达式（或指数表达式）的模 r 和辐角 α，则

$$r = \sqrt{a^2 + b^2}$$

$$\alpha = \arctan \frac{b}{a}$$

[例3]　将复数 $A = \underline{/90°}$、$B = \underline{/-90°}$ 化为代数表达式。

解：对 $A = 1\underline{/90°}$，因为 $r = 1$，$\alpha = 90°$，可得

$$a = r\cos \alpha = \cos 90° = 0$$

$$b = r\sin \alpha = \sin 90° = 1$$

所以

$$A = 1\underline{/90°} = j$$

同样，对 $B = 1\underline{/-90°}$，因为 $r = 1$，$\alpha = -90°$，得

$$a = r\cos \alpha = \cos(-90°) = 0$$

$$b = r\sin \alpha = \sin(-90°) = -1$$

所以

$$B = 1\underline{/-90°} = -j$$

上述的结果很有用，请同学们记住。

[例4]　将复数 $A = 18-j40$ 化为极坐标表达式。

解：因为 $a = 18$，$b = -40$，可得

$$r = \sqrt{a^2 + b^2} = \sqrt{18^2 + (-40)^2} \approx 44$$

$$\alpha = \arctan \frac{b}{a} = \arctan \frac{-40}{18} \approx -65.8°$$

所以

$$A = 18 - j40 \approx 44\underline{/-65.8°}$$

如果两个复数的实部相同，仅虚部差一负号，则这两个复数称为共轭复数，用符号 $\overset{*}{A}$ 表示。如 $A = a+jb = r\underline{/\alpha}$，则它的共轭复数 $\overset{*}{A} = a-jb = r\underline{/-\alpha}$。

如果两个复数相等，在代数表示式中，必须是实部与实部相等，虚部与虚部相等；在极坐标表示式（或指数表示式）中，必须是两复数的模和辐角分别都相等，即在复数 $A = a_1+jb_1 = r_1\underline{/\alpha_1}$ 和复数 $B = a_2+jb_2 = r_2\underline{/\alpha_2}$ 中，如果 $a_1 = a_2$、$b_1 = b_2$，或 $r_1 = r_2$、$\alpha_1 = \alpha_2$，则 $A = B$。

第二节　复数的四则运算

一、加减法

几个复数相加或相减，必须先将复数化成代数表示式，然后实部和实部相加或相减，虚部

和虚部相加或相减,即

若

$$A = a_1 + jb_1, B = a_2 + jb_2$$

则

$$A \pm B = (a_1 \pm a_2) + j(b_1 \pm b_2)$$

[例1] 已知复数 $A = 200 \underline{/60°}$, $B = 200 \underline{/-120°}$,求 $A+B$ 和 $A-B$。

解:将复数化为代数表达式,即

$$A = 200 \underline{/60°} = 100 + j173$$
$$B = 200 \underline{/-120°} = -100 - j173$$

所以

$$A + B = 100 - 100 + j173 - j173 = 0$$
$$A - B = 100 - (-100) + j173 - (-j173)$$
$$= 200 + j346$$

二、乘法

两个复数相乘,必须化为同一表达式进行运算。如果是在代数表达式之间运算,可以按多项式乘法规律进行计算,将乘得的多项式,实部和实部,虚部和虚部分别合并,仍组成代数表达式。

[例2] 已知 $A = 2+j3$, $B = 4-j3$,求 AB。

解:$AB = (2+j3)(4-j3) = 8+j12-j6-j^2 9 = 17+j6$

在一般情况下,复数的乘法往往不用代数表达式,而是用指数表达式(或极坐标表达式)进行运算比较方便。按照指数乘法规则,两指数项相乘只要将两复数的模相乘作为乘积的模,两辐角相加作为乘积的辐角。设

$$A_1 = r_1 e^{j\alpha_1} = r_1 \underline{/\alpha_1}, A_2 = r_2 e^{j\alpha_2} = r_2 \underline{/\alpha_2}$$

则

$$A_1 A_2 = r_1 r_2 e^{j(\alpha_1 + \alpha_2)} = r_1 r_2 \underline{/\alpha_1 + \alpha_2}$$

[例3] 已知 $A = 2+j3$, $B = 5 \underline{/-36.9°}$,求 AB。

解:如用代数表示式进行计算,将复数 B 变换为代数表达式,即

$$B = 5 \underline{/-36.9°} = 4 - j3$$

则

$$AB = (2 + j3)(4 - j3) = 17 + j6 = 18 \underline{/19.4°}$$

如果用极坐标表达式进行计算,则将复数 A 变换为极坐标表达式,即

$$A = 2 + j3 = 3.6 \underline{/56.3°}$$

则

$$AB = 3.6 \underline{/56.3°} \times 5 \underline{/-36.9°} = 18 \underline{/19.4°}$$

可见,用两种方法计算,所得结果是一致的,并且后一种方法较简便。

[例 4] 已知 $A_1 = 3+j2, A_2 = 3-j2$,求 $A_1 A_2$。

解:$A_1 A_2 = (3+j2)(3-j2) = 9+j6-j6-j^2 4$
$$= 9+4 = 13$$

这个例题得出一个重要结论,即共轭复数相乘的积为一实数,且满足 $(a+jb)(a-jb) = a^2+b^2$。

三、除法

两个复数相除,也必须化为同一表达式进行运算。如果是在代数表达式之间运算,必须将分子和分母同乘分母的共轭复数,将分母化成实数,从而求出两复数的商。

[例 5] 已知 $A = 2+j3, B = 4+j3$,求 A/B。

解:$\dfrac{A}{B} = \dfrac{2+j3}{4+j3} = \dfrac{(2+j3)(4-j3)}{(4+j3)(4-j3)}$

$$= \dfrac{8+j12-j6-j^2 9}{25} = \dfrac{17}{25}+j\dfrac{6}{25}$$

一般情况下,复数的除法用指数表达式(或极坐标表达式)进行运算较为简便,这时只需将两复数的模相除,作为商的模,两复数的辐角相减,作为商的辐角。设

$$A_1 = r_1 e^{j\alpha_1} = r_1 \underline{/\alpha_1}, A_2 = r_2 e^{j\alpha_2} = r_2 \underline{/\alpha_2}$$

则

$$A_1/A_2 = (r_1/r_2) e^{j(\alpha_1 - \alpha_2)} = r_1/r_2 \underline{/\alpha_1 - \alpha_2}$$

[例 6] 已知 $A = 20 \underline{/50°}, B = 5 \underline{/-30°}$,求 A/B。

解:$\dfrac{A}{B} = \dfrac{20 \underline{/50°}}{5 \underline{/-30°}} = 4 \underline{/50°-(-30°)} = 4 \underline{/80°}$

第三节　正弦量的复数表示法

由于正弦量可以用矢量表示,而复数也可以用矢量表示。因此,正弦量也可以用复数表示。确切地说,正弦量和复数之间存在着对应关系,应用这种对应关系,就可以用复数的模表示正弦电压或电流的有效值,用辐角表示正弦电压或电流的初相。这种与正弦电压(或电流)相对应的复数电压(或电流)称为相量。电压相量和电流相量分别以 $\dot{U}$ 和 $\dot{I}$ 表示。

这样,正弦交流电的解析式和复数之间的对应关系可表示为

$$u = \sqrt{2}U\sin(\omega t + \varphi_{u0}),\ \dot{U} = U \underline{/\varphi_{u0}}$$

例如,

$$u = 220\sqrt{2}\sin(\omega t + 30°) \text{ V}$$

$$i = 5\sqrt{2}\sin(\omega t - 60°) \text{ A}$$

将它们表示成有效值的相量式为

$$\dot{U} = 220 \underline{/30°} \text{ V}$$

$$\dot{I} = 5 \underline{/-60°} \text{ A}$$

这也就是正弦交流电有效值的复数表达式。

上述电压相量和电流相量的相量图,如图 9-2 所示。

用相量表示正弦交流电后,正弦交流电路的分析和计算就可以用复数来进行。

［例］ 已知两个正弦交流电流为 $i_1 = 6\sqrt{2}\sin(\omega t + 120°)$ A,$i_2 = 8\sqrt{2}\sin(\omega t + 30°)$ A,用相量来表示它们,并求它们的和。

解:i_1 和 i_2 分别用相量表示为

$$\dot{I}_1 = 6 \underline{/120°} \text{ A}$$

$$\dot{I}_2 = 8 \underline{/30°} \text{ A}$$

将复数的极坐标表达式变换为代数表达式,分别为

$$\dot{I}_1 = 6 \underline{/120°} \text{ A} \approx (-3 + j5.2) \text{ A}$$

$$\dot{I}_2 = 8 \underline{/30°} \text{ A} \approx (6.9 + j4) \text{ A}$$

所以

$$\dot{I} = \dot{I}_1 + \dot{I}_2 = (-3 + j5.2 + 6.9 + j4) \text{ A} = (3.9 + j9.2) \text{ A}$$

$$= 10 \underline{/67°} \text{ A}$$

最后将电流相量 $\dot{I}$ 写成对应的解析式

$$i = 10\sqrt{2}\sin(\omega t + 67°) \text{ A}$$

第四节 复数形式的欧姆定律

一、复数形式的欧姆定律

由阻抗 $|Z|$ 组成的简单正弦交流电路如图 9-3 所示,电路中电压和电流的瞬时值为

$$u = \sqrt{2}U\sin(\omega t + \varphi_{u0})$$

$$i = \sqrt{2}I\sin(\omega t + \varphi_{i0})$$

表示成相量形式为

$$\dot{U} = U \underline{/\varphi_{u0}}$$

$$\dot{I} = I \underline{/\varphi_{i0}}$$

取电压相量和电流相量的比

$$\frac{\dot{U}}{\dot{I}} = \frac{U \underline{/\varphi_{u0}}}{I \underline{/\varphi_{i0}}} = \frac{U}{I} \underline{/\varphi_{u0} - \varphi_{i0}} = |Z| \underline{/\varphi}$$

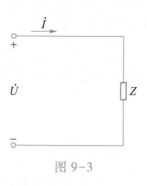

图 9-3

可见,在无源的正弦交流电路上,电压相量和电流相量的比值是一个复数,它的模等于这段电路的阻抗,它的辐角等于电压和电流之间的相位差。这个比值称为交流电路的复阻抗,用大写字母 Z 表示,即

$$Z = \frac{\dot{U}}{\dot{I}}$$

复阻抗是一个复常数,它不是随时间变化的正弦量,它只由电路参数和电源频率决定。上式可以改写成

$$\dot{I} = \frac{\dot{U}}{Z}$$

这就是复数形式的欧姆定律。

二、电阻、感抗和容抗的复数表示

在纯电阻电路中,有关系式 $R = U_R / I$。而电阻中的电流和它两端的电压同相,即 $\varphi_{u0} = \varphi_{i0}$。所以应用复数形式的欧姆定律,可得

$$Z = \frac{\dot{U}_R}{\dot{I}} = \frac{U_R \underline{/\varphi_{u0}}}{I \underline{/\varphi_{i0}}} = R$$

所以电阻 R 的复数表示仍为 R。

在纯电感电路中,有关系式 $X_L = \dfrac{U_L}{I}$。而通过电感线圈的电流落后电压 90°,即 $\varphi_{u0} - \varphi_{i0} = 90°$。应用欧姆定律,得

$$Z = \frac{\dot{U}_L}{\dot{I}} = \frac{U_L \underline{/\varphi_{u0}}}{I \underline{/\varphi_{i0}}} = X_L \underline{/90°} = jX_L$$

所以感抗的复数表示为 jX_L 或 $j\omega L$。

同样,在纯电容电路中,通过电容器中的电流超前电压 90°,即 $\varphi_{u0} - \varphi_{i0} = -90°$。应用欧姆定律,得

$$Z = \frac{\dot{U}_C}{\dot{I}} = \frac{U_C \underline{/\varphi_{u0}}}{I \underline{/\varphi_{i0}}} = X_C \underline{/-90°} = -jX_C$$

所以容抗的复数表示为 $-jX_C$ 或 $-j\dfrac{1}{\omega C}$。

复阻抗是阻抗的一种新的表达形式,它既能把电压和电流间的相位关系表示出来,又能把

电路参数 R、X_L 和 X_C 表示出来。引入复阻抗的概念,得到复数形式的欧姆定律,它既表示出电压和电流有效值间的关系,又给出了它们之间的相位关系。

第五节　复阻抗的连接

在正弦交流电路中,阻抗不仅包含电阻,还常常含有感抗和容抗。电阻和感抗或电阻和容抗是不能直接进行代数相加的,而是要用相量相加。这样,就给比较复杂的交流电路的计算带来困难。上一节,引入了复阻抗的概念,就有效地解决了这个问题,只要用复阻抗代替电路中的阻抗,则直流电路中计算电阻串、并联的公式就能推广到相量法领域。下面就来研究这个问题。

一、复阻抗的串联

图 9-4 所示是复阻抗的串联电路。在复阻抗串联电路中,总电压的相量等于各复阻抗上电压的相量和,即

$$\dot{U} = \dot{U}_1 + \dot{U}_2 + \dot{U}_3$$

用电流相量 $\dot{I}$ 去除等式两端

$$\frac{\dot{U}}{\dot{I}} = \frac{\dot{U}_1}{\dot{I}} + \frac{\dot{U}_2}{\dot{I}} + \frac{\dot{U}_3}{\dot{I}}$$

即

$$Z = Z_1 + Z_2 + Z_3$$

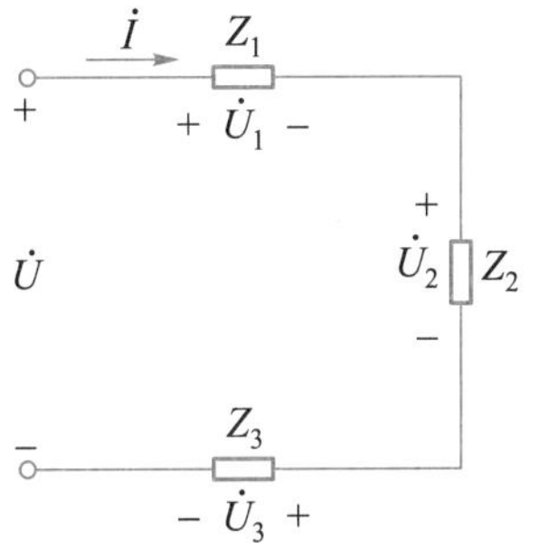

图 9-4

由此可知,几个复阻抗的串联电路,等效复阻抗等于各个复阻抗之和。

[例 1]　由电阻 $R = 3\ \Omega$ 和电感 $L = 12.73\ \text{mH}$ 串联的正弦交流电路,它的端电压是 $u = 220\sqrt{2}\ \sin\ (314t+30°)\ \text{V}$,求电阻和电感上的电压瞬时值。

解:先求复阻抗

$$X_L = \omega L = 314 \times 12.73 \times 10^{-3}\ \Omega \approx 4\ \Omega$$

$$Z = R + jX_L = (3+j4)\ \Omega = 5\ \underline{/53.1°}\ \Omega$$

正弦电压 u 用电压相量表示为

$$\dot{U} = 220\ \underline{/30°}\ \text{V}$$

根据欧姆定律

$$\dot{I} = \frac{\dot{U}}{Z} = \frac{220\ \underline{/30°}}{5\ \underline{/53.1°}}\text{A} = 44\ \underline{/-23.1°}\ \text{A}$$

电阻和电感上的电压相量为

$$\dot{U}_R = R\dot{I} = 3 \times 44\ \underline{/-23.1°}\ \text{V} = 132\ \underline{/-23.1°}\ \text{V}$$

$$\dot{U}_L = jX_L \dot{I} = j4 \times 44 \underline{/-23.1°}\ \text{V} = 176 \underline{/66.9°}\ \text{V}$$

所以电阻和电感上的电压瞬时值为

$$u_R = 132\sqrt{2} \sin (314t - 23.1°)\ \text{V}$$

$$u_L = 176\sqrt{2} \sin (314t + 66.9°)\ \text{V}$$

[例2] 有三个负载串联,如图 9-4 所示,各负载的电阻和电抗分别是:$R_1 = 3.16\ \Omega$, $X_{L1} = 6\ \Omega$;$R_2 = 2.5\ \Omega$, $X_{C2} = 4\ \Omega$;$R_3 = 3\ \Omega$, $X_{L3} = 3\ \Omega$。电路端电压是 $u = 220\sqrt{2}\ \sin (\omega t + 30°)\ \text{V}$,求电路中的电流和各负载两端电压的解析式。

解:先求各负载的复阻抗和电路的总复阻抗

$$Z_1 = (3.16 + j6)\ \Omega \approx 6.78 \underline{/62.2°}\ \Omega$$

$$Z_2 = (2.5 - j4)\ \Omega \approx 4.72 \underline{/-58°}\ \Omega$$

$$Z_3 = (3 + j3)\ \Omega \approx 4.24 \underline{/45°}\ \Omega$$

$$Z = Z_1 + Z_2 + Z_3 = [(3.16 + 2.5 + 3) + j(6 - 4 + 3)]\ \Omega$$

$$= (8.66 + j5)\ \Omega \approx 10 \underline{/30°}\ \Omega$$

根据欧姆定律,求得

$$\dot{I} = \frac{\dot{U}}{Z} = \frac{220 \underline{/30°}}{10 \underline{/30°}}\ \text{A} = 22\ \text{A}$$

$$\dot{U}_1 = Z_1 \dot{I} = 6.78 \underline{/62.2°} \times 22\ \text{V} \approx 149 \underline{/62.2°}\ \text{V}$$

$$\dot{U}_2 = Z_2 \dot{I} = 4.72 \underline{/-58°} \times 22\ \text{V} \approx 104 \underline{/-58°}\ \text{V}$$

$$\dot{U}_3 = Z_3 \dot{I} = 4.24 \underline{/45°} \times 22\ \text{V} \approx 93 \underline{/45°}\ \text{V}$$

所以电流和各负载两端电压的瞬时值方程式分别为

$$i = 22\sqrt{2}\ \sin \omega t\ \text{A}$$

$$u_1 = 149\sqrt{2}\ \sin (\omega t + 62.2°)\ \text{V}$$

$$u_2 = 104\sqrt{2}\ \sin (\omega t - 58°)\ \text{V}$$

$$u_3 = 93\sqrt{2}\ \sin (\omega t + 45°)\ \text{V}$$

二、复阻抗的并联

图 9-5 所示是几个复阻抗并联的电路。电路总的电流相量,等于各支路中电流相量之和,即

$$\dot{I} = \dot{I}_1 + \dot{I}_2 + \dot{I}_3$$

由于并联电路中,各支路两端的电压都相等,所以

$$\dot{I}_1 = \frac{\dot{U}}{Z_1}, \dot{I}_2 = \frac{\dot{U}}{Z_2}, \dot{I}_3 = \frac{\dot{U}}{Z_3}, \dot{I} = \frac{\dot{U}}{Z}$$

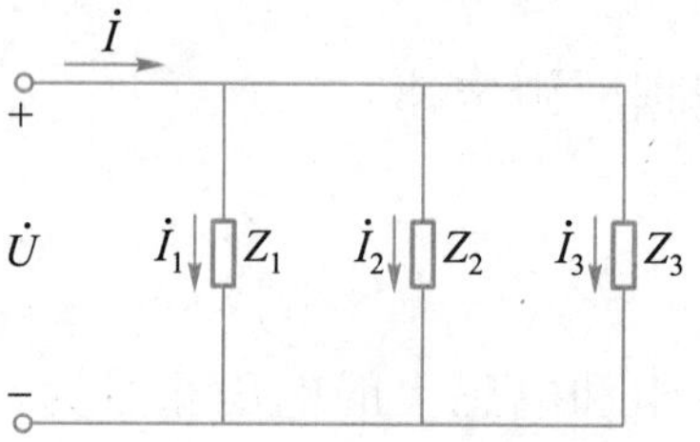

即

图 9-5

$$\frac{\dot{U}}{Z} = \frac{\dot{U}}{Z_1} + \frac{\dot{U}}{Z_2} + \frac{\dot{U}}{Z_3}$$

所以

$$\frac{1}{Z} = \frac{1}{Z_1} + \frac{1}{Z_2} + \frac{1}{Z_3}$$

由此可知,几个复阻抗的并联电路,等效复阻抗的倒数等于各个复阻抗的倒数之和。

[例3]　两个复阻抗分别是 $Z_1 = (10 + j20)\ \Omega$，$Z_2 = (10 - j10)\ \Omega$，并联后接在 $u = 220\sqrt{2}\ \sin \omega t$ V的交流电源上,求电路中的总电流和它的瞬时值方程式。

解:先求电路中的总复阻抗

$$Z_1 = (10 + j20)\ \Omega \approx 22.4\ \underline{/63.4°}\ \Omega$$

$$Z_2 = (10 - j10)\ \Omega \approx 14.1\ \underline{/-45°}\ \Omega$$

$$Z = \frac{Z_1 Z_2}{Z_1 + Z_2} = \frac{22.4\ \underline{/63.4°} \times 14.1\ \underline{/-45°}}{10 + j20 + 10 - j10}\ \Omega \approx 14.1\ \underline{/-8.2°}\ \Omega$$

根据欧姆定律,可得

$$\dot{I} = \frac{\dot{U}}{Z} = \frac{220}{14.1\ \underline{/-8.2°}}\ A \approx 15.6\ \underline{/8.2°}\ A$$

所以电流的瞬时值方程式为

$$i = 15.6\sqrt{2}\ \sin(\omega t + 8.2°)\ A$$

本章小结

1. 正弦量的复数形式称为相量。正弦量和复数有对应的关系,复数的模是正弦量的有效值,复数的辐角是正弦量的初相。

只有正弦量才能用相量表示,但正弦量与它的相量之间不能划等号。

2. 相量法是应用复数解正弦交流电路的一种重要方法。它是应用正弦量所对应的相量进行运算,然后再将相量还原成正弦量。相量法只适用于分析同频率的正弦交流电路。

3. 在无源的正弦交流电路中,电压相量和电流相量的比值称为交流电路的复阻抗,它的模等于这段电路的阻抗,它的辐角等于电压与电流之间的相位差,即

$$Z = \frac{\dot{U}}{\dot{I}} = |Z|\ \underline{/\varphi}$$

复阻抗是一个复常数,它不是正弦量,仅由电路参数和电源频率决定。将上式改写成

$$\dot{I} = \frac{\dot{U}}{Z}$$

就是相量形式的欧姆定律。

4. 电阻的复数表示仍为 R，感抗的复数表示为 jX_L，容抗的复数表示为 $-jX_C$。

5. 几个复阻抗的串联电路，等效复阻抗等于各个复阻抗之和，即

$$Z = Z_1 + Z_2 + Z_3 + \cdots$$

几个复阻抗的并联电路，等效复阻抗的倒数等于各个复阻抗的倒数之和，即

$$\frac{1}{Z} = \frac{1}{Z_1} + \frac{1}{Z_2} + \frac{1}{Z_3} + \cdots$$

 题

1. 是非题

（1）两个共轭复数的乘积一定是实数。　　　　　　　　　　　　　　　　　　（　　）

（2）一个正弦量可用相量表示，即 $u = 311 \sin(314t+30°)$ V $= \dot{U} = 220\underline{/30°}$ V。（　　）

（3）$Z = \dot{U}/\dot{I}$，所以 Z 也是正弦量。　　　　　　　　　　　　　　　　　（　　）

（4）正弦量和复数存在一一对应关系。　　　　　　　　　　　　　　　　　　（　　）

（5）只有正弦量才能用相量表示，但正弦量不等于相量。　　　　　　　　　　（　　）

（6）电压相量的模表示正弦电压的有效值，而辐角表示正弦电压的初相。　　（　　）

（7）某电路的复阻抗 $Z = 10\underline{/-30°}$ Ω，则该电路为电容性电路。　　　　　（　　）

（8）交流负载两端电压 $\dot{U} = 10\underline{/60°}$ V，则该负载为电感性负载。　　　　（　　）

（9）若 $U_1 = U_2 = U_3$，则 $\dot{U} = \dot{U}_1 + \dot{U}_2 + \dot{U}_3 = 0$ 是不可能的。　　　（　　）

2. 选择题

（1）复数 $A = \underline{/90°}$ 的代数表达式是（　　　　）。

A. $A = 1$　　　　　　B. $A = -1$　　　　　　C. $A = j$　　　　　　　　D. $A = -j$

（2）下列各式错误的是（　　　　）。

A. $\dot{I} = 60\underline{/30°}$ A　　　　　　　　　　B. $\dot{U} = 50 \sin(\omega t+45°)$ V

C. $\dot{I} = 6$ A　　　　　　　　　　　　　　D. $\dot{U} = -10$ V

（3）在单相正弦交流电路中，下列各式正确的是（　　　　）。

A. $i = 5\sqrt{2} \sin(\omega t-45°)$ A $= 5\underline{/-45°}$ A　　B. $\dot{U} = 100\underline{/30°}$ V $= 100\sqrt{2} \sin(\omega t+30°)$ V

C. $Z = 3\underline{/60°}$ Ω $= 3\sqrt{2} \sin(\omega t+60°)$ Ω　　D. $\dot{U} = j\dot{I}X_L$

（4）与 $i = 5\sqrt{2} \sin(\omega t-36.9°)$ A 对应的相量 $\dot{I} = （　　　　）$。

A. $(4+j3)$ A　　　　　　B. $(4-j3)$ A　　　　　　C. $(3-j4)$ A　　　　　D. $(3+j4)$ A

（5）复阻抗的辐角就是（　　　　）。

A. 电压与电流的相位差　　　　　　　　　B. 复阻抗的初相

C. 电压的初相　　　　　　　　　　　　　D. 电流的初相

（6）某电路的复阻抗 $Z=50\underline{/45°}$ Ω,则该电路性质为（　　）。

A. 电感性　　　　　　B. 电容性　　　　　　C. 电阻性　　　　　　D. 不能确定

（7）$Z_1=(10+j10)$ Ω 和 $Z_2=-j10$ Ω 并联,电路呈（　　）。

A. 电阻性　　　　　　B. 电感性　　　　　　C. 电容性　　　　　　D. 不能确定

（8）电路有两条并联支路,支路中电流分别为 $i_1=10\sin(\omega t-60°)$ A,$i_2=10\sqrt{3}\sin(\omega t+30°)$ A,则总电流 $i=$（　　）。

A. $20\sin\omega t$ A

B. $20\sqrt{2}\sin\omega t$ A

C. $20\sin(\omega t-30°)$ A

D. 0

（9）在某一频率下,测得 R-C 串联正弦交流电路的复阻抗应是（　　）。

A. $Z=6$ Ω　　　B. $Z=(6+j4)$ Ω　　　C. $Z=j4$ Ω　　　D. $Z=(6-j4)$ Ω

（10）$R=\omega L=10$ Ω 的线圈与 $1/\omega C=10$ Ω 的电容器并联,并联电路的复阻抗为（　　）。

A. $(10-j10)$ Ω　　　B. $(10+j10)$ Ω　　　C. $20/3$ Ω　　　D. $(j10-10)$ Ω

3. 填空题

（1）正弦量的复数形式称为相量。复数和正弦量有对应关系,复数的模是正弦量的_____,复数的辐角是正弦量的_____。

（2）复数 $A=4+j4$ 的共轭复数 $\overset{*}{A}=$_____,$A\cdot\overset{*}{A}=$_____。

（3）正弦电压 $u=220\sqrt{2}\sin(\omega t-60°)$ V,它的相量表达式为_____。

（4）已知电流相量 $\dot{I}=10\underline{/30°}$ A,则电流的有效值为_____ A,初相为_____,解析式为_____。

（5）电阻的复数表示仍为 R,感抗的复数表示为_____,容抗的复数表示为_____。

（6）只有_____才能用相量表示,但_____与它的相量之间不能划等号。

（7）在无源的正弦交流电路中,电压相量和电流相量的比值称为交流电路的_____,它的模等于这段电路的_____,它的辐角等于_____之间的相位差。

（8）在交流电路中,端电压 $u=10\sqrt{2}\sin(314t+60°)$ V,电流 $i=2\sqrt{2}\sin(314t+30°)$ A,则 $\dot{U}=$_____ V,$\dot{I}=$_____ A,$Z=$_____ Ω,负载电阻 $R=$_____ Ω,电抗 $X=$_____ Ω。

（9）某电感线圈接到 $u=100\sqrt{2}\sin\left(100\pi t-\dfrac{\pi}{6}\right)$ V 的交流电源上,已知线圈电阻为 30 Ω,感抗为 40 Ω,则线圈复阻抗 $Z=$_____ Ω,线圈中电流 $\dot{I}=$_____ A,功率因数 $\cos\varphi=$_____。

（10）已知 $i_1=20\sin(\omega t+45°)$ A,$i_2=20\sin(\omega t-45°)$ A,则 $i_1+i_2=$_____ A,$i_1-i_2=$_____ A。

4. 计算题

（1）将下列复数用极坐标表达式表示:① 2+j;② -2+j2;③ -1-j2;④ 3-j2。

（2）将下列复数变换成代数表达式:① $4\underline{/30°}$;② $4\underline{/150°}$;③ $4\underline{/-150°}$。

（3）计算下列各题:

① 已知 $A=12+j6,B=4-j2$,求:$A+B,A-B,A\cdot B,A/B$。

② 已知 $C=10\underline{/30°},D=20\underline{/-30°}$,求:$C+D,C-D,C\cdot D,C/D$。

（4）已知 $i_1 = 30\sqrt{2}\ \sin\ \omega t$ A，$i_2 = 40\sqrt{2}\ \sin\ (\omega t + 90°)$ A，求两个正弦交流电的和。

（5）在 $R-L$ 串联电路中，已知 $R = 16\ \Omega$，$X_L = 12\ \Omega$，接在 $u = 220\sqrt{2}\ \sin\ (\omega t + 60°)$ V 的电源上，求电路中的电流大小并写出它的解析式。

（6）已知某负载两端的电压相量为 $\dot{U} = (120 + j160)$ V，通过它的电流相量为 $\dot{I} = (8 - j6)$ A，求：① 电压、电流的有效值和相位差；② 负载的复阻抗、阻抗、电阻和电抗；③ 有功功率、无功功率、视在功率和功率因数。

（7）两个复阻抗串联的电路，已知 $Z_1 = (30 + j40)\ \Omega$，$Z_2 = (30 - j20)\ \Omega$，接在 $u = 220\sqrt{2}\ \sin\ \omega t$ V 的电源上，求电路中的电流和各负载电压的瞬时值表达式。

（8）两个复阻抗 $Z_1 = (10 + j10)\ \Omega$，$Z_2 = (10 - j10)\ \Omega$，并联后接在 $u = 220\sqrt{2}\ \sin\ \omega t$ V 的电源上，求电路中总电流的大小并写出它的解析式。

第十章　三相正弦交流电路

三相正弦交流电路是在单相正弦交流电路的基础上学习的,两者有密切的联系。电能的生产、输送和分配几乎全部采用三相制,为此首先应了解三相制的优点和应用概况,充分认识到三相交流电在生产实际中的重要性。

本章从三相交流发电机的原理出发,介绍三相交流电动势的产生和特点,并着重讨论负载在三相电路中的连接问题。

本章的基本要求是:

1. 了解三相交流电源的产生和特点。

2. 掌握三相四线制电源的线电压和相电压的关系。

3. 掌握三相对称负载星形联结和三角形联结时,负载相电压和线电压、负载相电流和线电流的关系。

4. 掌握对称三相电路电压、电流和功率的计算方法,并理解中性线的作用。

5. 在已知电源电压和负载额定电压的条件下,会确定三相负载的连接方式。

6. 认识安全用电的重要性,了解电气设备常用的安全措施。

第一节　三相交流电源

什么是三相交流电源? 概括地说,三相交流电源是三个单相交流电源按一定方式进行组合,这三个单相交流电源的频率相同、最大值相等、相位彼此相差120°。

一、三相交流电动势的产生

三相交流电动势是由三相交流发电机产生的。图 10-1(a)是一台最简单的三相交流发电机的示意图。和单相交流发电机一样,它由定子(磁极)和转子(电枢)组成。发电机的转子绕组有 U1—U2、V1—V2、W1—W2 三个,每一个绕组称为一相,各相绕组匝数相等、结构相同,它们的始端(U1、V1、W1)在空间位置上彼此相差120°,它们的末端(U2、V2、W2)在空间位置上也彼此相差120°。当转子以角速度 ω 逆时针方向旋转时,由于三个绕组的空间位置彼此相隔120°,所以当第一相电动势达到最大值,第二相需转过1/3周(即120°)后,其电动势才能达到最大值,也就是第一相电动势超前第二相电动势120°相位;同样,第二相电动势超前第三相电动势120°相位,第三相电动势又超前第一相电动势120°相位。显然,三个相的电动势,它们的频率相同、最大值相等,只是初相不同。若以第一相电动势的初相为0°,则第二相为-120°,第三相为120°(或-240°),那么,各相电动势的瞬时值表达式则为

$$e_1 = E_m \sin \omega t$$

$$e_2 = E_m \sin (\omega t - 120°)$$

$$e_3 = E_m \sin (\omega t + 120°)$$

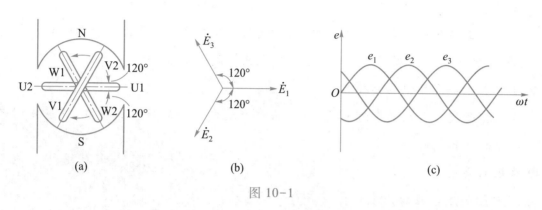

图 10-1

这样的三个电动势称为对称三相电动势。它们的相量图和波形图如图 10-1(b)和(c)所示。

三个电动势到达最大值(或零)的先后次序称为相序。上述的三个电动势的相序是第一相(U 相)→第二相(V 相)→第三相(W 相),这样的相序称为正序。由相量图可知,如果把三个电动势的相量加起来,相量和为零。由波形图可知,三相对称电动势在任一瞬间的代数和为零,即

$$e_1 + e_2 + e_3 = 0$$

二、三相电源的连接

三相发电机的每一个绕组都是独立的电源,均可单独给负载供电,但这样供电需用六根导线。实际上,三相电源是按照一定的方式连接之后,再向负载供电的,通常采用星形联结。

将发电机三相绕组的末端 U2、V2、W2 连接在一点,首端 U1、V1、W1 分别与负载相连,这种连接方法就称为星形联结,如图 10-2 所示。图中三个末端相连接的点称为中性点或零点,用字母"N"表示,从中性点引出的一根线称为中性线或零线。从首端 U1、V1、W1 引出的三根线称为相线或端线,因为它与中性线之间有一定的电压,俗称火线。

由三根相线和一根中性线所组成的输电方式称为三相四线制(通常在低压配电中采用);只由三根相线所组成的输电方式称为三相三线制(在高压输电工程中采用)。

每相绕组首端与末端之间的电压(即相线和中性线之间的电压)称为相电压,它的瞬时值用 u_1、u_2、u_3 来表示,用通用符号 u_P 表示。因为三个电动势的最大值相等,频率相同,彼此相位差均为120°,所以三个相电压的最大值也相等,频率也相同,相互之间的相位差也均是120°,即三个相电压是对称的。

任意两相首端之间的电压(即相线和相线之间的电压)称为线电压,它的瞬时值用 u_{12}、u_{23}、u_{31} 来表示,用通用符号 u_L 表示。下面来分析线电压和相电压之间的关系。

首先规定电压的方向。电动势的方向规定为从绕组的末端指向首端,那么相电压的方向就是从绕组的首端指向末端。线电压的方向按三相电源的相序来确定,如 u_{12} 就是从 U1 端指向 V1 端,u_{23} 就是从 V1 端指向 W1 端,u_{31} 就是从 W1 端指向 U1 端。由图 10-2 可得

$$u_{12} = u_1 - u_2$$

$$u_{23} = u_2 - u_3$$

$$u_{31} = u_3 - u_1$$

由此可绘制出线电压和相电压的相量图,如图 10-3 所示。从图中可以看出:各线电压在相位上比各对应的相电压超前 30°。又因为相电压是对称的,所以线电压也是对称的,即各线电压之间的相位差也都是 120°。

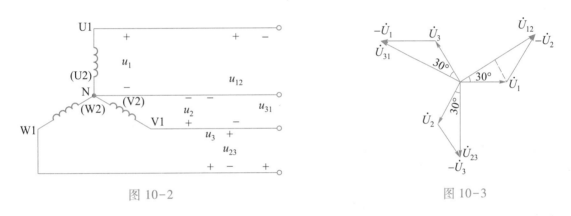

图 10-2   图 10-3

从相量图中还可以看出,$\dot{U}_1$、$-\dot{U}_2$ 和 $\dot{U}_{12}$ 构成一个等腰三角形,它的顶角是 120°,两底角是 30°,从这个等腰三角形的顶点画一条垂线到底边,把 $\dot{U}_{12}$ 分成相等的两段,得到两个相等的直角三角形,于是可得其有效值的表示式为

$$\cos 30° = \frac{U_{12}/2}{U_1} = \frac{U_{12}}{2U_1}$$

即

$$U_{12} = 2U_1 \cos 30° = \sqrt{3}\,U_1$$

同理可得

$$U_{23} = \sqrt{3}\,U_2$$

$$U_{31} = \sqrt{3}\,U_3$$

由于三相对称,一般表示式为

$$U_L = \sqrt{3}\,U_P$$

可见,当发电机绕组为星形联结时,三个相电压和三个线电压均为三相对称电压,各线电

压的有效值为相电压有效值的$\sqrt{3}$倍,而且各线电压在相位上比各对应的相电压超前30°。

通常所说的 380 V、220 V 电压,就是指电源成星形联结时的线电压和相电压的有效值。

第二节　三相负载的连接

平时所见到的用电器统一称为负载,负载按它对电源的要求又分为单相负载和三相负载。单相负载是指只需单相电源供电的设备,如照明灯、电炉、电烙铁等。三相负载是指需要三相电源供电的负载,如三相异步电动机、大功率电炉等。在三相负载中,如果每相负载的电阻、电抗相等,这样的负载称为三相对称负载。

因为使用任何电气设备,都要求负载所承受的电压应等于它的额定电压,所以负载要采用一定的连接方法,来满足负载对电压的要求。在三相电路中,负载的连接方法有两种:星形联结和三角形联结。

一、负载的星形联结

图 10-4 所示是三相四线制电路,其线电压为 380 V,相电压为 220 V。负载如何连接,应视其额定电压而定。通常单相负载的额定电压是 220 V,因此,要接在相线和中性线之间。因为照明灯负载是大量使用的,不能集中在一相电路中,应把它们平均地分配在各相电路之中,使各相负载尽量平衡,照明灯的这种接法称为负载的星形联结。

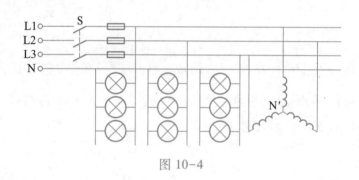

图 10-4

图 10-5 所示是三相负载采用星形联结时的电路图。从图上可看出,若略去输电线上的电压降,则各相负载的相电压就等于电源的相电压。因此,电源的线电压为负载相电压的$\sqrt{3}$倍,即

$$U_{\mathrm{L}} = \sqrt{3}\, U_{\mathrm{YP}}$$

式中,U_{YP}表示负载星形联结时的相电压。

三相电路中,流过每根相线的电流称为线电流,即I_1,I_2,I_3,一般用I_{YL}表示,其方向规定为电源流向负载;而流过每相负载的电流称为相电流,一般以I_{YP}表示,其方向与相电压方向一致;流过中性线的电流称为中性线电流,以I_{N}表示,其方向规定为由负载中性点 N' 流向电源中性点 N。显然,在星形联结中,线电流等于相电流,即

$$\boxed{I_{\text{YL}} = I_{\text{YP}}}$$

若三相负载对称,即 $|Z_1| = |Z_2| = |Z_3| = |Z_P|$,$\varphi_1 = \varphi_2 = \varphi_3 = \varphi_P$,因各相电压对称,所以各负载中的相电流相等,即

$$I_1 = I_2 = I_3 = I_{\text{YP}} = \frac{U_{\text{YP}}}{|Z_P|}$$

同时,由于各相电压与各相电流的相位差相等

$$\varphi_1 = \varphi_2 = \varphi_3 = \varphi_P = \arccos \frac{R}{|Z_P|}$$

所以三个相电流的相位差也互为120°。从相量图上很容易得出:三相电流的相量和为零,如图 10-6 所示,即

$$\dot{I}_1 + \dot{I}_2 + \dot{I}_3 = 0$$

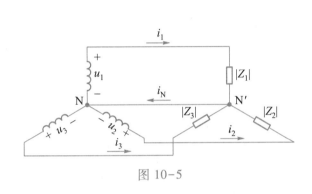

图 10-5

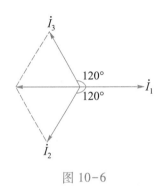

图 10-6

或

$$i_1 + i_2 + i_3 = 0$$

由基尔霍夫第一定律可得

$$i_{\text{N}} = i_1 + i_2 + i_3$$

所以三相对称负载采用星形联结时,中性线电流为零。中性线上没有电流流过,故可省去中性线,此时并不影响三相电路的工作,各相负载的相电压仍为对称的电源相电压,这样三相四线制就变成了三相三线制。

当三相负载不对称时,各相电流的大小就不相等,相位差也不一定是120°,因此,中性线电流就不为零,此时中性线绝不可断开。因为当有中性线存在时,它能使采用星形联结的各相负载,即使在不对称的情况下,也均有对称的电源相电压,从而保证了各相负载能正常工作;如果中性线断开,各相负载的电压就不再等于电源的相电压,这时,阻抗较小的负载的相电压可能低于其额定电压,阻抗较大的负载的相电压可能高于其额定电压,使负载不能正常工作,甚至会造成严重事故。因此,在三相四线制中,规定中性线不准安装熔断器和开关,有时中性线还采用钢芯导线来加强其机械强度,以免断开。另外,在连接三相负载时,应尽量使其平衡,以减

小中性线电流。

[例1] 如图 10-7 所示的负载为星形联结的对称三相电路,电源线电压为 380 V,每相负载的电阻为 8 Ω,电抗为 6 Ω,求:

(1) 在正常情况下,每相负载的相电压和相电流;

(2) 第三相负载短路时,其余两相负载的相电压和相电流;

(3) 第三相负载断路时,其余两相负载的相电压和相电流。

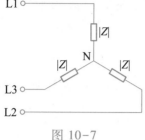

图 10-7

解:(1) 在正常情况下,由于三相负载对称,中性线电流为零,故省去中性线,并不影响三相电路的工作,所以各相负载的相电压仍为对称的电源相电压,即

$$U_1 = U_2 = U_3 = U_{\mathrm{YP}} = U_{\mathrm{P}} = \frac{U_{\mathrm{L}}}{\sqrt{3}} = \frac{380}{\sqrt{3}} \text{ V} \approx 220 \text{ V}$$

每相负载的阻抗为

$$|Z_{\mathrm{P}}| = \sqrt{R^2 + X^2} = \sqrt{8^2 + 6^2} \text{ Ω} = 10 \text{ Ω}$$

所以每相的相电流为

$$I_{\mathrm{YP}} = \frac{U_{\mathrm{YP}}}{|Z_{\mathrm{P}}|} = \frac{220}{10} \text{ A} = 22 \text{ A}$$

(2) 第三相负载短路时,线电压通过短路线直接加在第一相和第二相的负载两端,所以这两相的相电压等于线电压,即

$$U_1 = U_2 = 380 \text{ V}$$

从而求出相电流为

$$I_1 = I_2 = \frac{U_{\mathrm{P}}}{|Z_{\mathrm{P}}|} = \frac{380}{10} \text{ A} = 38 \text{ A}$$

(3) 第三相负载断路时,第一、二两相负载串联后接在线电压上,由于两相阻抗相等,所以相电压为线电压的一半,即

$$U_1 = U_2 = \frac{380}{2} \text{ V} = 190 \text{ V}$$

于是得到这两相的相电流为

$$I_1 = I_2 = \frac{U_{\mathrm{P}}}{|Z_{\mathrm{P}}|} = \frac{190}{10} \text{ A} = 19 \text{ A}$$

二、负载的三角形联结

将三相负载分别接在三相电源的两根相线之间的接法,称为三相负载的三角形联结,如图 10-8 所示。这时,不论负载是否对称,各相负载所承受的电压均为对称的电源线电压,即

$$U_{\triangle \mathrm{P}} = U_{\mathrm{L}}$$

从图 10-8 中可以看出,三相负载采用三角形联结时,相电流与线电流是不一样的。对于这种电路的每一相,可以按照单相交流电路的方法来计算相电流。若三相负载对称,则各相电流的大小相等,其值为

$$I_{\Delta P} = \frac{U_{\Delta P}}{|Z_P|}$$

同时,各相电流与各相电压的相位差也相同

$$\varphi_1 = \varphi_2 = \varphi_3 = \varphi_P = \arccos \frac{R_P}{|Z_P|}$$

所以三个相电流的相位差也互为 120°。各相电流的方向与该相的电压方向一致。

根据基尔霍夫第一定律可得

$$i_1 = i_{12} - i_{31}$$
$$i_2 = i_{23} - i_{12}$$
$$i_3 = i_{31} - i_{23}$$

由此可绘制出线电流和相电流的相量图,如图 10-9 所示。从图中可以看出:各线电流在相位上比各相应的相电流滞后 30°。又因为相电流是对称的,所以线电流也是对称的,即各线电流之间的相位差也都是 120°。

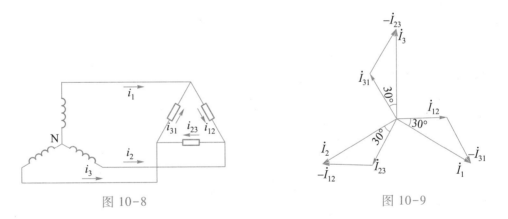

图 10-8   图 10-9

从相量图中还可得到线电流和相电流的大小关系(其方法与第一节中对线电压和相电压的分析相同),即

$$I_1 = 2I_{12} \cos 30° = 2I_{12} \frac{\sqrt{3}}{2} = \sqrt{3} I_{12}$$

则

$$I_{\Delta L} = \sqrt{3} I_{\Delta P}$$

上式说明,对称三相负载采用三角形联结时,线电流的有效值为相电流有效值的 $\sqrt{3}$ 倍,而且各线电流在相位上比各相应的相电流滞后 30°。

综上所述,三相负载既可以采用星形联结,也可以采用三角形联结。具体如何连接,应根据负载的额定电压和电源电压的数值而定,务必使每相负载所承受的电压等于额定电压。例如,对线电压为 380 V 的三相电源来说,当每相负载的额定电压为 220 V 时,负载应采用星形联结;当每相负载的额定电压为 380 V 时,则应采用三角形联结。

[例 2]　大功率三相电动机起动时,由于起动电流较大而采用降压起动,其方法之一是起动时将三相绕组接成星形,而在正常运行时改接为三角形。试比较当绕组采用星形联结和三角形联结时相电流的比值及线电流的比值。

解:当绕组采用星形联结时

$$U_{YP} = \frac{U_L}{\sqrt{3}}$$

$$I_{YL} = I_{YP} = \frac{U_{YP}}{|Z|} = \frac{U_L}{\sqrt{3}\,|Z|}$$

当绕组采用三角形联结时

$$U_{\Delta P} = U_L$$

$$I_{\Delta P} = \frac{U_{\Delta P}}{|Z|} = \frac{U_L}{|Z|}$$

$$I_{\Delta L} = \sqrt{3}\,I_{\Delta P} = \frac{\sqrt{3}\,U_L}{|Z|}$$

所以两种连接法相电流的比值为

$$\frac{I_{YP}}{I_{\Delta P}} = \frac{U_L/(\sqrt{3}\,|Z|)}{U_L/|Z|} = \frac{1}{\sqrt{3}}$$

线电流的比值为

$$\frac{I_{YL}}{I_{\Delta L}} = \frac{U_L/(\sqrt{3}\,|Z|)}{\sqrt{3}\,U_L/|Z|} = \frac{1}{3}$$

由此可见,三相电动机采用星形-三角形(Y-Δ)降压起动时的线电流仅是采用三角形联结起动时的线电流的三分之一。

第三节　三相电路的功率

三相电路的有功功率等于各相有功功率的总和,即

$$P = P_1 + P_2 + P_3$$

当三相负载对称时,各相有功功率相等,则总有功功率为一相有功功率的三倍,即

$$P = 3P_\text{P} = 3U_\text{P}I_\text{P}\cos\varphi_\text{P}$$

在一般情况下,相电压和相电流是不容易测量的,例如,三相电动机绕组采用三角形联结时,要测量它的电流就必须把绕组端部拆开。因此,通常是通过线电压和线电流来计算三相电路的功率的。

当负载采用星形联结时有

$$U_\text{YP} = \frac{U_\text{L}}{\sqrt{3}}, I_\text{YP} = I_\text{YL}$$

所以

$$P_\text{Y} = 3U_\text{YP}I_\text{YP}\cos\varphi_\text{P} = 3\frac{U_\text{L}}{\sqrt{3}}I_\text{YL}\cos\varphi_\text{P}$$

$$= \sqrt{3}\,U_\text{L}I_\text{YL}\cos\varphi_\text{P}$$

当负载采用三角形联结时有

$$U_{\Delta\text{P}} = U_\text{L}, I_{\Delta\text{P}} = \frac{I_{\Delta\text{L}}}{\sqrt{3}}$$

所以

$$P_\Delta = 3U_{\Delta\text{P}}I_{\Delta\text{P}}\cos\varphi_\text{P} = 3U_\text{L}\frac{I_{\Delta\text{L}}}{\sqrt{3}}\cos\varphi_\text{P}$$

$$= \sqrt{3}\,U_\text{L}I_{\Delta\text{L}}\cos\varphi_\text{P}$$

因此,三相对称负载不论采用星形联结或三角形联结,总的有功功率的公式可统一写成

$$P = \sqrt{3}\,U_\text{L}I_\text{L}\cos\varphi_\text{P}$$

必须指出,上面的公式虽然对星形联结和三角形联结的负载都适用,但决不能认为在线电压相同的情况下,将负载由星形联结改成三角形联结时,它们所耗用的功率相等。为了说明这个问题,请看下面的例子。

[例] 有一对称三相负载,每相的电阻为 $6\ \Omega$,电抗为 $8\ \Omega$,电源线电压为 $380\ \text{V}$,试计算负载采用星形联结和三角形联结时的有功功率。

解:每相负载的阻抗为

$$|Z| = \sqrt{R^2 + X^2} = \sqrt{6^2 + 8^2}\ \Omega = 10\ \Omega$$

采用星形联结时

$$U_\text{YP} = \frac{U_\text{L}}{\sqrt{3}} = \frac{380}{\sqrt{3}}\ \text{V} \approx 220\ \text{V}$$

$$I_\text{YL} = I_\text{YP} = \frac{U_\text{YP}}{|Z|} = \frac{220}{10}\ \text{A} = 22\ \text{A}$$

$$\cos \varphi_P = \frac{R}{|Z|} = \frac{6}{10} = 0.6$$

所以有功功率为

$$P_Y = \sqrt{3}\, U_L I_L \cos \varphi_P = \sqrt{3} \times 380 \times 22 \times 0.6 \ \text{W} \approx 8.7 \ \text{kW}$$

采用三角形联结时

$$U_{\Delta P} = U_L = 380 \ \text{V}$$

$$I_{\Delta P} = \frac{U_{\Delta P}}{|Z|} = \frac{380}{10} \ \text{A} = 38 \ \text{A}$$

$$I_{\Delta L} = \sqrt{3}\, I_{\Delta P} = \sqrt{3} \times 38 \ \text{A} \approx 66 \ \text{A}$$

负载的功率因数不变,所以有功功率为

$$P_{\Delta} = \sqrt{3}\, U_L I_L \cos \varphi_P = \sqrt{3} \times 380 \times 66 \times 0.6 \ \text{W} \approx 26 \ \text{kW}$$

由上面的计算可见,在相同的线电压下,负载采用三角形联结的有功功率是采用星形联结的有功功率的三倍。这是因为采用三角形联结时的线电流是采用星形联结时的线电流的三倍。

第四节　安　全　用　电

只有懂得安全用电常识,才能主动灵活地驾驭电,避免发生触电事故,危及人身安全。

一、电流对人体的作用

人体因触及高电压的带电体而承受过大的电流,以致引起死亡或局部受伤的现象称为触电。

触电对人体的伤害程度,与流过人体电流的频率和大小、通电时间的长短、电流流过人体的途径以及触电者本人的情况有关。触电事故表明,频率为 $50 \sim 100 \ \text{Hz}$ 的电流最危险,通过人体的电流超过 $50 \ \text{mA}$(工频)时,就会产生呼吸困难、肌肉痉挛、中枢神经遭受损害从而使心脏停止跳动以至死亡;电流流过大脑或心脏时,最容易造成死亡事故。

触电伤人的主要因素是电流,但电流值又取决于作用到人体上的电压和人体的电阻值。通常人体的电阻为 $800 \ \Omega$ 至几万欧不等,当皮肤出汗,有导电液或导电尘埃时,人体电阻将降低。若人体电阻以 $800 \ \Omega$ 计算,当触及 $36 \ \text{V}$ 电源时,通过人体的电流是 $45 \ \text{mA}$。对人体安全不构成威胁,所以规定 $36 \ \text{V}$ 以下的电压为安全电压。

常见的触电方式有单相触电和两相触电。人体同时接触两根相线,形成两相触电,这时人体受 $380 \ \text{V}$ 的线电压作用,最为危险。单相触电是人体在地面上,而触及一根相线,电流通过人体流入大地造成触电。此外,某些电气设备由于导线绝缘破损而漏电时,人体触及外壳也会发生触电事故。

二、常用的安全措施

为防止发生触电事故,除应注意开关必须安装在相线上以及合理选择导线与熔体外,还必须采取以下防护措施。

(1)正确安装用电设备　用电设备要根据说明和要求正确安装,不可马虎。带电部分必须有防护罩或放到不易接触到的高处,以防触电。

(2)电气设备的保护接地　把电气设备的金属外壳用导线和埋入地下的接地装置连接起来,称为保护接地,适用于中性点不接地的低压系统中。用电设备采用保护接地以后,即使外壳因绝缘不好而带电,这时工作人员碰到机壳就相当于人体和接地电阻并联,而人体的电阻远比接地电阻大,因此,流过人体的电流就很微小,保证了人身安全。

(3)电气设备的保护接零　保护接零就是在电源中性点接地的三相四线制中,把电气设备的金属外壳与中性线连接起来。这时,如果电气设备的绝缘损坏而碰壳,由于中性线的电阻很小,所以短路电流很大,立即使电路中的熔体烧断,切断电源,从而消除触电危险。

在单相用电设备中,则应使用三脚插头和三孔插座,如图10-10所示。正确的接法应把用电器的外壳用导线接在中间那个比其他两个粗或长的插脚上,并通过插座与保护接零或保护接地相连。

(4)使用漏电保护装置　漏电保护装置的作用首先是防止由漏电引起的触电事故和单相触电事故;其次是防止由漏电引起的火灾事故以及监视或切除一相接地故障。有的漏电保护装置还能切除三相电动机的断相运行故障。

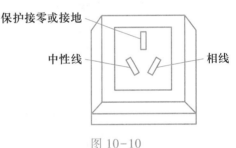

图 10-10

阅读与应用

一　发电、输电简介

1. 发电和输电

把其他形式的能量转换成电能的场所,称为发电站或发电厂。根据发电所用能源种类,发电厂可分为水力、火力、风力、核能、太阳能、沼气等几种。现在世界各国建造得最多的,主要是水力发电厂和火力发电厂。近几十年来,核电站也发展很快。

各种发电厂中的发电机几乎都是三相交流发电机。我国生产的交流发电机的电压等级有3.15 kV、6.3 kV、10.5 kV、15.75 kV 等多种。

大中型发电厂大多建在产煤地区或水力资源丰富的地区附近,距离用电地区往往是几十千米以至几千千米以上。因此,发电厂生产的电能要用高压输电线输送到用电地区,然后再降压分配给各用户。联系发电和用电设备的输配电系统称为电力网。

现在常常将同一地区的各种发电厂联合起来而组成一个强大的电力系统,这样可以提高各发电厂的设备利用率,合理调配各发电厂的负载,以提高供电的可靠性和经济性。

为了提高输电效率并减少输电线路上的损失,通常都采用升压变压器将电压升高后再进行远距离输电。送电距离越远,要求输电线的电压也就越高。目前我国远距离输电线的额定电压有 35 kV、110 kV、220 kV、330 kV、500 kV 等。

2. 工业企业配电

由输电线末端的变电所将电能分配给各工业企业和城市用户。电能输送到企业后,各企业都要进行变压或配电。进行接电、变压和配电的场所称为变电所。若只进行接电和配电,而不变压的场所就称为配电所。高压配电线路的额定电压有 3 kV、6 kV 和 10 kV 三种;低压配电线路的额定电压是 380 V/220 V。低压配电线路的连接方式有放射式和树干式两种。

当负载点比较分散而各个负载点又具有相当大的集中负载时,则采用放射式配电线路。这种配电方式的最大优点是供电可靠,维修方便,某一配电线路发生故障时不会影响其他线路。

树干式配电是将每个独立负载或一组集中负载按其所在位置,依次接到某一配电干线上。一般企业内部多采用树干式配电。这种线路比较经济,但当干线发生故障时,接在它上面的所有设备都要受影响。

二 熔 断 器

内熔断器是一种简便和有效的短路保护电器。熔断器内的主要部件是熔体,它由熔点较低的合金制成。它串联在被保护电路中,当电路发生短路或严重过载时,熔体因通过的电流增大而过热熔断,自动切断电路,以保护电气设备。常用的熔断器有插入式和螺旋式两类,如图 10-11 所示。

(a) 插入式

(b) 螺旋式

图 10-11

选择熔断器时,熔断器的额定电压应大于或等于线路的额定电压,熔断器的额定电流应大于或等于熔体的额定电流。熔体的额定电流则根据不同的负载及负载电流的大小来选定。对电阻性电路(如照明、电热等电路),熔体额定电流应等于或稍大于负载的额定电流;对于保护单台电动机的电路,熔体的额定电流应等于或大于电动机额定电流的 1.5~2.5 倍;对保护多台电动机的电路,熔体额定电流应等于或大于最大一台电动机额定电流的 1.5~2.5 倍和其余电动机额定电流之和。

熔体中的电流越大,熔体熔断的速度也就越快。通常熔体中的电流为其额定电流的 1.6 倍时,熔体在 1 h 以内熔断;通过熔体的电流达到额定电流的 2 倍时,熔体约在 30 s 内熔断。由此可见,熔断器对过载保护不很灵敏,仅在短路和严重过载时作用较显著。

三 漏电保护开关

漏电保护开关是为了防止人身触电和漏电火灾等事故而研制的一种电器。它除了起自动开关的作用外,还能在设备漏电或人身触电时迅速断开电路,保护人身和设备的安全,因而使用十分广泛。

漏电保护开关的基本工作原理和结构如图 10-12 所示。它由零序互感器 TAN、放大器 A 和主电路断路器 QF(含脱扣器 YR)三个主要部件组成。当设备正常工作时,主电路电流的相量和为零,零序互感器的铁心无磁通,其二次绕组没有感应电压输出,开关保持闭合。当被保护的电路漏电,或有人体触电电流 i_x 通过时,由于 i_x 取道大地为回路,于是主电路电流的相量和不再为零,零序互感器的铁心磁通有变化,其二次绕组有感应电压输出。当漏电电流达到一定值时,经放大器放大后足以使脱扣器 YR 动作,使断路器 QF 在 0.1 s 内跳闸,有效地起到触电保护的作用。在漏电保护开关上设有检验按钮,若按下按钮,开关动作,则证明其性能良好,一般要求至少每月检验一次。

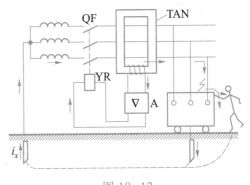

图 10-12

漏电保护开关的主要技术参数有漏电动作电流和动作时间。若用于保护手持电动工具、各种移动电器和家用电器,应选用额定漏电动作电流不大于 30 mA、动作时间不大于 0.1 s 的快速动作漏电保护开关。

本章小结

1. 由三相电源供电的电路为三相交流电路。如果三相交流电源的最大值相等、频率相同、相位互差 120°,则称为三相对称电源,其线电压与相电压的关系为

$$U_L = \sqrt{3} U_P$$

实际的三相发电机提供的都是对称三相电源。

2.三相负载的连接方式有两种:星形联结和三角形联结。对于任何一个电气设备,都要求每相负载所承受的电压等于它的额定电压。因此,当负载的额定电压为三相电源的线电压的 $\dfrac{1}{\sqrt{3}}$ 时,负载应采用星形联结;当负载的额定电压等于三相电源的线电压时,负载应采用三角形联结。

3.当三相负载对称时,则不论它是星形联结,还是三角形联结,负载的三相电流、电压均对称,所以三相电路的计算可归结为单相电路的计算,即

$$I_{\mathrm{P}} = \frac{U_{\mathrm{P}}}{|Z|}, \varphi_{\mathrm{P}} = \arctan\frac{X}{R}$$

而线电压与相电压、线电流与相电流之间的关系可见表10-1。

表 10-1

项目 连接方法	星形联结	三角形联结
线电压与相电压之间的关系	$U_{\mathrm{L}} = \sqrt{3}\,U_{\mathrm{P}}$,$U_{\mathrm{L}}$ 在相位上比对应的 U_{P} 超前 $30°$	$U_{\mathrm{L}} = U_{\mathrm{P}}$
线电流与相电流之间的关系	$I_{\mathrm{L}} = I_{\mathrm{P}}$	$I_{\mathrm{L}} = \sqrt{3}\,I_{\mathrm{P}}$,$I_{\mathrm{L}}$ 在相位上比对应的 I_{P} 滞后 $30°$

4.在负载采用星形联结时,若三相负载对称,则中性线电流为零,可采用三相三线制供电;若三相负载不对称,则中性线电流不等于零,只能采用三相四线制供电。这时要特别注意中性线上不能安装开关和熔断器。如果中性线断开,将造成各相负载两端电压不对称,负载不能正常工作,甚至产生严重事故。同时在连接三相负载时,应尽量使其对称以减小中性线电流。

5.三相对称电路的功率为

$$P = 3U_{\mathrm{P}}I_{\mathrm{P}}\cos\varphi_{\mathrm{P}} = \sqrt{3}\,U_{\mathrm{L}}I_{\mathrm{L}}\cos\varphi_{\mathrm{P}}$$

式中,每相负载的功率因数为

$$\cos\varphi_{\mathrm{P}} = \frac{R}{|Z|}$$

在相同的线电压下,负载采用三角形联结的有功功率是采用星形联结的有功功率的三倍,这是因为采用三角形联结时的线电流是采用星形联结时的线电流的三倍。

习题

1. 是非题

(1)三相对称电源输出的线电压与中性线无关,它总是对称的,也不因负载是否对称而变化。 (　　)

（2）三相四线制中性线上的电流是三相电流之和,因此中性线上的电流一定大于每根相线上的电流。 （　　）

（3）两根相线之间的电压称为相电压。 （　　）

（4）如果三相负载的阻抗值相等,即 $|Z_1| = |Z_2| = |Z_3|$,则它们是三相对称负载。 （　　）

（5）三相负载采用星形联结时,无论负载对称与否,线电流必定等于对应负载的相电流。 （　　）

（6）三相负载采用三角形联结时,无论负载对称与否,线电流必定是负载相电流的 $\sqrt{3}$ 倍。 （　　）

（7）三相电源线电压与三相负载的连接方式无关,所以线电流也与三相负载的连接方式无关。 （　　）

（8）相线上的电流称为线电流。 （　　）

（9）一台三相电动机,每个绕组的额定电压是 220 V,三相电源的线电压是 380 V,则这台电动机的绕组应采用星形联结。 （　　）

（10）在同一个三相电源作用下,同一个负载采用三角形联结时的线电流是采用星形联结时的 3 倍。 （　　）

（11）只要三相对称负载中的每相负载所承受的相电压相同,则无论采用三角形联结还是采用星形联结,其负载相电流和有功功率都相同。 （　　）

（12）照明灯开关一定要接在相线上。 （　　）

2. 选择题

（1）关于三相对称电动势正确的说法是（　　）。

A. 它们同时达到最大值　　　　　　　　　　B. 它们达到最大值的时间依次落后 1/3 周期

C. 它们的周期相同,相位也相同　　　　　　D. 它们因为空间位置不同,所以最大值也不同

（2）在三相对称电动势中,若 e_1 的有效值为 100 V,初相为零,角频率为 ω,则 e_2、e_3 可分别表示为（　　）。

A. $e_2 = 100\sin \omega t$ V,$e_3 = 100\sin \omega t$ V

B. $e_2 = 100\sin (\omega t - 120°)$ V,$e_3 = 100\sin (\omega t + 120°)$ V

C. $e_2 = 100\sqrt{2} \sin (\omega t - 120°)$ V,$e_3 = 100\sqrt{2} \sin (\omega t + 120°)$ V

D. $e_2 = 100\sqrt{2} \sin (\omega t + 120°)$ V,$e_3 = 100\sqrt{2} \sin (\omega t - 120°)$ V

（3）三相动力供电线路的电压是 380 V,则任意两根相线之间的电压称为（　　）。

A. 相电压,有效值为 380 V　　　　　　　　B. 线电压,有效值为 220 V

C. 线电压,有效值为 380 V　　　　　　　　D. 相电压,有效值为 220 V

（4）对称三相四线制供电线路,若端线上的一根熔体熔断,则熔体两端的电压为（　　）。

A. 线电压　　　　　B. 相电压　　　　　C. 相电压+线电压　　　　　D. 线电压的一半

（5）某三相电路中的三个线电流分别为 $i_1 = 18\sin (\omega t + 30°)$ A,$i_2 = 18\sin (\omega t - 90°)$ A,$i_3 = 18\sin (\omega t + 150°)$ A,当 $t = 7$ s 时,这三个电流之和 $i = i_1 + i_2 + i_3 = ($　　$)$。

A. 18 A　　　　　B. $18\sqrt{2}$ A　　　　　C. $18\sqrt{3}$ A　　　　　D. 0

（6）在三相四线制线路上,连接三盏相同的照明灯,它们都正常发光,如果中性线断开,则（　　）。

A. 三盏灯都将变暗　　　B. 灯将因过亮而烧毁　　　C. 仍能正常发光　　　D. 立即熄灭

（7）在上题中,若中性线断开且又有一相断路,则未断路的其他两相中的灯（   ）。

A. 将变暗　　　　　　　　　　　　　　B. 因过亮而烧毁

C. 仍能正常发光　　　　　　　　　　　D. 立即熄灭

（8）在第（6）题中,若中性线断开且又有一相短路,则其他两相中的灯（   ）。

A. 将变暗　　　　　　　　　　　　　　B. 因过亮而烧毁

C. 仍能正常发光　　　　　　　　　　　D. 立即熄灭

（9）三相对称负载采用三角形联结,接于线电压为 380 V 的三相电源上,若第一相负载处因故发生断路,则第二相和第三相负载的电压分别为（   ）。

A. 380 V、220 V　　　B. 380 V、380 V　　　C. 220 V、220 V　　　D. 220V、190 V

（10）在相同的线电压作用下,同一台三相异步电动机采用三角形联结所取用的功率是采用星形联结所取用功率的（   ）。

A. $\sqrt{3}$ 倍　　　　　B. 1/3　　　　　C. $1/\sqrt{3}$　　　　　D. 3 倍

3. 填空题

（1）三相交流电源是三个单相电源按一定方式进行的组合,这三个单相交流电源的_____、_____、_____。

（2）三相四线制是由_____和_____所组成的供电体系,其中相电压是指_____间的电压;线电压是指_____间的电压,且 $U_L = $ _____ U_P。

（3）若对称的三相交流电压 $u_1 = 220\sqrt{2}\sin(\omega t - 60°)$ V,则 $u_2 = $ _____ V,$u_3 = $ _____ V,$u_{12} = $ _____ V。

（4）三相负载的连接方式有_____联结和_____联结。

（5）目前我国低压三相四线制供电线路供给用户的线电压是_____ V,相电压是_____ V。

（6）对于任何一个电气设备,都要求每相负载所承受的电压等于它的额定电压。所以当负载的额定电压为三相电源线电压的 $1/\sqrt{3}$ 时,负载应采用_____联结;当负载额定电压等于三相电源线电压时,负载应采用_____联结。

（7）三相不对称负载采用星形联结时,中性线的作用是使负载相电压等于电源_____,从而保持三相负载电压总是_____,使各相负载正常工作。

（8）采用星形联结的对称三相负载,每相电阻为 24 Ω,感抗为 32 Ω,接在线电压为 380 V 的三相电源上,则负载的相电压为_____ V,相电流为_____ A,线电流为_____ A。

（9）有一台采用三角形联结的三相异步电动机,满载时电阻为 80 Ω,感抗为 60 Ω,由线电压为 380 V 的三相电源供电,则负载相电流为_____ A,线电流为_____ A,电动机取用功率为_____ W。

（10）在相同的线电压下,负载采用三角形联结的有功功率是采用星形联结的有功功率的_____倍,这是因为采用三角形联结时的线电流是采用星形联结时的线电流的_____倍。

4. 计算题

（1）已知某三相电源的相电压是 6 kV,如果绕组采用星形联结,它的线电压是多大? 如果已知 $u_1 = U_m \sin \omega t$ kV,写出所有的相电压和线电压的解析式。

（2）三相对称负载采用星形联结，接入三相四线制对称电源，电源线电压为 380 V，每相负载的电阻为 60 Ω，感抗为 80 Ω，求负载的相电压、相电流和线电流。

（3）在图 10-13 所示的三相四线制供电线路中，已知线电压是 380 V，每相负载的阻抗是 22 Ω，求：

① 负载两端的相电压、相电流和线电流；

② 当中性线断开时，负载两端的相电压、相电流和线电流；

③ 当中性线断开而且第一相短路时，负载两端的相电压和相电流。

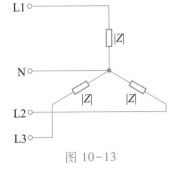

图 10-13

（4）采用三角形联结的对称负载，接于三相三线制的对称电源上。已知电源的线电压为 380 V，每相负载的电阻为 60 Ω，感抗为 80 Ω，求相电流和线电流。

（5）对称三相负载在线电压为 220 V 的三相电源作用下，通过的线电流为 20.8 A，输入负载的功率为 5.5 kW，求负载的功率因数。

（6）有一三相电动机，每相绕组的电阻是 30 Ω，感抗是 40 Ω，绕组采用星形联结，接于线电压为 380 V 的三相电源上，求电动机消耗的功率。

（7）三相电动机的绕组采用三角形联结，电源的线电压是 380 V，负载的功率因数是 0.8，电动机消耗的功率是 10 kW，求线电流和相电流。

（8）某幢大楼均用荧光灯照明，所有负载对称接在三相电源上，每相负载的电阻是 6 Ω，感抗是 8 Ω，相电压是 220 V，求负载的功率因数和所有负载消耗的有功功率。

（9）一台三相电动机的绕组采用星形联结，接在线电压为 380 V 的三相电源上，负载的功率因数是 0.8，消耗的功率是 10 kW，求相电流和每相的阻抗。

＊＊ 第十一章　变压器和交流电动机

学习指导

变压器和三相异步电动机在生产上的应用极为广泛,在学习时要按其结构、工作原理、特性和使用等几个方面来掌握。三相异步电动机有笼型和绕线式之分,它们的差别仅在于转子的结构不同,本章主要介绍笼型异步电动机。

本章的基本要求是:

1. 了解变压器的基本构造、工作原理、额定值以及外特性。

2. 掌握变压器的电压变换、电流变换和阻抗变换的关系。

3. 了解变压器的损耗和效率。

4. 了解几种常用变压器的结构特点、作用和使用时的注意问题。

5. 掌握三相异步电动机的构造、工作原理,并熟悉它的铭牌数据的意义。

6. 了解三相异步电动机起动、反转、调速和制动的基本原理与基本方法。

7. 了解单相异步电动机的构造、工作原理和用途。

第一节　变压器的构造

一、变压器的用途和种类

变压器是利用互感原理工作的电磁装置,它的符号如图 11-1 所示,T 是它的文字符号。

在日常生活和生产中,常常需用各种不同的交流电压。如工厂中常用的三相或单相异步电动机,它们的额定电压是 380 V 或 220 V;照明电路和家用电器的额定电压是 220 V;机床照明、低压电钻等,只需要 36 V 以下的电压;在电子设备中还需要多种电压;而交流电高压传输则需要用110 kV、220 kV 以上的电压输电。如果采用许多输出电压不同的发电机来分别供给这些负载,不但不经济、不方便,而且实际上也是不可能的。因此,实际上输电、配电和用电所需的各种不同的电压,都是通过变压器进行变换后而得到的。

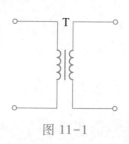

图 11-1

变压器除了可以变换电压之外,还可以变换电流(如变流器、大电流发生器),变换阻抗(如电子线路中输入、输出变压器),改变相位(如改变绕组的连接方法来改变变压器的极性)。由此可见,变压器是输配电、电子线路和电工测量中的十分重要的电气设备。

变压器的种类很多,常用的有:输配电用的电力变压器,电解用的整流变压器,实验用的调压变压器,电子技术中的输入、输出变压器等。虽然变压器种类很多,结构上也各有特点,但它们的基本结构和工作原理是类似的。

二、变压器的基本构造

变压器主要由铁心和绕组两部分组成。

铁心是变压器的磁路通道。为了减小涡流和磁滞损耗,铁心是用磁导率较高而且相互绝缘的硅钢片叠装而成的。每一钢片的厚度,在频率为 50 Hz 的变压器中约为 0.35~0.5 mm。通信用的变压器近来也常用铁氧体或其他磁性材料作铁心。

按照铁心构造形式,可分为心式和壳式两种。心式铁心成"口"字形,绕组包着铁心,如图 11-2(a)所示;壳式铁心成"日"字形,铁心包着绕组,如图 11-2(b)所示。

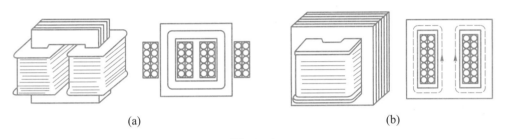

(a)   (b)

图 11-2

绕组是变压器的电路部分。绕组用具有良好绝缘的漆包线、纱包线或丝包线绕成。在工作时,和电源相连的绕组称为一次绕组,与负载相连的绕组称为二次绕组。通常电力变压器将电压较低的一个绕组安装在靠近铁心柱的内层,这是因为低压绕组和铁心间所需的绝缘比较简单,电压较高的绕组则安装在外面。用于频率较高的变压器,为了减少漏磁通和分布电容,常需要把一次、二次绕组分为若干部分,分格分层并交叉绕制。绝缘是制造变压器的主要问题,绕组的区间和层间都要绝缘良好,绕组和铁心、不同绕组之间更要绝缘良好。为了提高变压器的绝缘性能,在制造时还要进行去潮处理(浸漆、烘烤、灌蜡、密封等)。

除此之外,为了起到电磁屏蔽作用,变压器往往要用铁壳或铝壳罩起来,一次、二次绕组间往往加一层金属静电屏蔽层,大功率的变压器中还有专门设置的冷却设备等。

第二节　变压器的工作原理

变压器是按电磁感应原理工作的。如果把变压器的一次绕组接在交流电源上,在一次绕组中就有交流电流流过,交变电流将在铁心中产生交变磁通,这个变化的磁通经过闭合磁路同时穿过一次绕组和二次绕组。交变的磁通将在绕组中产生感应电动势,因此,在变压器一次绕组中产生自感电动势的同时,在二次绕组中也产生了互感电动势。这时,如果在二次绕组上接上负载,那么电能将通过负载转换成其他形式的能,如图 11-3 所示。

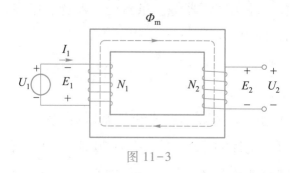

图 11-3

在一般情况下,变压器的损耗和漏磁通都是很小的。因此,下面在变压器铁心损耗、导线的铜损耗和漏磁通都不计的情况下(看作理想变压器),讨论变压器的几个作用。

一、变换交流电压

当变压器的一次绕组接上交流电压后,在一次、二次绕组中通有交变的磁通,若漏磁通略去不计,可以认为穿过一次、二次绕组的交变磁通相同,因而这两个绕组的每匝所产生的感应电动势相等。设一次绕组的匝数是 N_1,二次绕组的匝数是 N_2,穿过它们的磁通是 Φ,那么一次、二次绕组中产生的感应电动势分别是

$$E_1 = N_1 \frac{\Delta \Phi}{\Delta t}, E_2 = N_2 \frac{\Delta \Phi}{\Delta t}$$

由此可得

$$\frac{E_1}{E_2} = \frac{N_1}{N_2}$$

在一次绕组中,感应电动势 E_1 起着阻碍电流变化的作用,与加在一次绕组两端的电压 U_1 相平衡。一次绕组的电阻很小,如果略去不计,则有 $U_1 \approx E_1$。二次绕组相当于一个电源,感应电动势 E_2 相当于电源的电动势。二次绕组的电阻也很小,略去不计,二次绕组就相当于无内阻的电源,因而二次绕组两端的电压 U_2 等于感应电动势 E_2,即 $U_2 \approx E_2$。因此得到

$$\frac{U_1}{U_2} \approx \frac{N_1}{N_2} = K$$

式中,K 称为变压比。

可见,变压器一次、二次绕组的端电压之比等于这两个绕组的匝数比。如果 $N_2 > N_1$,U_2 就大于 U_1,变压器使电压升高,这种变压器称为升压变压器。如果 $N_1 > N_2$,U_1 就大于 U_2,变压器使电压降低,这种变压器称为降压变压器。

二、变换交流电流

由上面的分析知道,变压器能从电网中获取能量,并通过电磁感应进行能量转换后,再把电能输送给负载。根据能量守恒定律,在不计变压器内部损耗的情况下,变压器输出的功率和

它从电网中获取的功率相等,即 $P_1 = P_2$。根据交流电功率的公式 $P = UI\cos\varphi$ 可得,$U_1 I_1 \cos\varphi_1 = U_2 I_2 \cos\varphi_2$。式中,$\cos\varphi_1$ 是一次绕组电路的功率因数,$\cos\varphi_2$ 是二次绕组电路的功率因数,φ_1 和 φ_2 通常相差很小,在实际计算中可以认为它们相等,因而得到

$$U_1 I_1 \approx U_2 I_2$$

即

$$\frac{I_1}{I_2} \approx \frac{N_2}{N_1} = \frac{1}{K}$$

可见,变压器工作时一次、二次绕组中的电流跟绕组的匝数成反比。变压器的高压绕组匝数多而通过的电流小,可用较细的导线绕制;低压绕组匝数少而通过的电流大,应当用较粗的导线绕制。

三、变换交流阻抗

在电子线路中,常用变压器来变换交流阻抗。无论收音机还是其他电子装置,总希望负载获得最大功率,而负载获得最大功率的条件是负载电阻等于信号源的内阻,此时称为阻抗匹配。但在实际工作中,负载的电阻与信号源的内阻往往是不相等的,所以把负载直接接到信号源上不能获得最大功率。为此,就需要利用变压器来进行阻抗匹配,使负载获得最大功率。

设变压器一次侧的输入阻抗(即一次侧两端所呈现的等效阻抗)为 $|Z_1|$,二次侧的负载阻抗为 $|Z_2|$,则

$$|Z_1| = \frac{U_1}{I_1}$$

将 $U_1 \approx \frac{N_1}{N_2} U_2$,$I_1 \approx \frac{N_2}{N_1} I_2$,代入上式整理后得

$$|Z_1| \approx \left(\frac{N_1}{N_2}\right)^2 \frac{U_2}{I_2}$$

因为

$$\frac{U_2}{I_2} = |Z_2|$$

所以

$$|Z_1| \approx \left(\frac{N_1}{N_2}\right)^2 |Z_2| = K^2 |Z_2|$$

可见,在二次侧接上负载阻抗 $|Z_2|$ 时,就相当于使电源直接接上一个阻抗 $|Z_1| \approx K^2 |Z_2|$。

[例1] 有一电压比为 220 V/110 V 的降压变压器,如果在二次侧接上 55 Ω 的电阻时,求变压器一次侧的输入阻抗。

解1:首先求出二次电流

$$I_2 = \frac{U_2}{|Z_2|} = \frac{110}{55} \text{ A} = 2 \text{ A}$$

然后根据变压比求出一次电流

$$K = \frac{N_1}{N_2} \approx \frac{U_1}{U_2} = \frac{220}{110} = 2$$

$$I_1 \approx \frac{1}{K}I_2 = \frac{1}{2} \times 2 \text{ A} = 1 \text{ A}$$

所以,变压器一次侧的输入阻抗为

$$|Z_1| = \frac{U_1}{I_1} = \frac{220}{1} \text{ } \Omega = 220 \text{ } \Omega$$

解2:先求出变压比

$$K = \frac{N_1}{N_2} \approx \frac{U_1}{U_2} = \frac{220}{110} = 2$$

然后根据阻抗变换公式,直接求出变压器一次侧的输入阻抗为

$$|Z_1| \approx K^2|Z_2| = 4 \times 55 \text{ } \Omega = 220 \text{ } \Omega$$

[例2]　有一信号源的电动势为 1 V,内阻为 600 Ω,负载电阻为 150 Ω。欲使负载获得最大功率,必须在信号源和负载之间接一匹配变压器,使变压器的输入电阻等于信号源的内阻,如图 11-4 所示。问变压器的变压比,一次、二次电流各为多大?

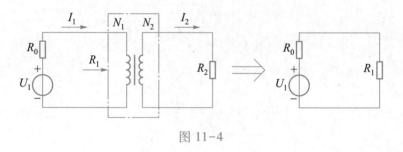

图 11-4

解:由题意可知,负载电阻 $R_2 = 150 \text{ } \Omega$,变压器的输入电阻 $R_1 = R_0 = 600 \text{ } \Omega$。应用变压器的阻抗变换公式,可求得变压比为

$$K = \frac{N_1}{N_2} \approx \sqrt{\frac{R_1}{R_2}} = \sqrt{\frac{600}{150}} = 2$$

因此,信号源和负载之间接一个变压比为 2 的变压器就能达到阻抗匹配的目的。这时变压器的一次电流

$$I_1 = \frac{E}{R_0 + R_1} = \frac{1}{600 + 600} \text{ A} \approx 0.83 \text{ mA}$$

二次电流

$$I_2 \approx \frac{N_1}{N_2}I_1 = 2 \times 0.83 \text{ mA} = 1.66 \text{ mA}$$

四、变压器的外特性和电压变化率

对负载来说,变压器相当于电源。作为一个电源,它的外特性是必须要考虑的。电力系统的用电负载是经常发生变化的,负载变化时,所引起的变压器二次电压的变化程度,既和负载的大小和性质(电阻性、电感性、电容性和功率因数的大小)有关,又和变压器本身的性质有关。为了说明负载对变压器二次电压的影响,可以绘制出变压器的外特性曲线,如图11-5所示。外特性就是当变压器的一次电压 U_1 和负载的功率因数 $\lambda = \cos \varphi$ 都一定时,二次电压 U_2 随二次电流 I_2 变化的关系。

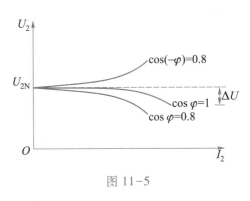

图 11-5

从图中可以看出,当 $I_2 = 0$(即变压器空载)时,$U_2 = U_{2N}$。当负载为电阻性和电感性时,随着负载电流 I_2 的增大,变压器二次电压逐渐下降。在相同的负载电流下,其电压下降的程度取决于负载的功率因数的大小,负载的功率因数越低,端电压下降越大。在电容性负载时[如 $\cos(-\varphi) = 0.8$],曲线上升,所以为了减小电压的变化,对电感性负载而言,可以在其两端并联电容器,以提高负载的功率因数。

变压器有负载时,二次电压变化的程度用电压变化率 ΔU 来表示。电压变化率是指变压器空载时二次端电压 U_{2N} 和有载时二次端电压 U_2 之差与 U_{2N} 的百分比,即

$$\Delta U = \frac{U_{2N} - U_2}{U_{2N}} \times 100\%$$

电压变化率是变压器的主要性能指标之一,人们总希望电压变化率越小越好,对于电力变压器来讲,一般在5%左右。

第三节　变压器的功率和效率

一、变压器的功率

变压器一次输入功率为

$$P_1 = U_1 I_1 \cos \varphi_1$$

式中,U_1 为一次电压,I_1 为一次电流,φ_1 为一次电压和电流的相位差。

变压器二次输出功率为

$$P_2 = U_2 I_2 \cos \varphi_2$$

式中,U_2 为二次电压,I_2 为二次电流,φ_2 为二次电压和电流的相位差。

输入功率和输出功率的差就是变压器所损耗的功率,即

$$P = P_1 - P_2$$

变压器的功率损耗包括铁损耗 P_{Fe}(磁滞损耗和涡流损耗)和铜损耗 P_{Cu}(绕组导线电阻的损耗),即

$$P = P_{Fe} + P_{Cu}$$

铁损耗和铜损耗可以用试验方法测量或计算求出,铜损耗($R_1I_1^2 + R_2I_2^2$)与一次、二次电流有关;铁损耗决定于电压,并与频率有关。基本关系是:电流越大,铜损耗越大;频率越高,铁损耗越大。

二、变压器的效率

和机械效率的意义相似,变压器的效率也就是变压器输出功率与输入功率的百分比,即

$$\eta = \frac{P_2}{P_1} \times 100\%$$

变压器效率较高,大容量变压器的效率可达 98% ~ 99%,小型电源变压器效率为 70% ~ 80%。

[例] 有一变压器的一次电压为 2 200 V,二次电压为 220 V,在接有纯电阻性负载时,测得二次电流为 10 A。若变压器的效率为 95%,试求它的损耗功率、一次功率和一次电流。

解:二次负载功率为

$$P_2 = U_2 I_2 \cos\varphi_2 = 220 \times 10 \text{ W} = 2\ 200 \text{ W}$$

一次功率为

$$P_1 = \frac{P_2}{\eta} = \frac{2\ 200}{0.95} \text{ W} \approx 2\ 316 \text{ W}$$

所以损耗功率为

$$P = P_1 - P_2 = (2\ 316 - 2\ 200) \text{ W} = 116 \text{ W} \cdot$$

一次电流为

$$I_1 = \frac{P_1}{U_1} = \frac{2\ 316}{2\ 200} \text{ A} \approx 1.05 \text{ A}$$

第四节 常用变压器

变压器的种类很多,除常见的电力变压器外,下面再介绍几种常用的变压器。

一、自耦变压器

若变压器的一次、二次绕组有一部分是共用的,这样的变压器称为自耦变压器,如图 11-6 所示。

设变压器一次绕组的匝数为 N_1，输入电压为 U_1，电流为 I_1；二次绕组匝数为 N_2，输出电压为 U_2，电流为 I_2，则一次、二次绕组端电压之间的关系仍为

$$\frac{U_1}{U_2} \approx \frac{N_1}{N_2} = K$$

若 N_1 和 U_1 固定不变，把活动接触点 B 向上或向下移动，可以改变 N_2 的大小，就可以改变输出电压。

图 11-6

一次、二次绕组中电流之间的关系仍为

$$\frac{I_1}{I_2} \approx \frac{N_2}{N_1} = \frac{1}{K}$$

或

$$I_1 \approx \frac{1}{K} I_2$$

因为电流 I_1 和 I_2 的相位差接近于 $180°$，所以在共用绕组 N_{BC} 内的电流等于 I_1 和 I_2 之差，即

$$I_{CB} = I_2 - I_1 = I_2 - \frac{1}{K} I_2 = \left(1 - \frac{1}{K}\right) I_2$$

可见，这部分的电流较小，尤其当变压比 K 接近于 1 时，这个特点更为明显。这样，BC 间绕组所用导线的横截面积，可以比普通变压器大大减小。

由此可见，和同样容量的普通变压器比较，自耦变压器用铜量较少，因此，质量轻、体积小，绕组内的铜损较小，从而具有较高的效率。

实验室中用来连续改变电源电压的调压变压器，就是一种自耦变压器，如图 11-7 所示。

(a) 外形图

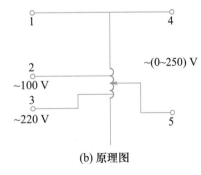

(b) 原理图

图 11-7

二、多绕组变压器

如果变压器的二次侧有两个以上的绕组或一次、二次都有两个以上的绕组，则这样的变压器称为多绕组变压器，如图 11-8 所示。这种变压器多用于各种电子设备中，输出多种电压。

多绕组变压器中,各绕组可以串联或并联使用。但要注意,绕组串联时应将绕组的异名端相接,绕组并联时应将绕组的同名端相接。例如,电源变压器为了配合 220 V 和 110 V 不同的电网电压使用,需设两个一次绕组,在接 220 V 电网电压时,将两个一次绕组串联;在接 110 V 电网电压时,将两个一次绕组并联。

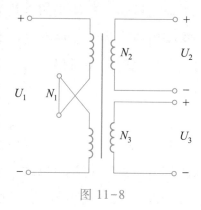

图 11-8

多绕组变压器各二次绕组和一次绕组的电压关系仍符合变压比的关系,即

$$\frac{U_1}{U_2} \approx \frac{N_1}{N_2}$$

$$\frac{U_1}{U_3} \approx \frac{N_1}{N_3}$$

多绕组变压器的一次电流可以由功率关系计算,设通过绕组 N_2 的电流为 I_2、功率为 P_2,通过绕组 N_3 的电流为 I_3、功率为 P_3,那么,一次功率和一次电流分别为

$$P_1 = \frac{P_2 + P_3}{\eta}$$

$$I_1 = \frac{P_1}{U_1 \cos \varphi_1}$$

三、互感器

互感器是一种专供测量仪表、控制设备和保护设备中使用的变压器。在高电压和大电流的电气设备和输电线中,是不能直接用仪表去测量电压、电流的。为此,必须用互感器将高电压、大电流变换为低电压、小电流,然后进行测量。这样做可以将仪表做得精密小巧,并能保证测量人员和仪表的安全。根据用途不同,互感器又可分为电压互感器和电流互感器两种。

电压互感器的工作原理与普通变压器一样。使用时,将匝数多的高压绕组跨接在需要测量的供电线路上,而匝数少的低压绕组则与电压表相连,如图 11-9 所示。因为

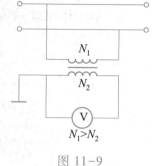

图 11-9

$$\frac{U_1}{U_2} \approx \frac{N_1}{N_2} = K$$

所以

$$U_1 \approx KU_2$$

可见,高压线路的电压 U_1 等于所测电压 U_2 和变压比的乘积。当电压表同一台专用的电压互感器配套使用时,电压表的刻度就可按电压互感器测定的高压值标出,这样,不经过计算就可

在电压表上直接读出高压线路的电压值。选择不同的 K 值,就可得到不同量程的交流电压表。

使用电压互感器时应注意:电压互感器二次绕组的阻抗很小,所以二次绕组不能短路,以防烧坏二次绕组;铁心和二次绕组一端必须可靠地接地,以防高压绕组绝缘破损时会造成设备的破坏和人身伤亡。

在使用电流互感器时,是将它的一次绕组与待测电流的负载相串联,二次绕组则与电流表串联成闭合回路,如图 11-10 所示。

电流互感器的一次绕组是用粗导线绕成的,一般只有一匝或几匝,二次绕组的匝数与一次相比要多一些。电流互感器的工作原理与一般变压器也相同,所以

$$\frac{I_1}{I_2} \approx \frac{N_2}{N_1} = \frac{1}{K}$$

即

$$I_1 \approx \frac{1}{K}I_2$$

由此可见,通过负载的电流就等于所测电流和变压比倒数的乘积。如果电流表同一台专用的电流互感器配套使用,这个电流表的刻度就可按电流互感器测定的大电流值标出。

在使用电流互感器时应特别注意,绝对不能让电流互感器的二次侧开路,这一点是与使用普通电源变压器不同的。因为在二次侧开路时,二次绕组两端将产生很高的感应电动势,容易造成危险。同时,电流互感器的铁心和二次绕组一端均应可靠接地,以防止绝缘破损引起设备破坏及人身事故。

常用的钳形电流表就是一种电流互感器,它是由一个同电流表接成闭合回路的二次绕组和一个铁心所构成,其铁心可开、可合。测量时,先松开铁心,把待测电流的一根导线放入钳口中,然后闭合铁心;这时在电流表上就可直接读出被测电流的大小,如图 11-11 所示。

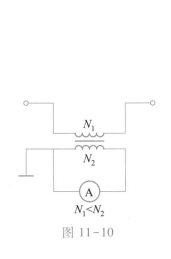

图 11-10

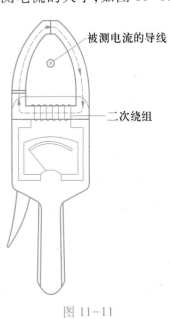

图 11-11

四、三相变压器

以上介绍的是单相变压器,由于现代电力供电系统采用三相四线制或三相三线制,所以三相变压器的应用很广。三相变压器实际上就是三个相同的单相变压器的组合,如图 11-12 所示,每个铁心柱上绕着同一相的一次和二次绕组。

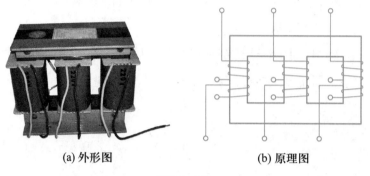

(a) 外形图　　　　　　　　(b) 原理图

图 11-12

根据三相电源和负载的不同,三相变压器一次和二次绕组既可以采用星形联结,也可采用三角形联结。

第五节　变压器的额定值和检验

一、变压器的额定值

变压器的运行情况分空载(无负载)运行和有负载运行。制造工厂所拟定的满负荷运行情况称为额定运行,额定运行的条件称为变压器的额定值。

额定容量——指二次最大视在功率,以 V·A(伏·安)或 kV·A(千伏·安)表示。

额定一次、二次电压——额定一次电压是指接到一次绕组电压的规定值;额定二次电压是指变压器空载时,一次侧加上额定电压后,二次侧两端的电压值。

额定电流——指规定的满载电流值。

变压器的额定值,决定于变压器的构造和所用的材料。使用变压器时一般不能超过其额定值,除此之外,还必须注意:

(1) 工作温度不能过高;

(2) 一次、二次绕组必须分清;

(3) 防止变压器绕组短路,以免烧毁变压器。

二、变压器的检验

对于成品变压器,在使用前必须进行认真细致的检验。由于变压器的用途不同,种类繁多,因此对它进行检验的内容和方式也不同,现仅以普通小型电源变压器为例,列出它的检验内容和方法。

（1）区分绕组、测量各绕组的直流电阻　测量各绕组的直流电阻值,看它是否符合原设计标准,根据此值和线径可以确定高、低压绕组。其方法是:线细、匝数多、电阻大的是高压绕组;线粗、匝数少、电阻小的是低压绕组。

（2）绝缘检查　用兆欧表测量各绕组之间、各绕组到地（铁心）之间的绝缘电阻值,这个绝缘电阻值视变压器的用途场合而定。对于一般小型电源变压器应在几十到一百多兆欧以上。

（3）各绕组的电压和变压比　首先,在一次侧接上低压（10 V 左右）,测量各绕组的电压数值,计算出变压比;然后在一次侧接上额定电压,测量各绕组的电压,看是否符合设计标准。一般来说,电压低是绕组匝数绕少了,电压高是绕组匝数绕多了。

（4）磁化电流 I_μ　变压器二次侧开路时的一次电流称为磁化电流。测量方法是把交流电流表串联在一次绕组中,一次侧接上额定电压,这时二次侧开路,电流表所指示的数值便是磁化电流 I_μ。I_μ 的数值一般为一次额定电流的 3%~8%,如果 I_μ 大于此值,表明一次绕组匝数绕少了（电感不够）,或者铁心结合处距离太大,或者铁心的磁导率太小。若发现磁化电流太大,变压器不能使用。

第六节　三相异步电动机

电动机是利用电磁感应原理,把电能转换为机械能,输出机械转矩的原动机。根据电动机所使用的电流性质可分为交流电动机和直流电动机两大类。交流电动机按所使用的电源相数可分为单相电动机和三相电动机两种,三相和单相电动机又分同步和异步两种。

异步电动机具有结构简单、工作可靠、使用和维修方便等优点,因此,在工农业生产和生活各方面都得到广泛的应用。本节介绍三相异步电动机。

一、三相异步电动机的构造

电动机由定子和转子两个基本部分组成,如图 11-13 所示。

三相异步电动机的定子由机座、铁心和定子绕组组成。机座通常用铸铁或铸钢制成,其作用是固定铁心和定子绕组,并以前后两个端盖支承转子轴,它的外表面铸有散热筋,以增加散热面积,提高散热效果。铁心是电动机的磁路部分,固定在机座内,由表面绝缘的硅钢片叠压而成,硅钢片的内圆上冲制有均匀分布的槽口,用以嵌放对称的三相定子绕组。定子绕组是电动机的电路部分,它由三相对称绕组组成,三相绕组按照一定的空间角度依次嵌放在定子槽内,并与铁心绝缘。三相绕组共有六个出线端引出机壳外,接在机座的接线盒中。每相绕组的首末端用符号 U1—U2、V1—V2、W1—W2 标记,在接线形式上要按电动机铭牌上的说明,接成星形或三角形。图 11-14(a)是定子绕组连成星形的连接图,图 11-14(b)是定子绕组连成三角形的连接图。

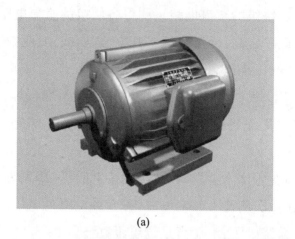

(a)

端盖

风扇

风罩

前轴承内盖　　　后轴承内盖
前轴承　　　转子　　　后轴承

接线盒
定子绕组　　　机座

(b)

图 11-13

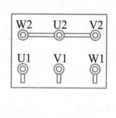
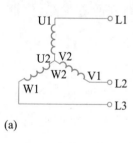

(a)

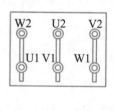
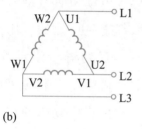

(b)

图 11-14

　　转子是异步电动机的旋转部分,由转轴、转子铁心和转子绕组三部分组成,它的作用是输出机械转矩。转子铁心是把相互绝缘的硅钢片压装在转子轴上的圆柱体,在硅钢片外圆上冲有均匀的沟槽,供嵌转子绕组用,称为导线槽。转子绕组根据构造的不同分为两种形式:绕线式和笼型。绕线转子绕组和定子绕组相似,在转子铁心导线槽内嵌放对称的三相绕组;笼型转子绕组是在转子导线槽内嵌放铜条或铝条,并在两端用金属环焊接而成,形似笼子,如图 11-15所示。其中,图 11-15(a)所示为笼型绕组结构,图 11-15(b)所示为铸铝笼型转子的外形。

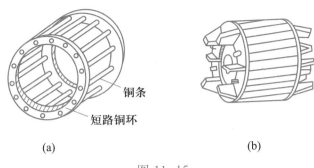

(a)   (b)

图 11-15

笼型转子与绕线转子只是在构造上不同,它们的工作原理相同。

二、旋转磁场的产生

对称三相电流通入在空间彼此相差 120° 的三个相同的绕组时,就能产生旋转磁场。三相异步电动机就是根据这一原理而工作的。为此,先介绍旋转磁场是怎样产生的。设对称三相电流为

$$i_1 = I_m \sin \omega t$$

$$i_2 = I_m \sin (\omega t - 120°)$$

$$i_3 = I_m \sin (\omega t + 120°)$$

图 11-16 所示为这组电流的波形曲线。现将这组电流 i_1、i_2 和 i_3 分别通入在空间位置上彼此相差 120°,而结构和形状完全相同的三个绕组 U1U2、V1V2 和 W1W2 中,如图 11-17 所示。为便于说明问题,在图 11-16 所示的电流波形曲线的横坐标上取 $\omega t = 0°$、90°、180°、270° 和 360° 五个瞬间,依次来研究 U1U2、V1V2 和 W1W2 三个绕组的合成磁场(注意合成磁场方向的变化)。这里,规定各相电流分别从绕组的首端(即 U1、V1 和 W1)流入,从绕组的末端(即 U2、V2 和 W2)流出的方向为各相电流的标定方向。

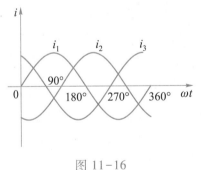

图 11-16

从图 11-16 所示的电流波形曲线可以看出,在 $\omega t = 0$ 的瞬间,电流 $i_1 = 0$,而 i_3 具有正值,i_2 具有负值,并且它们在数值上大小相等。因而绕组 U1U2 中无电流,而 i_2 从 V1V2 的 V2 端流入,V1 端流出;i_3 从 W1W2 的 W1 端流入,W2 端流出。根据右手螺旋定则可以确定三个绕组的合成磁场方向,它与 U1U2 的轴线重合指向左,如图 11-17(a)所示。

到 $\omega t = 90°$ 瞬间,i_1 到达了正的最大值,而 i_2 和 i_3 都变到了负值,且大小相等。因而 i_1 从 U1U2 的 U1 端流入,U2 端流出;i_2 从 V1V2 的 V2 端流入,V1 端流出;i_3 从 W1W2 的 W2 端流入,W1 端流出。根据右手螺旋定则确定,其合成磁场的方向垂直向上,如图 11-17(b)所示。

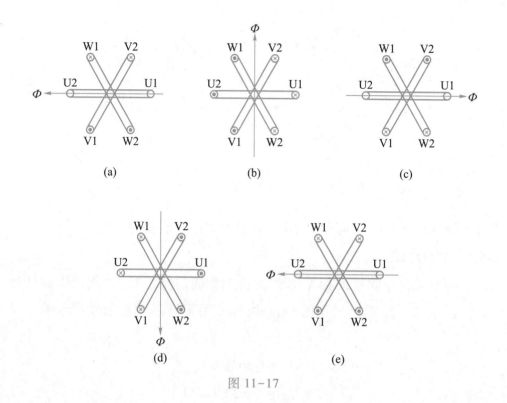

(a) (b) (c)

(d) (e)

图 11-17

同样可得,当 $\omega t = 180°$、$270°$ 和 $360°$ 三个瞬间的合成磁场方向,分别如图 11-17(c)(d)和(e)所示。

综上所述,可以得出结论:当空间彼此相差 $120°$ 的三个相同的绕组通入对称三相交流电时,就能够产生与电流有相同角速度的旋转磁场(即在一个周期内电流的相位变化了 $360°$,其合成磁场的方向在空间也旋转了 $360°$)。

旋转磁场的旋转方向与三相电源的相序一致。要使旋转磁场反转,只要改变电源的相序,即只要把接到三相绕组首端上的任意两根电源线对调,就可以实现旋转磁场的反转。改变异步电动机的转向,就是根据这一原理来实现的。

三、三相异步电动机的工作原理

如果三相异步电动机的定子绕组中通入对称三相正弦交流电,就会产生旋转磁场,由于旋转磁场与静止的转子绕组之间有相对运动,转子导体就切割旋转磁场的磁感线,其中就产生感应电动势。因为转子绕组是闭合的,所以转子绕组中便有电流流过。转子绕组中的电流一旦产生,立即又受到旋转磁场的电磁力的作用,于是,转子在电磁转矩的作用下,沿着旋转磁场的方向旋转起来,如图 11-18 所示。这就是三相异步电动机的工作原理。

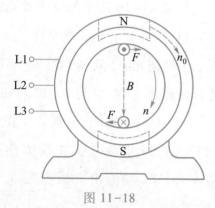

图 11-18

异步电动机的转速 n 必须小于旋转磁场的转速 n_0,闭合的转子绕组中才会有感应电流产生,并产生转矩使电动机旋转;如果 $n=n_0$，旋转磁场与转子绕组之间就无相对运动，此时闭合的转子绕组中就不会产生感应电流，因此，也不会产生转矩，电动机就不会转。因此，异步电动机转子的转速 n 小于旋转磁场的转速 n_0 是异步电动机工作的必要条件。异步电动机的名称也是由此而来，又由于转子的电流是电磁感应而产生的，因此，异步电动机又称为感应电动机。

从上面的分析可知，异步电动机的转动方向是与旋转磁场的转动方向一致的，如果旋转磁场的方向变了，转子的转动方向也要随着改变。

四、三相异步电动机的极数与转速

三相异步电动机的极数就是旋转磁场的极数，旋转磁场的极数和三相绕组的安排有关。在上述图 11-14 的情况下，每相绕组只有一个线圈，绕组的首端之间相差 120°，则产生的旋转磁场具有一对极，若用 p 表示磁极对数，则 $p=1$。如定子绕组每相有两个线圈串联，线圈的首端之间相差 60°，则产生的旋转磁场具有两对极，即 $p=2$。同理，如要产生三对极，即 $p=3$ 的旋转磁场，则每相绕组必须有均匀安排在空间的串联的三个线圈，线圈的首端之间相差 40°。

旋转磁场的转速则决定于磁场的极数。在一对极的情况下，当电流变化一个周期时，磁场恰好在空间旋转了一周。设交流电的频率为 f，则旋转磁场的转速为 $n_0=60f$。转速的单位是 r/min（转每分）。在旋转磁场具有两对极的情况下，当电流变化一个周期时，磁场仅旋转了半周，比 $p=1$ 情况下的转速慢了一半，即 $n_0=\dfrac{60f}{2}$。同理，在三对极的情况下，电流变化一个周期，磁场在空间仅旋转了 1/3 周，即 $n_0=\dfrac{60f}{3}$。由此推知，当旋转磁场具有 p 对极时，磁场的转速为

$$n_0=\frac{60f}{p}$$

因此，旋转磁场的转速决定于交流电的频率和磁极对数，而磁极对数又决定于三相绕组的安排情况。对某一异步电动机来讲，f 和 p 通常是一定的，所以磁场转速 n_0 是一个常数。

根据上面的分析，可以知道电动机的转速必须小于旋转磁场的转速，用转差率 s 来表示电动机转速 n 与旋转磁场转速 n_0 相差的程度，即

$$s=\frac{n_0-n}{n_0}\times 100\%$$

或

$$n=(1-s)n_0$$

转差率是异步电动机的一个重要的参数。由于三相异步电动机的额定转速与旋转磁场的转速很相近，所以它的转差率很小，通常异步电动机在额定负载时的转差率为 1%~9%。

五、三相异步电动机的铭牌

要正确使用电动机，必须要看懂铭牌。下面以 Y132M-4 型电动机为例，说明铭牌上各个

数据的意义,见表11-1。

表11-1

三相异步电动机					
型号	Y132M-4	功率	7.5 kW	频率	50 Hz
电压	380 V	电流	15.4 A	接法	△
转速	1 440 r/min	绝缘等级	B	工作方式	连续
年	月	编号		××电机厂	

此外,它的主要技术数据还有:功率因数 0.85,效率 87%。

(1)型号　为了适应不同用途和不同工作环境的需要,电动机制成不同的系列,每种系列用各种型号表示。例如,Y132M-4 的含义如下:

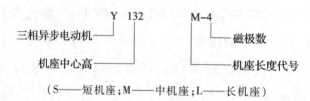

(S——短机座;M——中机座;L——长机座)

异步电动机的产品名称代号及其汉字意义见表11-2。

表11-2

产 品 名 称	新 代 号	汉 字 意 义	老 代 号
异步电动机	Y	异	J、JO
绕线转子异步电动机	YR	异绕	JR、JRO
防爆型异步电动机	YB	异爆	JB、JBS
高起动转矩异步电动机	YQ	异起	JQ、JQO

(2)电压　铭牌上所标的电压值是指电动机在额定运行时定子绕组上应加的线电压值。一般规定电动机的电压不应高于或低于额定值的 5%。

(3)电流　铭牌上所标的电流值是指电动机在额定运行时定子绕组的线电流值。

(4)功率和效率　铭牌上所标的功率值是指电动机在额定运行时轴上输出的机械功率值。输出功率与输入功率不等,其差值等于电动机本身的损耗功率,包括铜损耗、铁损耗和机械损耗等。输出功率与输入功率的比值就是电动机的效率。

以 Y132M-4 型电动机为例:

输入功率

$$P_1 = \sqrt{3}\, U_1 I_1 \cos\varphi = \sqrt{3} \times 380 \times 15.4 \times 0.85 \text{ W}$$

$$\approx 8.6 \text{ kW}$$

输出功率

$$P_2 = 7.5 \text{ kW}$$

效率

$$\eta = \frac{P_2}{P_1} \times 100\% = \frac{7.5}{8.6} \times 100\% \approx 87\%$$

一般笼型异步电动机在额定运行时的效率为 72%~93%。

（5）功率因数　因为电动机是电感性负载,定子相电流比相电压滞后一个 φ 角,$\lambda = \cos \varphi$ 就是电动机的功率因数。三相异步电动机的功率因数较低,在额定负载时为 0.7~0.9,而在轻载和空载时则更低。因此,必须正确选择电动机的容量,防止"大马拉小车",并力求缩短空载的时间。

（6）绝缘等级　绝缘等级是按电动机绕组所用的绝缘材料在使用时容许的极限温度来分级的。所谓极限温度,是指电动机绝缘结构中最热点的最高容许温度。一般分为三级:A 级极限温度为 105 ℃,E 级极限温度为 120 ℃,B 级极限温度为 130 ℃。

（7）接法　这是指定子三相绕组的接法。若铭牌上标明电压为 380 V,接法为 △ 时,就表明定子每相绕组的额定电压是 380 V,当电源线电压为 380 V 时,定子绕组应接成 △ 形;若铭牌上标明电压为 380 V/220 V,接法为 Y/△,就表明电动机每相定子绕组的额定电压是 220 V,所以,当电源线电压为 380 V 时,定子绕组应接成 Y 形,当电源线电压为 220 V 时,定子绕组应接成 △ 形。

（8）工作方式　这是指电动机的运转状态,通常分连续、短时和断续三种。

*第七节　三相异步电动机的控制

一、三相异步电动机的起动

电动机的起动就是将它开动起来。根据加在定子绕组上起动电压的不同,电动机的起动有全压起动和降压起动两种。

1. 全压起动

加在电动机定子绕组的起动电压是电动机的额定电压,这样的起动称为全压起动(又称为直接起动)。

在刚起动时,由于旋转磁场对静止的转子有着很大的相对转速,磁感线切割转子导体的速度很快,这时转子绕组中感应出的电动势和产生的转子电流都很大。和变压器的原理一样,转子电流很大,定子电流必然也很大,一般中小型笼型异步电动机的定子起动电流(指线电流)可达额定电流的 5~7 倍。

但是电动机的起动电流对线路是有影响的。过大的起动电流在短时间内会在线路上造成较大的电压降,而使负载端的电压降低,影响邻近负载的正常工作。此外,起动电流过大发出的热量会增多,当起动频繁时,由于热量的积累,可使电动机过热,影响电动机的使用寿命。因此,只有二三十千瓦以下的异步电动机才能采用全压起动。

2. 降压起动

如果电动机直接起动时所引起的线路电压降较大,则必须采用降压起动,就是在起动时降低加在电动机定子绕组上的电压,以减小起动电流。笼型异步电动机的降压起动常用串电阻降压起动、星-三角(Y-Δ)换接起动和自耦降压起动等方法,现简单介绍如下:

串电阻降压起动就是在电动机起动时将电阻串联在定子绕组与电源之间的起动方法,如图 11-19 所示。先合上电源开关 S1,由于定子绕组中串联了电阻,起到分压作用,所以这时定子绕组上所承受的电压不是额定电压而是额定电压的一部分,这样就限制了起动电流;当电动机的转速接近额定转速时,立即合上 S2,这时电阻被 S2 短接,定子绕组上的电压便上升到额定工作电压,电动机正常运转。

星-三角换接起动就是电动机在起动时把定子绕组连成星形,等到转速接近额定值时再换接成三角形的起动方法。这样,降压起动时的电流仅为直接起动时的三分之一(见第十章第二节例2)。必须指出,这种起动方法只适用于正常运行时定子绕组为三角形联结的电动机。

星-三角换接起动可采用星-三角起动器来实现。图 11-20 是一种星-三角起动器的接线简图。在起动时将手柄向右扳,使右边一排动触点与静触点相连,电动机就连成星形。等电动机接近额定转速时,将手柄往左扳,则使左边一排动触点与静触点相连,电动机换接成三角形。

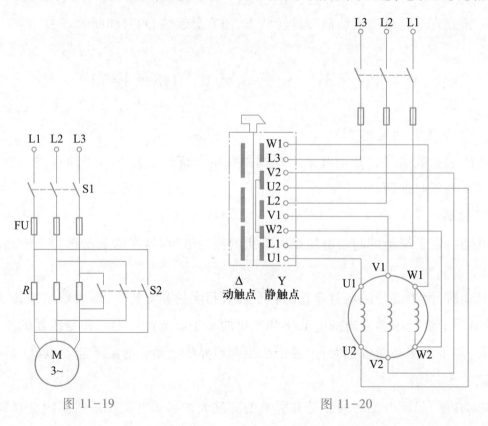

图 11-19 图 11-20

自耦降压起动是利用三相自耦变压器将电动机在起动过程中的端电压降低的起动方法，其接线如图 11-21 所示。起动时，先把开关 S2 扳到"起动"位置，当转速接近额定值时，将 S2 扳向"工作"位置，切除自耦变压器。

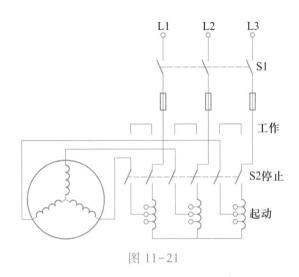

图 11-21

自耦降压起动适用于容量较大的或正常运行时定子绕组连成星形而不能采用星-三角起动器的笼型异步电动机。

二、三相异步电动机的调速

调速就是在同一负载下得到不同的转速，以满足生产过程的要求。由转差率公式

$$n = (1 - s)n_0 = (1 - s)\frac{60f}{p}$$

可知，调速有三种方法。

1. 变频调速

近年来变频调速技术发展很快，它由晶闸管整流器和晶闸管逆变器组成。整流器先将 50 Hz 的交流电变换为直流电，再由逆变器变换为频率可调、电压有效值也可调的三相交流电，供给三相异步电动机，由此可得到电动机的无级调速。

2. 变转差率调速

笼型异步电动机的转差率是不易改变的，所以这种调速方法只适用于绕线转子异步电动机。只要在绕线转子异步电动机的转子电路中接入一个调速电阻，改变电阻的大小，就可得到平滑的调速。

3. 变极调速

在制造电动机时，设计了不同的磁极对数，根据工作的需要只要改变定子绕组的连接方式，就能改变磁极的对数，使电动机得到不同的转速。

三、三相异步电动机的反转

由于异步电动机的旋转方向与旋转磁场的旋转方向一致，而磁场的旋转方向又与三相电

源的相序一致,所以要使电动机反转只需使旋转磁场反转。为此,只要将电源三根相线中任意两根对调即可。

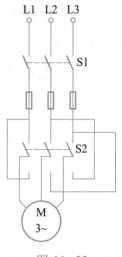

图 11-22 是电动机正反转控制的原理图。当开关 S2 向上接通时,通入电动机定子绕组的三相电源相序是 L1—L2—L3,则电动机正转,当开关 S2 向下接通时,通入电动机定子绕组的三相电源相序是 L1—L3—L2,则电动机反转。应该注意的是当电动机处于正转状态时,要使它反转,应先断开 S2 切断电源,使电动机停转,然后将开关 S2 向下接通,使电动机反转。切不可不停顿地将开关 S2 从上直接扳到下的位置,因为电源若是突然反接,会使电动机定子绕组中产生较大的电流,易使电动机定子绕组因过热而损坏。

图 11-22

四、三相异步电动机的制动

因为电动机的转动部分有惯性,所以把电源切断后,电动机还会继续转动一定时间才停止。为了缩短辅助工时,提高生产机械的生产率,并为了安全起见,往往要求电动机能迅速停车和反转,这就需要对电动机制动。对电动机制动,也就是使它的转矩与转子的转动相反。异步电动机的制动常用下列两种方法:

1. 反接制动

在电动机停车时,可将接到电源的三根相线中的任意两根的一端对调位置,使旋转磁场反向旋转,而转子由于惯性仍在原方向转动。这时的转矩方向与电动机的转动方向相反,因而起制动的作用。当转速接近零时,利用某种控制电器将电源自动切断,否则电动机将会反转。

由于在反接制动时旋转磁场与转子的相对转速(n_0+n)很大,因而电流较大。为了限制电流,对功率较大的电动机进行制动时,必须在定子电路(笼型)或转子电路(绕线转子)中接入电阻。

2. 能耗制动

这种制动方法就是在切断三相电源的同时,接通直流电源,使直流电流通入定子绕组,如图 11-23 所示。直流电流的磁场是固定不动的,而转子由于惯性继续在原方向转动,根据电磁感应原理可知,在转子电路中要产生感应电流,其方向可由右手定则确定,而感应电流一旦产生,马上要受到直流电磁场的作用,作用力的方向可用左手定则确定。不难确定,这时转子电流与直流电磁场相互作用产生的转矩方向,恰好与电动机转动的方向相反,因而起制动的作用。

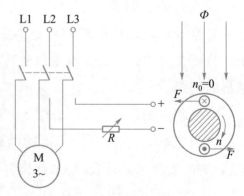

图 11-23

因为这种方法是用消耗转子的动能(转换为电能)来进行制动的,所以称为能耗制动。

第八节　单相异步电动机

用单相交流电源供电的电动机称为单相异步电动机,它被广泛用于日常生活、医疗器材和某些工业设备上,如电风扇、洗衣机、电冰箱、电钻和一些医疗器械中都用单相异步电动机提供动力,其功率较小,一般为几瓦至几百瓦。

单相异步电动机的构造和三相异步电动机相似,也是由定子和笼型转子两个基本部分组成。

一、单相异步电动机的工作原理

三相异步电动机定子绕组通过三相电流后,会产生旋转磁场,在旋转磁场的作用下,转子获得起动转矩而自行起动。单相异步电动机的定子绕组通以单相电流后,只会产生脉动磁场,磁场的强度和方向按正弦规律变化。当电流在正半周时,磁场方向垂直向上;当电流在负半周时,磁场方向垂直向下,所以说它是一个脉动磁场。

这个脉动磁场可以认为是由两个大小相等、转速相同、转向相反的旋转磁场所合成的。当转子静止时,两个旋转磁场分别在转子上产生两个转矩,其大小相等、方向相反,合转矩为零,所以转子不能自行起动。

如果用外力使转子顺时针转动一下,这时顺时针方向转矩大于逆时针方向转矩,转子就会按顺时针方向不停地旋转。当然,反方向旋转也是如此。

通过上述分析可知,单相异步电动机转动的关键是产生一个起动转矩,各种不同类型的单相异步电动机产生起动转矩的方法也不同。

二、单相电容式异步电动机

单相电容式异步电动机在定子上有两个绕组,一个称为工作绕组(也称为主绕组),另一个称为起动绕组(也称为副绕组),两个绕组在定子铁心上相差90°的空间角度,在起动绕组中还串联一个适当容量的电容器。图11-24所示是单相电容式异步电动机的原理图。

由同一单相电源向两个绕组供电,由于起动绕组中串联了一个电容器,使工作绕组中的电流 i_1 和起动绕组中的电流 i_2 产生一个相位差,适当选择电容,使 i_1 和 i_2 的相位差为90°。以起动绕组中的电流 i_2 为参考相量,则

$$i_1 = I_{1m} \sin (\omega t - 90°)$$

$$i_2 = I_{2m} \sin \omega t$$

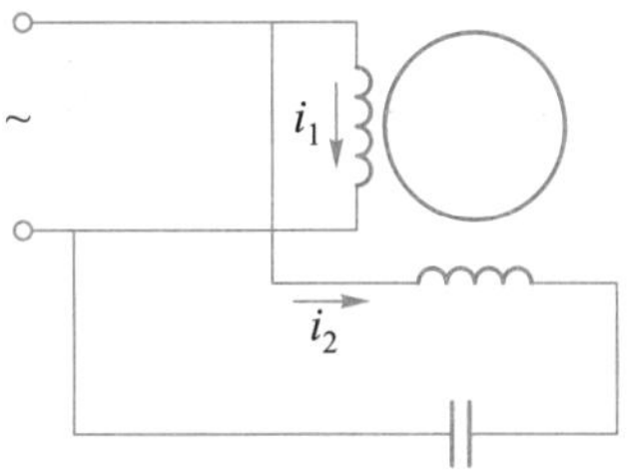

图 11-24

用类似三相旋转磁场的分析方法,绘制出 i_1 和 i_2 的波形图和旋转磁场图,如图11-25所示。相位差为90°的电流 i_1 和 i_2,流过空间相差90°的两个绕组,能产生一个旋转磁场。在旋转磁场的作用下,单相异步电动机转子得到起动转矩而转动。

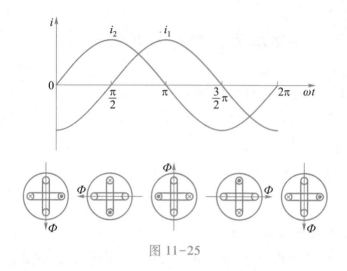

图 11-25

单相异步电动机的转向与旋转磁场的旋转方向相同,转速也低于旋转磁场的转速。应用改变定子绕组接线的方法,来改变旋转磁场的方向,也就改变了电动机的转动方向。

本章小结

1. 变压器是根据电磁感应原理制成的,它由铁心和绕组组成。铁心是变压器的磁路通道,为了减小涡流和磁滞损耗,铁心用磁导率较高而且相互绝缘的硅钢片叠装而成;绕组是变压器的电路部分。

2. 如果忽略变压器的损耗和漏磁通,电压、电流、阻抗之间满足下列关系:

$$\frac{U_1}{U_2} \approx \frac{N_1}{N_2} = K$$

$$\frac{I_1}{I_2} \approx \frac{N_2}{N_1} = \frac{1}{K}$$

$$|Z_1| \approx K^2 |Z_2|$$

3. 实际变压器的损耗有铜损耗和铁损耗。变压器的功率损耗即输入功率与输出功率之差,输出功率与输入功率的百分比就是变压器的效率,即

$$P = P_1 - P_2 = P_{Cu} + P_{Fe}$$

$$\eta = \frac{P_2}{P_1} \times 100\%$$

4. 常用变压器虽然种类不同、特点不同、用途不同,但是它们的基本工作原理均是相同的。

5. 三相异步电动机是利用电磁感应原理,把电能转换为机械能,输出机械转矩的原动机。它由定子和转子组成。定子由机座、铁心和定子绕组组成,作用是产生旋转磁场;转子由转轴、铁心和转子绕组组成,作用是输出机械转矩。转子绕组根据构造上的不同分为绕线转子和笼

型转子两种形式。

6. 旋转磁场的转速取决于交流电的频率和磁极对数,而磁极对数又取决于三相绕组的排列,即

$$n_0 = \frac{60f}{p}$$

7. 电动机的转速略小于旋转磁场的转速,这是异步电动机工作的必要条件,它们之间的相差程度用转差率表示,即

$$s = \frac{n_0 - n}{n_0} \times 100\%$$

或

$$n = (1 - s)n_0$$

8. 单相异步电动机接通单相交流电时,产生一个脉动磁场,起动转矩为零。常采用电容分相法使单相异步电动机起动。

 题

1. 是非题

(1) 在电路中所需的各种电压,都可以通过变压器变换获得。　　　　　　　　　　（　　）

(2) 同一台变压器中,匝数少、线径粗的是高压绕组;而匝数多、线径细的是低压绕组。（　　）

(3) 变压器二次绕组电流是从一次绕组传递过来的,所以 I_1 决定了 I_2 的大小。（　　）

(4) 变压器是可以改变交流电压而不能改变频率的电气设备。　　　　　　　　　　（　　）

(5) 作为升压用的变压器,其变压比 $K>1$。　　　　　　　　　　　　　　　　　　（　　）

(6) 因为变压器一次、二次绕组没有导线连接,故一次、二次绕组电路是独立的,相互之间无任何联系。

（　　）

(7) 三相异步电动机旋转磁场转向的变化会直接影响电动机转子的旋转方向。　　（　　）

(8) 当交流电频率一定时,异步电动机的磁极对数越多,旋转磁场转速就越低。　（　　）

(9) 电动机铭牌所标的电压值和电流值是指电动机在额定运行时定子绕组上应加的相电压值和相电流值。

（　　）

(10) 电动机铭牌所标的功率值是指电动机在额定运行时转子轴上输出的机械功率值。　（　　）

2. 选择题

(1) 变压器一次、二次绕组中不能改变的物理量是(　　)。

A. 电压　　　　　　　B. 电流　　　　　　　C. 阻抗　　　　　　　D. 频率

(2) 变压器铁心的材料是(　　)。

A. 硬磁性材料　　　　B. 软磁性材料　　　　C. 矩磁性材料　　　　D. 逆磁性材料

（3）用变压器改变交流阻抗的目的是（　　）。

A. 提高输出电压　　　　　　　　　　　　B. 使负载获得更大的电流

C. 使负载获得最大功率　　　　　　　　　D. 为了安全

（4）变压器中起传递电能作用的是（　　）。

A. 主磁通　　　　　B. 漏磁通　　　　　C. 电流　　　　　D. 电压

（5）一次、二次绕组有电联系的变压器是（　　）。

A. 双绕组变压器　　　B. 三相变压器　　　C. 自耦变压器　　　D. 互感器

（6）三相异步电动机旋转磁场方向决定于三相电源的（　　）。

A. 相序　　　　　B. 相位　　　　　C. 频率　　　　　D. 幅值

（7）三相异步电动机转差率 s 的变化范围是（　　）。

A. $0 \leq s \leq 1$　　　B. $0 \leq s < 1$　　　C. $0 < s < 1$　　　D. $0 < s \leq 1$

（8）关于三相异步电动机，下列叙述正确的是（　　）。

A. 额定转速指的是该电动机的同步转速

B. 额定转速指的是该电动机在额定工作状态下运行时的转速

C. 额定转速是一个与电动机负载大小无关的值

D. 额定转速是指该电动机可能达到的最高转速

（9）某三相异步电动机的额定电压为 220 V/380 V，接法为 △/Y，若采用星-三角换接降压起动，则起动时每相定子绕组承受的电压是（　　）。

A. 380 V　　　　　B. 220 V　　　　　C. 127 V　　　　　D. 110 V

（10）三相异步电动机星-三角降压起动时的电流是直接起动时的（　　）。

A. $\sqrt{3}$ 倍　　　B. 1/3　　　　C. 3 倍　　　　D. $1/\sqrt{3}$

3. 填空题

（1）变压器是根据_____原理工作的，其基本结构是由_____和_____组成。

（2）变压器除了可以改变交流电压外，还可以改变_____，变换_____和改变_____。

（3）一台理想变压器的一次电压为 3 000 V，变压比为 15，其二次电压为_____。若二次负载电阻 $R = 20\ \Omega$，则二次电流为_____A，一次电流为_____A。

（4）有一个晶体管收音机的输出变压器，一次绕组的匝数是 600 匝，二次绕组的匝数是 150 匝，则该变压器的变压比 $K =$_____；如果在二次侧接上音圈电阻为 8 Ω 的扬声器，这时变压器的输入阻抗是_____Ω。

（5）在使用电流互感器时应特别注意，绝对不能让二次侧_____，同时电流互感器的铁心和二次绕组均应可靠_____，以防止绝缘破损引起设备破坏及人身事故。

（6）转子是异步电动机的旋转部分，由_____、_____和_____三部分组成，它的作用是输出_____。转子绕组根据结构上的不同可分为_____和_____两种形式。

（7）异步电动机转子的转速_____旋转磁场的转速，这是异步电动机工作的必要条件，也是"异步"两字的由来。

（8）旋转磁场的转速取决于交流电的_____和_____,而_____又取决于三相绕组的排列。

（9）三相异步电动机调速有_____、_____和_____三种方法。

（10）单相异步电动机的转向与旋转磁场的旋转方向_____,应用改变_____的方法来改变旋转磁场的方向,也就改变了电动机的转动方向。

4.问答与计算题

（1）为了安全,机床上照明灯用的电压是 36 V,这个电压是把 220 V 的电压降压后得到的,如果变压器的一次绕组是 1 140 匝,二次绕组是多少匝? 用这台变压器给 40 W 的纯电阻用电器供电,如果不考虑变压器本身的损耗,一次、二次绕组的电流各是多少?

（2）某晶体管收音机的输出变压器,其一次绕组匝数为 230 匝,二次绕组匝数为 80 匝,原配接音圈阻抗为 8 Ω 的扬声器,现在要改接 4 Ω 的扬声器,问二次绕组应如何变动?

（3）阻抗为 8 Ω 的扬声器,通过一变压器接到信号源电路上,设变压器一次绕组匝数为 500 匝,二次绕组匝数为 100 匝,求:① 变压器一次输入阻抗;② 若信号源的电动势为 10 V,内阻为 200 Ω,输出到扬声器的功率是多大? ③ 若不经变压器,而把扬声器直接与信号源相接,输送到扬声器的功率又是多大?

（4）在 220 V 电压的交流电路中,接入一个变压器,它的一次绕组的匝数是 800 匝,二次绕组的匝数是 46 匝,二次绕组接在纯电阻用电器的电路上,通过的电流是 8 A。如果变压器的效率是 90%,求一次绕组中通过的电流是多大?

（5）如图 11-26 所示,一个电源变压器,一次绕组为 1 000 匝,接在 220 V 的交流电源上。它有两个二次绕组,一个电压为 36 V,接若干照明灯,共消耗功率 7 W;另一个电压为 12 V,也接若干照明灯,共消耗功率 5 W。如果不计变压器本身的损耗,求一次电流为多大? 两个二次绕组的匝数各为多少?

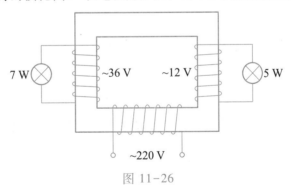

图 11-26

（6）一台容量为 15 kV·A 的自耦变压器,一次侧接在 220 V 的交流电源上,一次绕组匝数为 500 匝,如果要使二次输出电压为 150 V,求这时二次绕组的匝数。满载时一次、二次电路中的电流各是多大?

（7）一台三相六极异步电动机,频率为 50 Hz,铭牌电压为 380 V/220 V(指绕组额定电压为 220 V),若电源电压为 380 V,试决定定子绕组的接法,并求旋转磁场的转速。

（8）有一台三相八极异步电动机,频率为 50 Hz,额定转差率为 4%,电动机的转速是多大?

（9）一台额定电压为 380 V 的异步电动机,在某一负载下运行时,测得输入功率为 4 kW,线电流为 10 A,问这时电动机的功率因数为多大? 若这时测得输出功率为 3.2 kW,则效率为多大?

（10）在电源电压不变的情况下,如果电动机的三角形联结误接成星形联结,或者星形联结误接成三角形联结,其后果如何?

第十二章　非正弦周期电路

学习指导

分析非正弦周期电路,要应用正弦交流电路的基本定律,但是和正弦交流电路的分析方法还有不同之处。本章主要学习将一个非正弦周期量分解为直流分量和一系列频率不同的正弦分量进行分析的方法。这样就能运用正弦交流电路的分析计算方法来处理非正弦周期量的问题。

本章的基本要求是:

1. 了解非正弦周期电流的产生,以及在电子技术中的应用。

2. 了解一个非正弦周期量分解为直流分量和一系列频率不同的正弦分量。

3. 理解非正弦周期电流、电压的有效值和平均功率的概念,并掌握有效值和平均功率的计算。

第一节　非正弦周期量的产生

前几章所讨论的交流电路中,电流和电压都是按正弦规律变化的。但是在电子技术中还经常遇到不按正弦规律做周期性变化的电流或电压,称为非正弦周期电流或电压。

产生非正弦周期电流的原因很多,如有的设备采用产生非正弦周期电流的特殊电源(称为脉冲信号源)。例如,图 12-1 给出的几种非正弦周期电流就是由脉冲信号源产生的。三个波形分别是矩形波、锯齿波和尖顶脉冲。

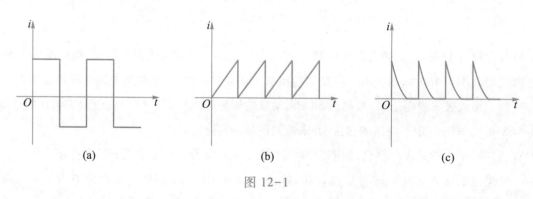

(a)　　　　　　　　(b)　　　　　　　　(c)

图 12-1

另外,当电路里有不同频率的电源共同作用时,也会产生非正弦周期电流。例如,将一个频率为 50 Hz 的正弦电压,与另一个频率为 100 Hz 的正弦电压加起来,就得到一个非正弦的周期电压。

若电路中存在非线性元件,即使电源是正弦的,也会产生非正弦周期电流。如图 12-2 所示的二极管整流电路就是这样,加在电路输入端的电压是正弦的,在正半周时二极管 VD1 导通,VD2 截止,这时负载两端的电压是正的;当电压为负半周时,二极管 VD2 导通,VD1 截止,这时负载两端电压也是正的。因此在负载上所输出的电压已不再是原来的正弦电压,而变为非正弦周期电压。这种非正弦周期电压的波形称为正弦整流全波。

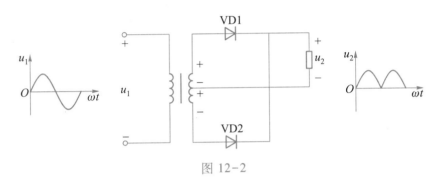

图 12-2

第二节　非正弦周期量的谐波分析

非正弦周期信号有着各种不同的变化规律,如何分析这样的电路呢? 理论分析和实验都可以证明,一个非正弦波的周期信号,可以看作由一些不同频率的正弦波信号叠加的结果,这一过程称为谐波分析。这样就能运用正弦交流电路的分析计算方法来处理非正弦信号的问题。

先做一个简单的实验,如图 12-3 所示,将两台音频信号发生器(频率为 20~20 000 Hz 的正弦信号发生器)串联,将 e_1 的频率调整在 100 Hz, e_2 的频率调整在 300 Hz,然后将 A、B 两个端点接到示波器的 Y 轴输入端,荧光屏上将直观地显示出 e_1 和 e_2 叠加后的波形,如图 12-4 所示。显然,任何非正弦的周期信号都可以被分解成几个不同频率的正弦信号。图 12-4 中的非正弦电动势 e,可以分解成正弦电动势 e_1 和 e_2,并可用函数式表示为

$$e = e_1 + e_2 = E_{1m}\sin \omega t + E_{2m}\sin 3\omega t$$

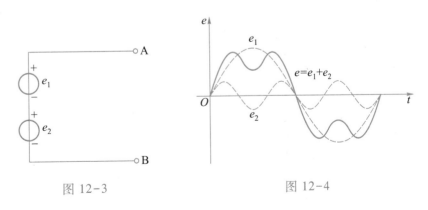

图 12-3　　　　　　　　　　图 12-4

因为 e 是 e_1 和 e_2 合成的,所以就把正弦信号 e_1 和 e_2 称为非正弦周期信号 e 的谐波分量。在谐波分量中,e_1 的频率与非正弦波的频率相同,这个正弦波称为非正弦波的基波或一次谐波;e_2 的频率为基波的三倍,称为三次谐波,凡某一谐波分量的频率是基波的几倍,就称为几次谐波。此外,非正弦波中还可能包含直流分量,直流分量可以看作频率为零的正弦波,所以也称为零次谐波。

非正弦波展开式的一般形式为

$$f(t) = A_0 + A_{1m}\sin(\omega t + \varphi_{01}) + A_{2m}\sin(2\omega t + \varphi_{02}) + \cdots + A_{km}\sin(k\omega t + \varphi_{0k})$$

式中,A_0——零次谐波(直流分量);

$A_{1m}\sin(\omega t + \varphi_{01})$——基波(交流分量);

$A_{2m}\sin(2\omega t + \varphi_{02})$——二次谐波(交流分量);

$A_{km}\sin(k\omega t + \varphi_{0k})$——$k$ 次谐波(交流分量)。

谐波分析就是对一个已知波形的信号,求出它所包含的各次谐波分量的振幅和初相,并且写出各次谐波分量的表达式,表 12-1 给出了几个简单的非正弦波的谐波分量的表达式。

表 12-1

名　称	波　形	谐波分量表达式
1	矩形波	$f(t) = \dfrac{4A}{\pi}\left(\sin \omega t + \dfrac{1}{3}\sin 3\omega t + \dfrac{1}{5}\sin 5\omega t + \cdots\right)$
2	等腰三角波	$f(t) = \dfrac{8A}{\pi^2}\left(\sin \omega t - \dfrac{1}{9}\sin 3\omega t + \dfrac{1}{25}\sin 5\omega t - \cdots\right)$
3	锯齿波	$f(t) = \dfrac{A}{2} - \dfrac{A}{\pi}\left(\sin \omega t + \dfrac{1}{2}\sin 2\omega t + \dfrac{1}{3}\sin 3\omega t + \cdots\right)$
4	正弦整流全波	$f(t) = \dfrac{4A}{\pi}\left(\dfrac{1}{2} + \dfrac{1}{3}\cos 2\omega t - \dfrac{1}{15}\cos 4\omega t + \dfrac{1}{35}\cos 6\omega t - \cdots\right)$

	名　称	波　形	谐波分量表达式
5	方形脉冲	$f(t)$ 图形	$f(t) = \dfrac{\tau A}{T} + \dfrac{2A}{\pi}\left(\sin\dfrac{\tau\pi}{T}\cos\omega t + \dfrac{1}{2}\sin\dfrac{2\tau\pi}{T}\cos 2\omega t + \dfrac{1}{3}\sin\dfrac{3\tau\pi}{T}\cos 3\omega t + \cdots\right)$
6	正弦整流半波	$f(t)$ 图形	$f(t) = \dfrac{2A}{\pi}\left(\dfrac{1}{2} + \dfrac{\pi}{4}\cos\omega t + \dfrac{1}{3}\cos 2\omega t - \dfrac{1}{15}\cos 4\omega t - \cdots\right)$

*第三节　非正弦周期量的有效值和平均功率

非正弦周期电流流经电阻 R 时,电阻就要消耗电能使它转换为热能。为了计算一个周期内的平均功率,和正弦交流电路一样,必须先求出非正弦周期电流的有效值。

一、有效值

非正弦周期电流的有效值是这样规定的:如果一个非正弦周期电流流经电阻 R 时,电阻上产生的热量和一个直流电流 I 流经同一电阻 R 时,在同样时间内所产生的热量相同,那么这个直流电流的数值 I,就称为该非正弦周期电流的有效值。

如果非正弦周期电流或电压的各个谐波成分都知道了,即设

$$i = I_0 + \sqrt{2}I_1\sin(\omega t + \varphi_{01}) + \sqrt{2}I_2\sin(2\omega t + \varphi_{02}) + \cdots$$

$$u = U_0 + \sqrt{2}U_1\sin(\omega t + \varphi_{01}) + \sqrt{2}U_2\sin(2\omega t + \varphi_{02}) + \cdots$$

式中,I_0、U_0 为直流分量,I_1、U_1、I_2、U_2、$\cdots$ 为各次谐波电流和电压的有效值,那么根据数学推导,可以得出非正弦周期电流和电压有效值的计算公式为

$$I = \sqrt{I_0^2 + I_1^2 + I_2^2 + \cdots}$$

$$U = \sqrt{U_0^2 + U_1^2 + U_2^2 + \cdots}$$

即非正弦周期电流或电压的有效值等于各次谐波分量有效值的平方和的平方根,而与各次谐波的初相无关。

二、平均功率

在正弦交流电路中,只有电阻消耗功率,电感和电容不消耗功率,这个结论对非正弦交流

电路仍然有效。

必须指出,这里所指的平均功率只适用于同频率的非正弦电压和电流。若把非正弦周期电流和电压分解成谐波以后,电路消耗的平均功率为

$$P = U_0 I_0 + U_1 I_1 \cos \varphi_1 + U_2 I_2 \cos \varphi_2 + U_3 I_3 \cos \varphi_3 + \cdots$$

式中,φ_1、φ_2、φ_3、$\cdots$为各次谐波电压和电流的相位差。从上式可以看到,除 $U_0 I_0$ 这一项外,每一项都代表同频率的谐波电压和谐波电流所产生的平均功率,它的计算方法和正弦交流电路中的计算方法相同。因此,非正弦周期电路消耗的平均功率就是各次谐波所产生的平均功率之和。

[例]　某一非正弦电压为 $u = [50+60\sqrt{2}\sin(\omega t+30°)+40\sqrt{2}\sin(2\omega t+10°)]$ V,电流为 $i = [1+0.5\sqrt{2}\sin(\omega t-20°)+0.3\sqrt{2}\sin(2\omega t+50°)]$ A,求平均功率和电压、电流的有效值。

解:先计算平均功率

$$P = U_0 I_0 + U_1 I_1 \cos \varphi_1 + U_2 I_2 \cos \varphi_2$$

$$= [50 \times 1 + 60 \times 0.5\cos(30°+20°) + 40 \times 0.3\cos(10°-50°)] \text{ W}$$

$$\approx (50 + 19.3 + 9.2) \text{ W} = 78.5 \text{ W}$$

然后计算电压和电流的有效值

$$U = \sqrt{U_0^2 + U_1^2 + U_2^2} = \sqrt{50^2 + 60^2 + 40^2} \text{ V} \approx 88 \text{ V}$$

$$I = \sqrt{I_0^2 + I_1^2 + I_2^2} = \sqrt{1^2 + 0.5^2 + 0.3^2} \text{ A} \approx 1.16 \text{ A}$$

本章小结

1. 不按正弦规律做周期性变化的电流或电压,称为非正弦周期电流或电压。

2. 不同频率正弦波的合成,可以得到非正弦波。反过来,一个非正弦波可以分解成为不同频率的正弦分量(正弦波),这些正弦分量称为谐波。

3. 非正弦量的有效值等于各次谐波分量有效值的平方和的平方根,即

$$I = \sqrt{I_0^2 + I_1^2 + I_2^2 + \cdots}$$

$$U = \sqrt{U_0^2 + U_1^2 + U_2^2 + \cdots}$$

4. 非正弦电路的平均功率为各次谐波所产生的平均功率之和,即

$$P = U_0 I_0 + U_1 I_1 \cos \varphi_1 + U_2 I_2 \cos \varphi_2 + \cdots$$

式中,φ_1、φ_2、φ_3、$\cdots$为各次谐波电压和电流的相位差。

习题

1. 是非题

(1) 两个同频率正弦交流电压之和仍是正弦交流电压。 （   ）

(2) 若电路中存在非线性元件,即使电源是正弦的,也会产生非正弦周期电流。 （   ）

(3) 非正弦周期电流或电压的有效值与各次谐波的初相无关。 （   ）

(4) 非正弦周期电路中,不同频率的电压和电流只产生瞬时功率,而不产生平均功率。 （   ）

(5) 非正弦周期电路的平均功率等于直流分量和各正弦谐波分量产生的平均功率之和。 （   ）

2. 选择题

(1) 对非正弦波进行谐波分析时,与非正弦周期波频率相同的分量称为（   ）。

A. 谐波   B. 直流分量   C. 基波   D. 二次谐波

(2) 非正弦周期电流和电压的有效值等于各次谐波分量（   ）平方和的平方根。

A. 有效值   B. 最大值   C. 平均值   D. 瞬时值

(3) 某一电压 $u = (20\sqrt{2} + 10\sqrt{2}\sin\omega t + 9\sin 3\omega t)$ V,则它的有效值为（   ）。

A. $\sqrt{20^2 + 10^2 + 9^2}$ V   B. $\sqrt{(20\sqrt{2})^2 + (10\sqrt{2})^2 + 9^2}$ V

C. $\sqrt{20^2 + 10^2 + (9/\sqrt{2})^2}$ V   D. $\sqrt{(20\sqrt{2})^2 + 10^2 + (9/\sqrt{2})^2}$ V

(4) 已知电路端电压 $u = (10 + 8\sin\omega t)$ V,电路中电流 $i = [6 + 4\sin(\omega t - 60°)]$ A,则电路消耗的功率为（   ）。

A. 68 W   B. 60 W   C. 76 W   D. 92 W

(5) 某电阻为 10 Ω,其上电压为 $u = [80\sin\omega t + 60\sin(3\omega t + 60°)]$ V,则此电阻消耗的功率为（   ）。

A. 1 400 W   B. 500 W   C. 220 W   D. 400 W

3. 填空题

(1) 不按正弦规律做_____变化的电流或电压,称为非正弦周期电流或电压。

(2) 一个非正弦波可以分解成为_____的正弦分量,这些正弦分量称为_____,它们的频率是非正弦周期波频率的_____倍。

(3) 有一个电压 $u = [50 + 120\sin\omega t + 60\sin 3\omega t + 30\sin(5\omega t + 60°) + \cdots]$ V,直流分量为_____,基波为_____,高次谐波为_____。

(4) 流过 5 Ω 电阻的电流为 $i = (10 + 14.14\sin 314t + 7.07\sin 628t)$ A,用电流表测量该电流,电流表的读数为_____A,该电阻消耗的功率为_____W。

(5) 有一单相变压器,一次绕组为 1 000 匝,二次绕组为 500 匝,该变压器的变压比为_____,若在一次绕组上加电压 $u = (10 + 20\sqrt{2}\sin 314t)$ V,则一次绕组上电压的有效值为_____V,二次绕组上电压的有效值为_____V。

4.问答与计算题

（1）什么是非正弦周期电流？它是怎样产生的？你能举出几种非正弦周期电流的例子吗？绘制出它们的波形图。

（2）什么是非正弦周期量的谐波分析法？

（3）非正弦周期电流的有效值是怎样规定的？写出非正弦周期电流、电压有效值的计算公式。电路消耗的平均功率是怎样计算的？

（4）在某一电路中，已知电路两端的电压是 $u=[50+20\sqrt{2}\sin(\omega t+20°)+6\sqrt{2}\sin(2\omega t+80°)]$ V，电路中的电流是 $i=[20+10\sqrt{2}\sin(\omega t-10°)+5\sqrt{2}\sin(2\omega t+20°)]$ A，求电压和电流的有效值以及电路消耗的平均功率。

** 第十三章 瞬 态 过 程

学习指导

含有储能元件即动态元件 L 和 C 的电路称为动态电路。不论是电阻电路还是动态电路,各支路电流和电压都遵从基尔霍夫定律。本章讨论具有一个动态元件的线性电路中出现的从一种稳定状态转变为另一种稳定状态的瞬态过程时电压、电流的变化规律。

本章的基本要求是:

1. 了解瞬态过程、换路定律和一阶电路初始值的计算。

2. 了解 RC 电路瞬态过程中电压和电流随时间而变化的规律,重在物理概念。能确定时间常数、初始值和稳态值三个要素,并了解其意义。

3. 了解 RL 电路瞬态过程中电压和电流随时间而变化的规律,重在物理概念。能确定时间常数、初始值和稳态值三个要素。

4. 了解用三要素法分析一阶电路的方法。

第一节　换 路 定 律

一、瞬态过程

瞬态过程曾称为过渡过程。一般地说,事物的运动和变化,通常都可以区分为稳态和瞬态两种不同的状态。例如,火车在车站发车时,从停车的稳态到每小时 80 km 匀速运动的稳态,需要经历一个加速运动的瞬态过程。又如,电动机起动前是静止不动的,是一种稳态,起动后,电动机的转速从零上升到某一稳定转速,则是另一种稳态。而电动机从静止加速到稳定转速,是必须经过一定时间的,在这段时间内,电动机的运行过程就是瞬态过程。总的说来,凡是事物的运动和变化,从一种稳态转换到另一种新的稳态,是不可能发生突变的,需要经历一定的过程(需要一定的时间),这个物理过程就称为瞬态过程。类似的现象在电路中也存在。

在第四章讲到电容器的充电和放电过程,就是一个瞬态过程。以图 13-1 所示的 RC 直流电路为例,当开关 S 处于打开状态时,不管电容器极板上有没有电荷量,电路中的电流 $i=0$,这时电路是稳定的。如果这时电容器极板上没有电荷量,即 $u_c=0$,当开关 S 闭合后,电源对电容器充电,电路中将流过

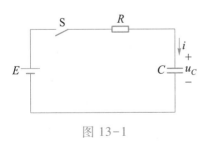

图 13-1

充电电流 i,这个电流将使电容器极板上不断积累电荷量,电容器上的电压 u_C 就从零开始逐渐上升,直到 $u_C = E$,这时 $i = 0$,充电结束。如果把 $u_C = 0$ 和 $u_C = E$ 看成开关 S 闭合前后的两个稳态,那么从前者到后者之间的变化过程就是瞬态过程。除了电源的接通会引起瞬态过程外,电源的切断、电路参数变化等因素,都可能在 RC 电路中引起瞬态过程。

再来看一个电感线圈与指示灯串联后接通直流电源的例子。接通电源以前,电路中没有电流,指示灯是不亮的,这是一种稳态。当开关闭合接通电源后,指示灯慢慢亮起来,达到某一亮度后,就维持这一亮度,说明电路中维持一恒定电流,这又是一种稳态。而指示灯从不亮(电路中无电流)到维持一定亮度(电路中维持一恒定电流)是经过一定时间的,这就是 RL 电路接通直流电源的瞬态过程。

综上所述,引起电路瞬态过程的原因有两个,即外因和内因。电路的接通或断开、电源的变化、电路参数的变化、电路的改变等都是外因;内因即电路中必须含有储能元件(或称为动态元件)。

引起瞬态过程的电路变化称为换路。

二、换路定律

瞬态过程的产生是由于物质具有的能量不能跃变而造成的。因为自然界的任何物质在一定的稳态下,都具有一定的能量,当条件改变,能量随着改变,但是能量的积累或衰减是需要一定时间的。在前面所举的例子中,火车的速度和电动机的转速不能跃变,就是因为它们的动能不能跃变。

由于电路的接通、切断、电源的变化、电路参数的变化(即换路),使电路中的能量发生变化,但这种变化也是不能跃变的。在电容元件中,储有电场能量 $\frac{1}{2}Cu_C^2$,当换路时,电场能量不能跃变,这反映在电容上的电压 u_C 不能跃变。在电感元件中,储有磁场能量 $\frac{1}{2}Li_L^2$,当换路时,磁场能量不能跃变,这反映在电感中的电流 i_L 不能跃变。

设 $t = 0$ 为换路瞬间,而以 $t = 0_-$ 表示换路前的终了瞬间,$t = 0_+$ 表示换路后的初始瞬间。从 $t = 0_-$ 到 $t = 0_+$ 瞬间,电容元件上的电压和电感元件中的电流不能跃变,这称为换路定律。用公式表示为

$$u_C(0_+) = u_C(0_-)$$

$$i_L(0_+) = i_L(0_-)$$

在换路前,如果储能元件没有储能,那么在换路的一瞬间,$u_C(0_+) = u_C(0_-) = 0$,电容相当于短路;$i_L(0_+) = i_L(0_-) = 0$,电感相当于开路。

必须指出的是:在电路换路时,只有电感中的电流和电容上的电压不能跃变,电路中其他部分的电压和电流都可能跃变。

三、电压、电流初始值的计算

在分析电路的瞬态过程时,换路定律和基尔霍夫定律是两个重要依据,可以用来确定瞬态过程的初始值($t=0_+$时的值)。其步骤是:首先根据换路定律求出 $u_C(0_+)$ 和 $i_L(0_+)$,然后根据基尔霍夫定律及欧姆定律求出其他有关量的初始值。

[例1] 如图 13-2 所示的电路中,已知 $E=12$ V,$R_1=3$ kΩ,$R_2=6$ kΩ,开关 S 闭合前,电容两端电压为零,求开关 S 闭合后各元件电压和各支路电流的初始值。

解:选定有关电流和电压的参考方向,如图 13-2 所示。开关 S 闭合前

$$u_C(0_-)=0$$

当开关 S 闭合后,根据换路定律

$$u_C(0_+)=u_C(0_-)=0$$

在 $t=0_+$ 时刻,应用基尔霍夫定律,有

$$u_{R1}(0_+)=E=12 \text{ V}$$

$$u_{R2}(0_+)+u_C(0_+)=E$$

$$u_{R2}(0_+)=12 \text{ V}$$

所以

$$i_1(0_+)=\frac{u_{R1}(0_+)}{R_1}=\frac{12}{3\times 10^3} \text{ A}=4 \text{ mA}$$

$$i_C(0_+)=\frac{U_{R2}(0_+)}{R_2}=\frac{12}{6\times 10^3} \text{ A}=2 \text{ mA}$$

则

$$i(0_+)=i_1(0_+)+i_C(0_+)=6 \text{ mA}$$

[例2] 如图 13-3 所示电路中,已知 $E=100$ V,$R_1=10$ Ω,$R_2=15$ Ω,开关 S 闭合前,电路处于稳态,求开关 S 闭合后各电流及电感上电压的初始值。

解:选定有关电流和电压的参考方向,如图 13-3 所示。
由于开关 S 闭合前,电路处于稳态,这时电感相当于短路,则

$$i_L(0_-)=\frac{E}{R_1+R_2}=\frac{100}{10+15} \text{ A}=4 \text{ A}$$

开关 S 闭合后,R_2 被短路,根据换路定律,有

$$i_2(0_+)=0$$

$$i_L(0_+)=i_L(0_-)=4 \text{ A}$$

在 $t=0_+$ 时刻,应用基尔霍夫定律,有

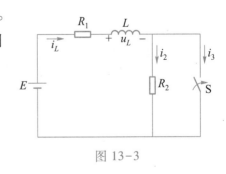

图 13-3

$$i_L(0_+) = i_2(0_+) + i_3(0_+)$$

$$R_1 i_L(0_+) + u_L(0_+) = E$$

所以

$$i_3(0_+) = i_L(0_+) = 4 \text{ A}$$

$$u_L(0_+) = E - R_1 i_L(0_+) = (100 - 10 \times 4) \text{ V} = 60 \text{ V}$$

第二节　RC 电路的瞬态过程

一、RC 电路的充电

在图 13-1 中,当开关 S 刚合上时,电容器上还没有电荷,它的电压 $u_C(0_+) = 0$,此时 $u_R(0_+) = E$,电路中的起始充电电流 $i(0_+)$ 为

$$i(0_+) = \frac{E}{R}$$

当电路里有了电流,电容器极板上就开始积累电荷,电容器上的电压 u_C 就随时间逐渐上升,由于 $E = u_C + u_R$,因此随着 u_C 的升高,电阻两端电压 u_R 就不断减小。根据欧姆定律 $i = \dfrac{u_R}{R}$ 可知,充电电流 i 也随着变小。充电过程延续到一定时间以后,u_C 增加到趋近于电源电压 E,则充电电流趋近于零,充电过程基本结束。

由于电容器两端电压与电容、电流的关系为

$$i = \frac{\Delta q}{\Delta t} = C \frac{\Delta u_C}{\Delta t}$$

将上式代入 $E = u_C + u_R = u_C + Ri$ 中,得

$$E = u_C + RC \frac{\Delta u_C}{\Delta t}$$

数学上可以证明它的解为

$$u_C = E(1 - e^{-\frac{t}{RC}})$$

将上式代入 $i = \dfrac{u_R}{R} = \dfrac{E - u_C}{R}$ 中,得

$$i = \frac{E}{R} e^{-\frac{t}{RC}}$$

式中,E、R、C 在具体电路中是常数。根据 u_C 和 i 两个函数式,可以绘成函数曲线,如图 13-4 所示。

在 u_C 和 i 的两个式子中都含有指数函数项 $e^{-\frac{t}{RC}}$,在这个指数函

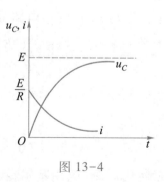

图 13-4

数中,由 R 与 C 乘积构成的常数 $[RC] = [\Omega \cdot F] = \left[\Omega \cdot \dfrac{C}{V}\right] = \left[\dfrac{C}{A}\right] = [s]$,具有时间的量纲,其单位是 s,所以称为时间常数,以 τ 表示,即

$$\tau = RC$$

理论上,按照指数规律,需要经过无限长的时间,瞬态过程才能结束。但当 $t = (3 \sim 5)\tau$ 时,电容上的电压已达 $(0.95 \sim 0.99)E$,见表 13-1,通常认为电容器充电基本结束,电路进入了稳态。

表 13-1

t	0	0.8τ	τ	2τ	2.3τ	3τ	5τ
$i = \dfrac{E}{R}\mathrm{e}^{-\frac{t}{\tau}}$	$\dfrac{E}{R}$	$0.45\dfrac{E}{R}$	$0.37\dfrac{E}{R}$	$0.14\dfrac{E}{R}$	$0.1\dfrac{E}{R}$	$0.05\dfrac{E}{R}$	$0.01\dfrac{E}{R}$
$u_C = E(1 - \mathrm{e}^{-\frac{t}{\tau}})$	0	$0.55E$	$0.63E$	$0.86E$	$0.9E$	$0.95E$	$0.99E$

从该表中可以看出,当 $t = \tau$ 时,充电电流 i 恰好减小到其初始值 E/R 的 37%。因此,时间常数 τ 是瞬态过程已经变化了总变化量的 63%(下余 37%)所经过的时间。时间常数 τ 越大,则充电的速度越慢,瞬态过程越长,这就是时间常数的物理意义。

[例1]　在图 13-1 所示的电路中,已知 $E = 100$ V,$R = 1$ MΩ,$C = 50$ μF,当 S 闭合后经过多少时间电流 i 减小到其初始值的一半?

解:i 的初始值的一半为 $\dfrac{E}{R} \times 0.5 = 100 \times 0.5$ μA $= 50$ μA,将它代入 $i = \dfrac{E}{R}\mathrm{e}^{-\frac{t}{RC}}$ 中,得

$$50 = 100\mathrm{e}^{-\frac{t}{50}}$$

即

$$\mathrm{e}^{-\frac{t}{50}} = 0.5$$

$$\frac{t}{50} = 0.693$$

所以

$$t = 50 \times 0.693 \text{ s} \approx 34.7 \text{ s}$$

即开关闭合后,经 34.7 s 时,电流 i 正好减小到其初始值 100 μA 的一半。

二、RC 电路的放电

在 RC 电路中,当电容器充电至 $u_C = E$ 以后,将电路突然短接(开关 S 由接点 1 扳到接点 2),如图 13-5 所示,电容器就要通过电阻 R 放电。放电起始时,电容两端电压为 E,放电电流大小为 E/R。实验和理论推导都可以证明,电路中的电流 i、电阻上的电压 u_R 及电容上的电压 u_C 在瞬态过程中,仍然都是按指数规律变化的,直到最后电容器上电荷放尽,i、u_R 和 u_C 都等于

零,即

$$i = -\frac{E}{R}e^{-\frac{t}{\tau}}$$

$$u_R = -Ee^{-\frac{t}{\tau}}$$

$$u_C = Ee^{-\frac{t}{\tau}}$$

式中,$\tau = RC$ 是电容器放电回路的时间常数。

u_C 和 i 随时间 t 变化的函数曲线如图 13-6 所示。

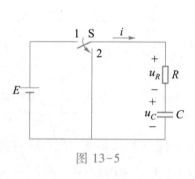

图 13-5

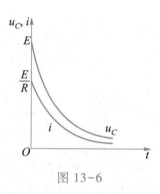

图 13-6

[例 2] 图 13-7 所示的电路中,已知 $C = 0.5$ μF,$R_1 = 100\ \Omega$,$R_2 = 50\ \mathrm{k}\Omega$,$E = 200$ V,当电容器充电至 200 V 后,将开关 S 由接点 1 转向接点 2,求初始电流、时间常数以及接通后经过多长时间电容器电压降至 74 V。

解:初始电流为

$$i(0_+) = \frac{u_C(0_+)}{R_2} = \frac{200}{50 \times 10^3}\ \mathrm{A} = 4 \times 10^{-3}\ \mathrm{A}$$

时间常数为

$$\tau = R_2C = 50 \times 10^3 \times 0.5 \times 10^{-6}\ \mathrm{s} = 25\ \mathrm{ms}$$

根据

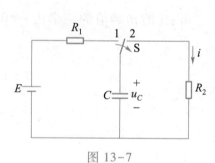

图 13-7

$$u_C = u_C(0_+)e^{-\frac{t}{\tau}}$$

即

$$e^{-\frac{t}{\tau}} = \frac{u_C}{u_C(0_+)} = \frac{74}{200} = 0.37$$

得电压降至 74 V 的时间为

$$\frac{t}{\tau} = 1$$

$$t = \tau = 25\ \mathrm{ms}$$

第三节　RL 电路的瞬态过程

一、RL 电路接通电源

在图 13-8 所示的 RL 串联电路中，S 刚刚闭合时，电路中的电流因受电感的作用，不会一下子由零变到稳定值，这时电路的方程为

$$u_R + u_L = E$$

即

$$Ri + L\frac{\Delta i}{\Delta t} = E$$

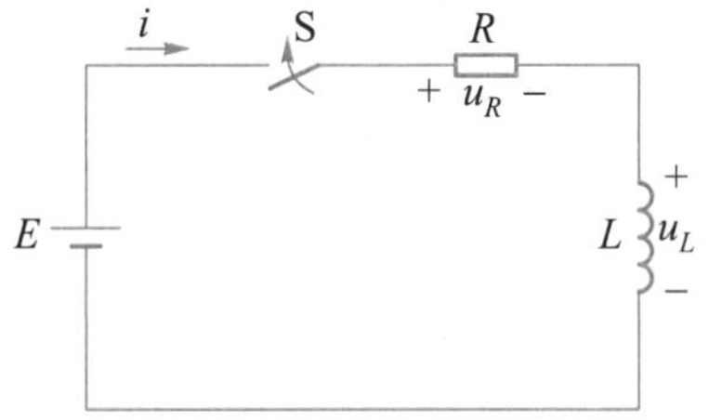

当开关接通瞬间，$i=0$，这时电阻上没有电压，电感两端的电压 u_L 必然等于电源电动势 E。当达到稳态后，电流不再变化，自感电动势等于零，所以 $u_L=0$，电路中电流 $i=E/R$。

图 13-8

根据数学推导，上面方程的解为

$$i = \frac{E}{R}(1 - \mathrm{e}^{-\frac{R}{L}t}) = \frac{E}{R}(1 - \mathrm{e}^{-\frac{t}{\tau}})$$

所以

$$u_R = E(1 - \mathrm{e}^{-\frac{R}{L}t}) = E(1 - \mathrm{e}^{-\frac{t}{\tau}})$$

$$u_L = E\mathrm{e}^{-\frac{R}{L}t} = E\mathrm{e}^{-\frac{t}{\tau}}$$

式中，$\tau=L/R$ 称为 RL 电路的时间常数，其单位为

$$[\tau] = \left[\frac{L}{R}\right] = \left[\frac{\mathrm{H}}{\Omega}\right] = \left[\frac{\Omega \cdot \mathrm{s}}{\Omega}\right] = [\mathrm{s}]$$

其意义和 RC 电路的时间常数一样，也是电压、电流已变化了总变化量的 63% 所经历的时间。τ 越小，瞬态过程进行得越快。因为 L 越小，电感线圈所储存的磁场能量越小；R 越大，在一定的电源电压下，电流的稳定值越小，即所需建立的磁场能量也越小，这都促使瞬态过程加快。i、u_R 和 u_L 随时间变化的函数曲线如图 13-9 所示。

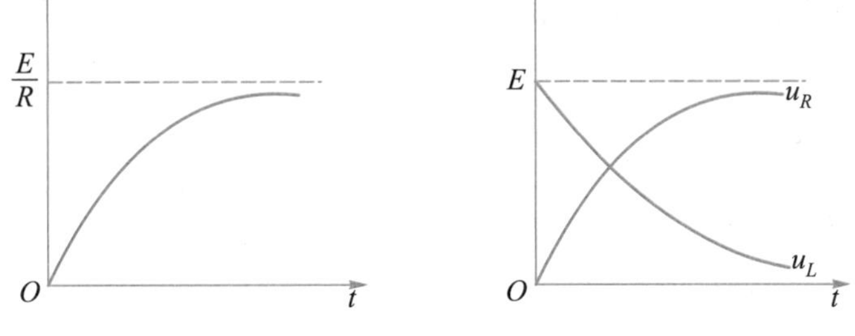

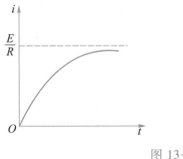

图 13-9

二、RL 电路切断电源

现在来研究图 13-10 中开关 S 断开后的瞬态过程。在开关 S 断开前,电感线圈中流过稳定电流 $I_L = E/R_1$,电阻 R 中没有电流,因为它被电感线圈短路(这里忽略了电感线圈的电阻)。当开关 S 断开后,R_1 上没有电流,只需考虑 RL 构成的电路,其等效电路如图 13-11 所示。由于这个回路里没有电源,最后电路里是没有电流的。但是当开关 S 断开瞬间,由于电感线圈中储存的磁场能量,回路中的电流不能立即降为零。因为电流减小时,线圈中会产生自感电动势,它阻碍电流的减少,电流仍在原有的方向上流动。因此,S 断开后,线圈实际上变成了一个"临时电源",在 RL 回路里维持着电流 i。可是,由于电阻 R 是耗能元件,电流将逐渐衰减,最后变到零,这就是通常所说的电感的"放电"过程。

根据数学推导,电流、电压随时间变化的规律为

$$i = i_L(0_+) e^{-\frac{t}{\tau}}$$

$$u_R = u_L = R i_L(0_+) e^{-\frac{t}{\tau}}$$

式中,$i_L(0_+)$ 是开关断开瞬时电感线圈中的初始电流,即

$$i_L(0_+) = \frac{E}{R_1}$$

图 13-12 画出了 i、u_R、u_L 随时间变化的函数曲线。

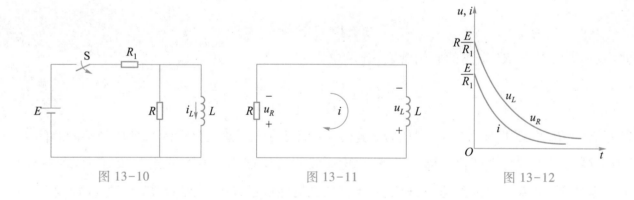

图 13-10   图 13-11   图 13-12

[例] 图 13-13 中,KA 是电阻 R = 250 Ω、电感 L = 25 H 的继电器,R_1 = 230 Ω,E = 24 V。设这种继电器的释放电流为 0.004 A,问当 S 闭合后多少时间继电器开始释放?

解:S 闭合后,继电器所在回路的时间常数为

$$\tau = \frac{L}{R} = \frac{25}{250} \text{ s} = 0.1 \text{ s}$$

S 未闭合前,继电器中电流为

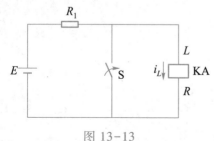

图 13-13

$$i_L(0_-) = \frac{E}{R_1 + R} = \frac{24}{230 + 250} \text{ A} = 0.05 \text{ A}$$

S 闭合后,继电器所在回路的电流为

$$i_L = i_L(0_+) e^{-\frac{t}{\tau}} = 0.05 e^{-10t} \text{ A}$$

当 i_L 等于释放电流时,继电器开始释放,即

$$0.004 = 0.05 e^{-10t}$$

所以

$$t \approx 0.25 \text{ s}$$

即 S 闭合后 0.25 s,继电器开始释放。

*第四节 一阶电路的三要素法

只含有一个储能元件或可等效为一个储能元件的线性电路,不论是简单的或复杂的,它的电路方程都是一阶常系数线性微分方程,这种电路称为一阶线性电路。

一阶电路的瞬态过程通常是:电路变量由初始值向新的稳态值过渡,并且是按照指数规律逐渐趋向新的稳态值,趋向新稳态值的速率与时间常数有关。因此,只要知道换路后的初始值、稳态值和时间常数这三个要素,就能直接写出一阶电路瞬态过程的解,这就是一阶电路的三要素法。

设:$f(0_+)$ 表示电压或电流的初始值;$f(\infty)$ 表示电压或电流的新的稳态值;τ 表示电路的时间常数;$f(t)$ 表示电路中待求的电压或电流。那么,一阶电路瞬态过程的通解为

$$f(t) = f(\infty) + [f(0_+) - f(\infty)] e^{-\frac{t}{\tau}}$$

$f(0_+)$ 可根据换路定律求得。$f(\infty)$ 是电容相当于开路,电感相当于短路时,求得的新稳态值。时间常数 τ 在同一电路中只有一个值,$\tau = RC$ 或 $\tau = \dfrac{L}{R}$,其中 R 应理解为在换路后的电路中从储能元件(C 或 L)两端看进去的输入电阻。

[例1] 如图 13-14 所示的电路中,已知 $E = 6$ V,$R_1 = 10 \text{ k}\Omega$,$R_2 = 20 \text{ k}\Omega$,$C = 30 \text{ μF}$,开关 S 闭合前,电容两端电压为零,求 S 闭合后电容元件上的电压 u_C。

解:(1)确定初始值 开关 S 闭合前

$$u_C(0_-) = 0$$

根据换路定律

$$u_C(0_+) = u_C(0_-) = 0$$

(2)确定稳态值 稳态时,电容元件相当于开路,所以

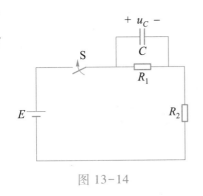

图 13-14

$$u_C(\infty) = \frac{R_1 E}{R_1 + R_2} = \frac{10 \times 6}{10 + 20} \text{ V} = 2 \text{ V}$$

（3）确定电路的时间常数　根据换路后的电路,从电容元件两端看进去的等效电阻为

$$R = \frac{R_1 R_2}{R_1 + R_2} = \frac{10 \times 20}{10 + 20} \text{ k}\Omega = \frac{20}{3} \text{ k}\Omega$$

所以

$$\tau = RC = \frac{20}{3} \times 10^3 \times 30 \times 10^{-6} \text{ s} = 0.2 \text{ s}$$

于是根据一阶电路瞬态过程的通解可得

$$u_C = \left[2 + (0 - 2)e^{-\frac{t}{0.2}} \right] \text{ V} = 2 - 2e^{-5t} \text{ V}$$

[例2]　图13-15所示的电路中,已知 $E = 20 \text{ V}$, $R_1 = 2 \text{ k}\Omega$, $R_2 = 3 \text{ k}\Omega$, $L = 4 \text{ mH}$,开关 S 闭合前,电路处于稳态,求开关 S 闭合后,电路中的电流 i_L。

解:（1）确定初始值　开关 S 闭合前,电路处于稳态,电感元件相当于短路,所以

$$i_L(0_-) = \frac{E}{R_1 + R_2} = \frac{20}{2 + 3} \text{ mA} = 4 \text{ mA}$$

根据换路定律

$$i_L(0_+) = i_L(0_-) = 4 \text{ mA}$$

（2）确定稳态值　开关 S 闭合后, R_2 被短路。稳态时,电感元件相当于短路,所以

$$i_L(\infty) = \frac{E}{R_1} = \frac{20}{2 \times 10^3} \text{ A} = 10 \text{ mA}$$

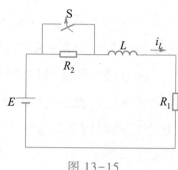

图 13-15

（3）确定电路的时间常数　根据换路后的电路,从电感元件两端看进去的等效电阻为

$$R = R_1 = 2 \text{ k}\Omega$$

所以

$$\tau = \frac{L}{R} = \frac{4 \times 10^{-3}}{2 \times 10^3} \text{ s} = 2 \text{ } \mu\text{s}$$

于是根据一阶电路瞬态过程的通解可得

$$i_L = \left[10 + (4 - 10)e^{-\frac{t}{2 \times 10^{-6}}} \right] \text{ mA} = (10 - 6e^{-5 \times 10^5 t}) \text{ mA}$$

本章小结

1. 在具有储能元件的电路中,换路后,电路从前一种稳态变化到后一种稳态的中间过程称为电路的瞬态过程。

2. 引起瞬态过程的电路变化称为换路。由于电路含储能元件电感或电容,其能量不能跃变,所以换路瞬间,电容元件上的电压和电感元件中的电流不能跃变,称为换路定律,即

$$u_C(0_+) = u_C(0_-)$$

$$i_L(0_+) = i_L(0_-)$$

在换路前,如果储能元件没有储能,那么在换路瞬时,电容相当于短路,电感相当于开路。

应用换路定律和基尔霍夫定律可求出一阶电路的初始值。

3. 电路中仅有一个储能元件(电容 C 或电感 L)时,在直流电源作用下,其电路方程为一阶常系数线性微分方程,电路称为一阶线性电路。

4. 在一阶电路的瞬态过程中,只要知道换路后的初始值、稳态值和时间常数这三个要素,就能写出一阶电路瞬态过程的解,这就是一阶电路的三要素法。

在直流电源作用下,一阶电路用三要素法得到的通解为

$$f(t) = f(\infty) + [f(0_+) - f(\infty)]e^{-\frac{t}{\tau}}$$

$f(0_+)$ 可根据换路定律和基尔霍夫定律求得。$f(\infty)$ 是电容相当于开路,电感相当于短路时求得的新稳态值。时间常数在同一电路中只有一个值,$\tau = RC$ 或 $\tau = \dfrac{L}{R}$,其中 R 应理解为在换路后的电路中从储能元件两端看进去的输入电阻。

习题

1. 是非题

(1) 瞬态过程就是从一种稳定状态转变到另一种稳定状态的中间过程。　　　(　　)

(2) 含储能元件的电路从一个稳态转变到另一个稳态需要时间,是因为能量不能突变。　　(　　)

(3) 电路的瞬态过程的出现是因为换路引起的,所以不论什么电路,只要出现换路就会产生瞬态过程。

(　　)

(4) 在直流激励下,换路前若电感元件没有储能,则在换路瞬间电感元件可视为开路。　　(　　)

(5) 某电容在换路瞬间 $u_C(0_+) = u_C(0_-)$,但 $i_C(0_+) \neq i_C(0_-)$。　　(　　)

(6) RC 串联电路在换路瞬间,电阻和电容上的电压都保持不变。　　(　　)

(7) 一阶 RC 放电电路,换路后的瞬态过程与 R 有关,R 越大,瞬态过程越长。　　(　　)

(8) 在 RL 串联电路中,未接通电源前 $u_L(0_-) = 0, i_L(0_-) = 0$,接通电源瞬间,则 $u_L(0_+) = u_L(0_-) = 0$,

$i_L(0_+) = i_L(0_-) = 0$。　　(　　)

(9) 时间常数 τ 越大,则瞬态过程越长。　　(　　)

(10) 在一阶电路的瞬态过程中,只要知道了三要素,就可直接写出一阶电路瞬态过程的解。　　(　　)

2. 选择题

(1) 常见的动态元件有(　　　)。

A. 电阻和电容   B. 电容和电感

C. 电阻和电感   D. 二极管和三极管

（2）关于换路，下列说法正确的是（　　　）。

A. 电容元件上的电流不能跃变   B. 电感元件上的电流不能跃变

C. 电容元件上的电压能跃变   D. 电感元件上的电流能跃变

（3）关于 RC 电路充、放电规律正确的说法是（　　　）。

A. 充电时，i_C、u_R、u_C 按指数规律上升

B. 充电时，i_C、u_R、u_C 按指数规律下降

C. 充电时，u_C 按指数规律上升，i_C、u_R 按指数规律衰减

D. 充电时，u_C 按指数规律衰减，i_C、u_R 按指数规律上升

（4）关于 RL 电路充、放电规律正确的说法是（　　　）。

A. 充电时，i_L、u_L、u_R 按指数规律上升

B. 充电时，i_L、u_L、u_R 按指数规律下降

C. 充电时，u_R、u_L 按指数规律上升，i_L 按指数规律衰减

D. 充电时，u_L 按指数规律衰减，i_L、u_R 按指数规律上升

（5）RC 电路对电容充电时，电容充电前没有储能，经过一个时间常数的时间，电容两端电压可以达到稳态值的（　　　）倍。

A. 0.368   B. 0.632   C. 0.5   D. 0.75

（6）通常认为，一阶线性电路的瞬态过程，经过（　　　）时间可视为结束，电路进入稳态。

A. $(1 \sim 2)\tau$ B. $(2 \sim 3)\tau$ C. $(3 \sim 5)\tau$ D. 10τ

（7）图 13-16 所示电路中，S 闭合前电容未储能，$t = 0$ 时 S 闭合，此时 $u_C(0_+)$ 为（　　　）。

A. E B. 0   C. ∞ D. 不能确定

（8）上题中，$i_C(0_+)$ 为（　　　）。

A. 0   B. ∞ C. E/R D. 不能确定

（9）图 13-17 所示电路中，S 闭合一段时间后，电路趋于稳定，此时 $i_L(\infty)$ 为（　　　）。

A. 0   B. ∞ C. E/R D. 不能确定

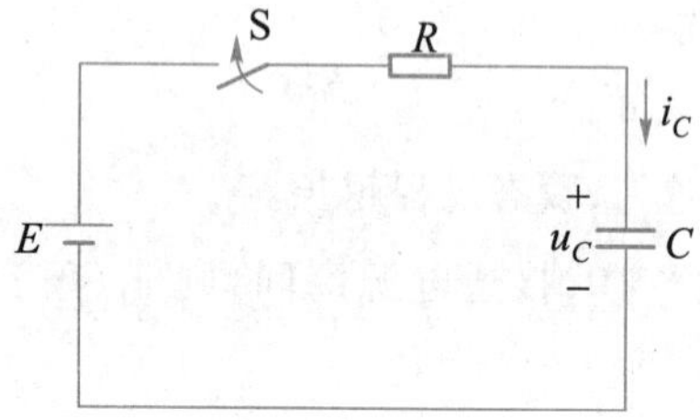

图 13-16 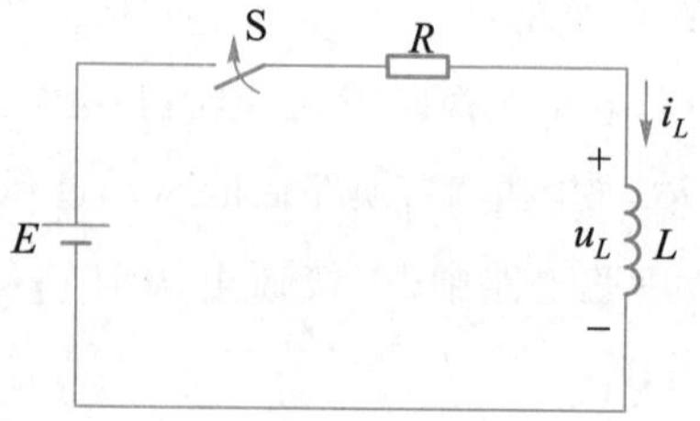   图 13-17

（10）上题中，$u_L(\infty)$ 为（　　　）。

A. 0   B. ∞ C. E D. 不能确定

3. 填空题

（1）产生瞬态过程有两大原因，即外因和内因，外因是_____，内因是_____。

（2）从 $t=0_-$ 到 $t=0_+$ 瞬间，电容元件上的_____和电感元件中的_____不能跃变，称为换路定律。

（3）在一阶电路瞬态过程中，若储能元件（L、C）在换路前没有储能，则在 $t=0_+$ 时刻，电容元件应视为_____，电感元件应视为_____。

（4）在瞬态过程中 τ 称为_____，它的单位是_____。在 RC 电路中 $\tau=$_____，在 RL 电路中 $\tau=$_____。

（5）对于一阶 RC 电路，当 R 值一定时，C 取值越大，换路时瞬态过程就进行得越_____。

（6）对于 RL 串联电路，$R=20\ \Omega$，$L=20\ H$，将其接到 $200\ V$ 的直流电源上，通常认为经过_____时间电路达到稳态，这时电路中的电流为_____ A。

（7）在含有储能元件的电路达到稳态后，电容可视为_____，电感可视为_____。

（8）在计算电路的时间常数时，R 应理解为换路后的电路从_____两端看进去的输入电阻。这时电路中所有_____均不作用，即_____用短路线替代，_____用开路替代。

（9）在分析电路的瞬态过程时，_____和_____是两个重要依据，可以用来确定瞬态过程的初始值。

（10）一阶瞬态电路的三要素是指：换路后的_____、_____和_____。

4. 计算题

（1）图 13-18 所示电路中，已知 $E=12\ V$，$R_1=4\ k\Omega$，$R_2=8\ k\Omega$，开关 S 闭合前，电容两端电压为零，求开关 S 闭合瞬间各电流及电容两端电压的初始值。

（2）图 13-19 所示电路中，已知 $E=6\ V$，$R_1=2\ \Omega$，$R_2=4\ \Omega$，开关 S 闭合前，电路已处于稳态，求开关 S 闭合瞬间各电流和电感上电压的初始值。

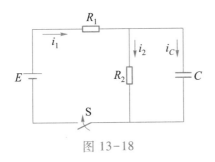

图 13-18

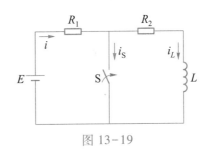

图 13-19

（3）图 13-20 所示电路中，已知 $E=10\ V$，$R_1=2\ k\Omega$，$R_2=3\ k\Omega$，开关 S 打开前，电路已处于稳态，试求开关 S 打开瞬间 $u_C(0_+)$、$i_C(0_+)$、$u_{R1}(0_+)$ 的值。

（4）电阻 $R=10\ 000\ \Omega$ 和电容 $C=45\ \mu F$ 串联，与 $E=100\ V$ 的直流电源接通，求：① 时间常数；② 最大充电电流；③ 接通后 $0.9\ s$ 时的电流和电容上的电压。

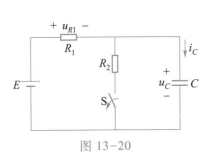

图 13-20

（5）在 RC 串联电路中，已知 $R=200\ k\Omega$，$C=5\ \mu F$，直流电源 $E=$

200 V,求:① 电路接通 1 s 时的电流;② 接通后经过多少时间电流减小到初始值的一半。

（6）在图 13-21 中,已知 $E = 100$ V,$R = 10$ Ω,$L = 2$ H,求:

① S 闭合 0.1 s 后电路中的电流;

② S 闭合后电流达到稳定值的一半需要多少时间?

（7）在图 13-22 中,KA 是电阻为 100 Ω、电感为 0.5 H 的继电器,它的最小起动电流为 152 mA,求电源电动势为多大时,才能使继电器在开关 S 闭合后延迟 5 ms 才开始起动。

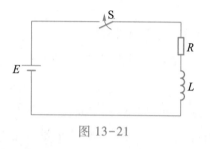
图 13-21

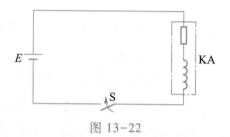
图 13-22

（8）RC 串联电路中,已知 $R = 600$ Ω,$C = 2$ μF,外加电压 $U = 250$ V,开关合上前,电容已充电到 50 V,求开关合上后 i_C、u_C 的表达式。

（9）图 13-23 所示电路中,已知 $E = 24$ V,$R_1 = R_2 = 6$ Ω,$R_3 = 3$ Ω,$L = 120$ mH,开关 S 打开前电路已处于稳态,试求开关 S 打开后 i_L 的表达式。

（10）图 13-24 所示电路中,已知 $E = 12$ V,$R_1 = 20$ kΩ,$R_2 = 10$ kΩ,$C = 300$ μF,开关 S 闭合前,电容两端电压为零,试求当开关 S 闭合后 u_C、u_{R2} 的表达式。

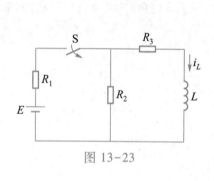
图 13-23

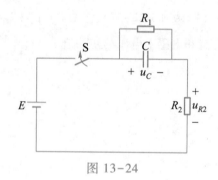
图 13-24

＊＊ 第十四章　信号与系统概述

学习指导

当前,人类已进入信息化社会的新时代,通信技术正以惊人的速度向前发展。数字化、智能化、宽带化、综合化、个人化和全球一网是现代通信发展的总趋势。本章主要介绍信号、信号的传输以及系统与网络的基本知识。

本章的基本要求是:

1. 了解信号的概念及分类。

2. 了解信号的传输及调制、解调的概念。

3. 了解系统和网络的基本知识。

第一节　信号的基本知识

一、信息

信息是人类社会和自然界中需要传送、交换、存储和提取的抽象内容。说得通俗一点,能让人的五官感受到的就是信息,听到的声、看到的景、嗅到的味、感触到物体的感觉,等等。然而,还有大量的信息是人的五官不能直接感受到的,例如天体的射线等,它们只能通过仪器来接收。

二、信号

信号是信息的表现形式,信息必须借助信号才能传送、交换、存储和提取。信号可以是声音、图像、电压、电流或光等。在各种信号中,电信号是最便于存储、处理、传输和再现的,因而是应用最广泛的。许多非电信号,例如,力、温度、声音、光等都可以通过适当的传感器把它们变换成电信号。

电信号可以有多种分类方法。若以信号频率划分,可分为直流信号和交流信号;若以信号参数的状态划分,可分为模拟信号和数字信号;若以信号变化的规律划分,可分为确定信号和随机信号,以及周期信号和非周期信号。

1. 直流信号和交流信号

直流信号的大小(电压或电流)恒定不随时间变化,而且它具有一个确定的极性;交流信号的大小和极性均随时间而变化。实际上许多信号的组成是既有直流成分又有交流成分。

图 14-1(a)所示的信号,实际上就是由图 14-1(b)所示的直流信号和图 14-1(c)所示的交流信号合成的。

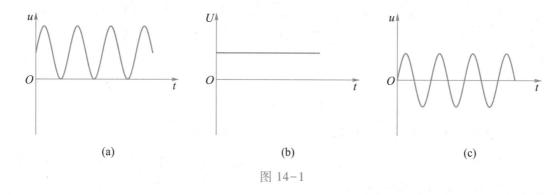

(a)   (b)   (c)

图 14-1

2. 模拟信号和数字信号

凡在数值和时间上都是连续变化的信号,称为模拟信号。它具有无限的状态,自然界存在的信号大多是模拟信号。常见的模拟信号有话音信号、电视图像信号以及来自各种传感器的检测信号等。

数字信号是另一种形式的信号,它在数值上和时间上都是不连续变化的,它具有离散且有限的状态。目前常见的数字信号多为二进制信号,它的两个状态分别用 **1** 和 **0** 表示。这里的 **1** 和 **0**,并不是通常在数学中表示数量大小的含义,而只是作为一种表示符号,称为逻辑 **1** 和逻辑 **0**,图 14-2 所示为几种数字信号的例子。

模拟信号和数字信号是可以相互转换的,模拟信号可以通过 A/D 转换(数字编码)变为数字信号;而数字信号通过 D/A 转换(解码)可以变为模拟信号。

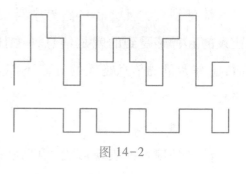

3. 确定信号和随机信号

如果信号可用一个自变量的确定函数来表示,即只要对于任何指定的时刻,都有一个确定的信号值相对应,这种信号称为确定信号。

图 14-2

随机信号则是另一种形式的信号,它不能用自变量的一个确定的函数来表示,即对每一个自变量的取值,其信号值是不确定的。在通信中携带消息的信号一般属于随机信号。此外,携带消息的信号在传输的各个环节中,不可避免地要受到各种噪声的干扰,这种干扰也是随机的。

4. 周期信号和非周期信号

在某个一定的时间间隔后重现相同波形的信号,称为周期信号,如图 14-3(a)所示。正弦波就是最具代表性的周期信号。这个一定的时间间隔称为周期,用 T 表示。如果一个信号在变化的区间内,找不到这样一种周期,没有重复变化的规律,这种信号称为非周期信号,如

图 14-3(b)所示。

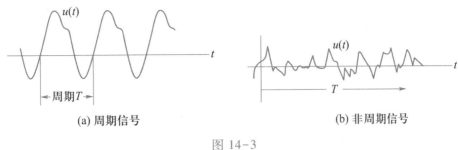

(a) 周期信号　　　　　　　　　　(b) 非周期信号

图 14-3

第二节　信号的传输

一、信道

信道是信号传递的媒介或途径,现有的信道有两类,一类是有线信道,它由有形的介质构成,如双绞线、同轴电缆、光导纤维等,其传输特性恒定不变,信号在传输过程中受干扰的影响比较小。另一类是无线信道,由无形的空间构成。无线信道的频率范围很宽,从极低频一直到微波波段,其中根据频率的不同和传播方式的不同又可分为很多种信道。表 14-1 列出了各种无线信道的工作频率和它们的传播方式。

表 14-1

名称	频率范围	波长范围	主要传播方式	用　　途
长波	30～300 kHz	1～10 km	地表面波	远距离通信、导航
中波	300～3 000 kHz	0.1～1 km	地表面波	调幅广播、船舶通信、飞行通信
短波	3～30 MHz	10～100 m	地表面波 电离层反射	调幅广播 调幅与单边带通信
超短波	30～300 MHz	1～10 m	直射波 对流层散射	调频广播 雷达与导航、移动通信
微波	300 MHz 以上	1 m 以下	直射波	微波接力通信、卫星通信 移动通信

二、调制和解调

从消息变换过来的原始电信号的频率通常都较低,而用作传输的信道,都有其最适合传输信号的频率范围,一般位于高频和甚高频的范围上,这使两者之间不匹配。因而必须将原始电信号的频率"搬移"至适合信道传输的频率范围,信号才能在信道中安全、快捷地传输,而在接收之后再"搬移"至原来的频率范围。

将所要传递的电信号"搬移"到高频正弦波上去的处理过程,称为调制。所要传递的电信号称为调制信号,如图 14-4(a)所示;用于调制的高频正弦波称为载波信号,如图 14-4(b)所示;调制后的信号称为已调信号。相反的过程就是解调,即从已调信号中恢复出调制信号来。

常用的调制方法有以下几种:

(1)调幅(AM) 载波信号的幅度随调制信号的幅度变化而变化,如图 14-4(c)所示,通常在中波广播等场合采用。

(2)调频(FM) 载波信号的频率随调制信号的幅度变化而变化,如图 14-4(d)所示,在电视伴音和调频广播中采用。

(3)相位调制(PM) 载波信号的相位随调制信号的幅度变化而变化,如图 14-4(e)所示。

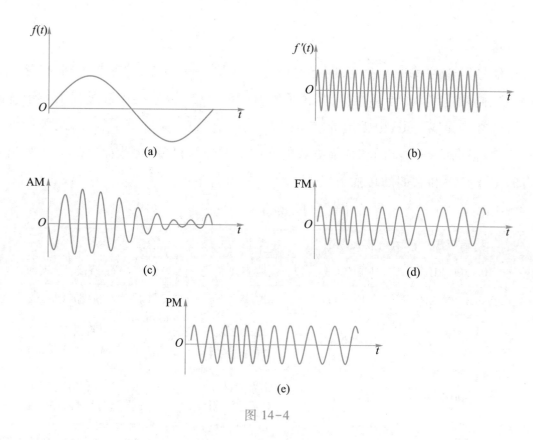

图 14-4

(4)脉码调制(PCM) 把声音等模拟信号变换成被编码的数字信号后传输的调制方法。数字信号在通过线性放大电路或非线性元器件时,信息的内容不会发生失真,是今后很有发展前途的调制方式。

三、波长

在一个周期的时间内,已调信号在信道内传播的距离,称为波长,用 λ 表示。

在均匀介质中,信号是匀速传播时,波长等于信号在信道中的传播速度与周期的乘积,即

$$\lambda = vT = v/f$$

第三节 系统与网络

一、通信系统

通信是将消息从发信者传输给收信者,这种传输是利用通信系统完成的。图14-5所示为通信系统的基本构成,包括五个组成部分:发送终端、发射机、接收机、接收终端和信道。发送终端将原始信号转换成电信号,发射机将该信号进行适当的处理,比如说进行放大、调制等,使其适合于在信道中传输。在进行无线电通信时,发射机的输出端接高频天线,它能将高频电信号转换成电磁波而有效地向空间辐射。接收机的作用是将收到的高频信号经过放大、选频和解调后恢复成原来的电信号,接收终端则将该电信号恢复成原始信号。

图 14-5

一般来说,发送终端的输出信号与接收终端的输入信号类型是相同的,两个终端的设备也是对应的,例如,发送终端是话筒,则接收终端就是喇叭或耳机;发送终端是摄像机,则接收终端是显示器;发送终端是计算机,则接收终端往往也是计算机。

二、通信网

通信网用于多个用户的相互连接,目前通信网的网络结构主要有图14-6所示的四种形式以及它们的组合。图中的小圆圈代表用户终端,连接线代表通信链路。双向的传输系统可实现信号在两个终端设备之间的互连,称为通信链路。

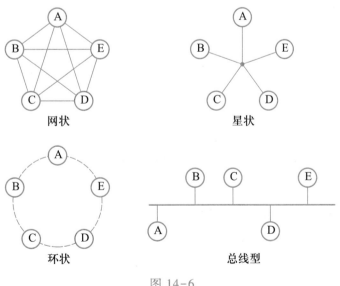

图 14-6

1. 网状网

各个用户终端(在网络中称为节点)之间直接以通信链路连接,通信建立过程中不需要任何形式的转接。这种结构的最大优点是接续质量高,网络的稳定性好。但由于需要有很多的通信链路,当用户数量大、通信线路长时,网络投资费用高。

2. 星状网

各用户终端都通过转接中心进行连接,与网状网相比节省许多通信链路,但它需要有转接设备,一般是当链路的总费用高于转接设备的费用时才采用这种网络结构。由于各用户之间的通信都要通过转接点,通信的质量和可靠性会受到一定的影响,尤其当转接设备发生故障时,可能造成整个网内的通信中断。

3. 环状网

各用户终端通过中继器连入网内,各中继器间由链路首尾连接,信息单向沿环路逐点传送。环状网的特点是传输线路短,初始安装比较容易,故障的诊断比较准确,适于用光纤进行各终端的连接。但其可靠性较差,可扩展性和灵活性也较别的网络差。

4. 总线型网

总线型网采用公共总线作为传输介质,各节点都通过相应的硬件接口直接连向总线,信号沿介质进行广播式传送。总线型网的主要优点是安装容易,可靠性高,新增终端只要就近接入总线即可。但由于采用分布式控制,不易管理,故障诊断和隔离比较困难。

环状网和总线型网在计算机通信网中应用较多,在这种网中一般传输的信息速率较高,它要求各节点或总线终端节点有较强的信息识别和处理能力。

阅读与应用

信息时代是通信技术现代化的时代。现代通信手段发生了质的变化,电话、传真、数据终端、图像终端借助通信电缆、海底电缆、光缆等,把人们紧密地联系在一起,而微波站、通信卫星等则把更远地方的人们联系到了一起。

一 卫星通信

1957年,人类成功发射第一颗人造地球卫星,开创了全球性的卫星通信时代。1965年第一颗地球同步卫星发射成功,卫星通信成为现实。20世纪70年代,卫星通信技术逐步完善。卫星通信系统由卫星和地面站组成,三颗卫星就可以覆盖全球,不受地形条件的限制,通信量大、费用省、组网快,使人类的通信联络进入了新境界。

二 光纤通信

1880年,电话发明者贝尔研究成功了一种光电话,他用弧光灯作为光源,照射在话筒薄膜上,薄膜随声音振动,光束反射回去就反映出声音的变化规律。在接收端,用大型抛物面反射镜把接收到的光束通过硅光电池转换成电流送到听筒,完成通话过程。这仅仅是一种实验,由于受光源的局限,八十多年来一直没有发展起来,直到20世纪60年代,发明出激光器以及研制成功了第一批能导光的石英纤维,才使贝尔的设想变成了现实。

目前,光缆技术已经能制造出超级光缆,一根细如头发丝的单股光纤,传送的信息要比普通铜线高出25万倍;一根由32条光纤组成的、直径不到1.3 cm的光缆可以同时传送50万路电话和5 000个频道的电视节目。

光纤通信信息量大、传输损耗小、保密性好,是通信网中理想的传输介质,光纤成为信息传输的"超高速公路"。

三 因 特 网

因特网,又称国际互联网,是国际上连接国家最多、使用最方便的计算机网络。它把世界各国几万个网络、上千万台计算机连接在一起,通过网与网的连接,组成一个信息社会的大家庭。其中每一个用户都可以共享网中其他数据库的信息,收发电子邮件,用不了一分钟就可以把信件送到地球另一端。

因为因特网上时刻传输着大量关于科研、教育、政治、军事、经济、艺术、体育等方面的信息,所以可以迅速交流科技信息,了解金融行情,查看气象,实现远程教育,观看体育比赛、文艺节目,参观世界著名的博物馆,畅游世界名胜,真正做到浏览全球不出门,令人叹为观止。

四 信息高速公路

信息高速公路通常是指在全国范围内以光缆为信息传输主干线,以支线光纤和多媒体终端、通信网络、联机数据库以及网络计算机组成的一体化高速网络,向人们提供图、文、声、像信息的快速传输服务,并实现信息资源的高度共享。

进入21世纪,信息高速公路为亿万普通人展示了一幅诱人的画卷,人们的许多幻想逐渐变为现实:可视电话、网络购物、居家办公、网上教育、网上医疗等。总之,信息高速公路将各研究机构、大学、图书馆、医院、企业乃至普通家庭都将纳入计算机网络中,只需一瞬间,就能把数十亿位数字送到四面八方,彻底改变了人类的工作、学习和生活方式,给人类带来诸多方便和种种益处。

本章小结

1. 信号是信息的表现形式,它可以是声音、图像、光等。在各种信号中,电信号是最便于存储、处理、传输和再现的,因而是应用最广泛的。

2. 信道是信号传递的媒介或途径。现有的信道有两种：有线信道和无线信道。

3. 将所要传递的电信号"搬移"到高频正弦波上去的处理过程，称为调制。相反的过程就是解调，即从已调信号中恢复出调制信号来。

常用的调制方法有：调幅（AM）、调频（FM）、相位调制（PM）和脉码调制（PCM）等。

4. 在均匀介质中，波长、波速、周期和频率的关系是

$$\lambda = vT = v/f$$

5. 通信系统是由发送终端、发射机、信道、接收机和接收终端五个部分组成的。

6. 通信网的网络结构主要有网状网、星状网、环状网和总线型网四种形式。

 题

1. 是非题

（1）凡在数值上和时间上都是不连续变化的信号称为数字信号。　　　　　　　　　（　　）

（2）模拟信号和数字信号是不能相互转换的。　　　　　　　　　　　　　　　　（　　）

（3）直流信号和交流信号是根据信号的频率来划分的。　　　　　　　　　　　　（　　）

（4）载波信号的频率随调制信号的幅度变化而变化，这种调制方法称为调频。　　（　　）

（5）波长、频率和波速的关系可写成 $\lambda = vf$。　　　　　　　　　　　　　　（　　）

2. 填空题

（1）信道是信号_____的媒介或途径，现有的信道有两类：_____和_____。

（2）电信号可有多种分类方法，若以信号参数的状态划分，可分为_____和_____。

（3）凡在_____和_____上都是连续变化的信号称为模拟信号。

（4）用于调制的高频正弦波称为_____信号，所要传递的电信号称为_____信号，调制后的信号称为_____信号。

（5）常用的调制方法有：_____、_____、_____和_____等。

3. 问答与计算题

（1）什么是信号？信号是怎样进行分类的？试举出几种模拟信号。

（2）什么是调制和解调？常用的调制方法有哪几种？为什么原始电信号要进行调制？

（3）某半导体收音机的收音频率范围是 1 500 kHz～12.1 MHz，求这个收音机所能收到的无线电波的波长范围。

（4）通信系统的基本构成是怎样的？画出它的框图。

（5）试说出几种常用的通信网的名称。

学 生 实 验

实验一 微安表改装为电压表

一、实验目的

学会根据串联电路的分压原理将微安表改装为电压表。

二、实验器材

1. 微安表 1 只。

2. 标准电压表 1 只。

3. 蓄电池 1 只。

4. 电阻箱 1 只。

5. 变阻器(阻值 1~2 kΩ)1 只。

6. 开关 1 只。

7. 导线若干。

三、原理

微安表的刻度是根据指针的偏转角与通过它的电流成正比的关系刻制的,因而偏转角的大小,也与加在它两端的电压成正比。如果给微安表串联上一个恰当的分压电阻,即可构成一电压表,用来测量电压。

如实验图 1-1 所示。$U_g = \dfrac{R_g}{R_g + R} U$,微安表两端的电压与外加电压成正比,因此,微安表指针的偏转角也与外加电压成正比。这样,只要把微安表的刻度改标成相应的电压值,即成为一只量程为 U 的电压表了。为此,必须求出分压电阻和微安表的内电阻,微安表的满偏电流可在表上读出。

求微安表的内阻用实验图 1-2 所示的电路,按公式 $R_g = R_{02} - 2R_{01}$ 求出,式中,R_{01} 和 R_{02} 分别为使微安表指针偏转满刻度和满刻度一半时,电阻箱的阻值。

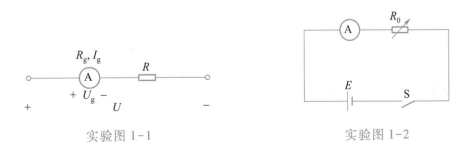

实验图 1-1   实验图 1-2

分压电阻 R 可按公式 $R=(n-1)R_g$ 求出,式中,n 为量程扩大的倍数,即 $n=U/U_g$。

四、实验步骤

1. 测量微安表的内阻 R_g。

（1）将微安表、电阻箱、蓄电池和开关接成实验图 1-2 所示的电路。

（2）调节电阻箱的阻值,使微安表指针恰好偏转到满刻度,读取此时电阻箱的阻值 R_{01},填入实验表 1-1 中。

（3）再调节电阻箱的阻值,使微安表指针偏转到满刻度的一半,读取此时电阻箱的阻值 R_{02},填入实验表 1-1 中,计算微安表的内阻 R_g。

实验表 1-1

R_{01}/Ω	R_{02}/Ω	R_g/Ω	I_g/A	U_g/V	U/V	n	R/Ω

2. 读取微安表的满偏电流值 I_g,填入实验表 1-1 中,并进行有关计算（U 取 2 V）。

3. 在电阻箱上取好阻值 R 与微安表串联,并确定此时微安表上的每一刻度所对应的电压值,便组成一只量程为 2 V 的电压表。

4. 检验改装完成的电压表。把改装成的电压表和标准电压表并联接成如实验图 1-3 所示的电路（变阻器 R_2 的阻值应在 1 kΩ 以上）。改变 R_2 的阻值,使标准表的读数分别为 0.5 V、1 V、1.5 V 和 2 V,读取改装表上的相应读数填入实验表 1-2 中,并计算每次读数的相对误差。

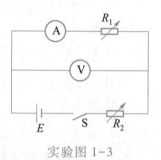

实验图 1-3

实验表 1-2

标准表读数 U/V	0.5	1	1.5	2
改装表读数 U'/V				
$\Delta U=U'-U$				
相对误差 $\dfrac{\Delta U}{U}\%$				

五、思考题

1. 分析改装表产生误差的原因。

2. 为什么检验改装表时所用变阻器 R_2 的阻值应在 1 kΩ 以上?

实验二　练习使用万用表

一、实验目的

1. 学习万用表的使用方法。

2. 学会用伏安法测量电阻。

二、实验器材

1. 直流电源(0~50 V)。

2. 交流电源(0~220 V)。

3. 电阻箱 1 只。

4. 万用表 1 只。

5. 小功率电阻 5 只。

6. 导线若干。

三、实验步骤

1. 利用万用表电阻挡测量电阻。

（1）把万用表转换开关放在电阻挡上,选择适当的量程。电阻挡的量程有 $R×1$、$R×10$、$R×$ 100、$R×1\ 000$ 等数挡,测量前根据被测电阻值,选择适当的量程,一般以电阻刻度的中间位置接近被测电阻值为好。

（2）量程选定后,测量前将两只表笔短路,调节电阻调零旋钮,使指针在电阻刻度的零位上。

（3）将两只表笔分别与电阻两端相接,读出电阻的读数,记于实验表 2-1 中。

实验表 2-1

R 标称值/Ω							
R 测量值/Ω							

2. 利用万用表直流电压挡测量直流电压。

（1）把万用表转换开关放在直流电压挡上。

（2）根据直流电压的大小,选择适当的量程。

（3）将两只表笔分正、负与被测电压正、负极相并联,读出电压的读数,并记于实验表 2-2 中。

实验表 2-2

电压值/V	5	10	15	20	25	30	35	40	45	50
测量值/V										

3. 利用万用表交流电压挡测量交流电压。

（1）把万用表转换开关放在交流电压挡上。

（2）根据交流电压的大小,选择适当的量程。

（3）将两只表笔与被测电压相并联,读出电压的读数,并记于实验表 2-3 中。

实验表 2-3

电压值/V	50	60	70	100	120	150	170	200	220
测量值/V									

4. 用伏安法测量电阻,并绘制伏安特性曲线。

（1）按实验图 2-1 连接电路。

（2）把万用表转换开关放在直流电流挡上,选择适当的量程。

（3）测量电流,将读数记于实验表 2-4 中。

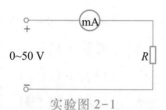

实验图 2-1

实验表 2-4

U/V	5	10	15	20	25	30	35	40	45	50
I/mA										
R/Ω										

（4）计算电阻,并绘制伏安特性曲线。

四、思考题

分析用伏安法测量电阻时产生误差的原因。

实验三　用惠斯通电桥测电阻

一、实验目的

掌握惠斯通电桥的原理,学会用滑线式电桥精确地测定电阻。

二、实验器材

1. 滑线式电桥 1 架。

2. 灵敏电流计 1 只。

3. 电池组。

4. 电阻箱 1 只。

5. 滑动变阻器 2 只。

6. 待测电阻 1 只。

7. 开关 2 只。

8. 导线若干。

三、实验步骤

1. 用万用表量取 R_x 的阻值,然后在电阻箱上取 R_0 约等于 R_x。

2. 按实验图 3-1 连接好电路。

3. 将变阻器 R 调到阻值较大的位置,将变阻器 R_P 调到阻值较小的位置,触头 D 移到 AC 的中点附近。

4. 闭合开关 S1、S2,移动触头 D,使电桥平衡。

5. 逐步减小变阻器 R 的值,以增大 AC 段的电压(注意通过电阻线 AC 的电流不能超过它的允许值),每次都要移动触头 D,使电桥平衡。

6. 逐步增大变阻器 R_P 的阻值,直至 S2 断开,每次都要稍微移动触头 D,使电桥平衡。

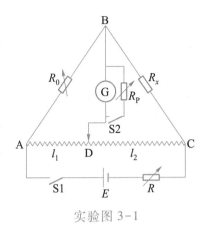

实验图 3-1

7. 断开开关 S1,量出 l_1、l_2 的长度,填入实验表 3-1 中。

8. 计算 R_x 的值。

9. 由于电阻丝的粗细不可能是绝对均匀的,在测得 R_x 的值后,把 R_x 和 R_0 对调一下,再重复实验一次,将数据填入实验表 3-1 中,并求得 R_x 的平均值。

实验表 3-1

实验次数	R_0/Ω	l_1/mm	l_2/mm	R_x/Ω	R_x 的平均值/Ω
1					
2					

四、注意事项

1. 每次按下触头 D 的时间要尽量短,用力不要过大,更不要按下触头后又去移动它。

2. 在做步骤 6 时,要注意这时只能微调触头 D 的位置,否则有可能烧坏电流计。

五、思考题

1. 变阻器 R 和 R_P 在电路中起什么作用? 为什么在 R 的阻值较大时,看来已经平衡的电桥,当 R 减小时,又会出现不平衡? 为什么在 R_P 的阻值较小时,看来已经平衡的电桥,当 R_P 增大时,又会出现不平衡?

2. 在测量中,通电时间为什么不宜过长?

3. 惠斯通电桥为什么不宜测量阻值较小的电阻?

实验四 电压和电位的测定

一、实验目的

1. 理解电位和电压的意义及其相互关系。

2. 学习测量电路中各点电位的方法和测量元件两端电压的方法。

二、实验器材

1. 万用表 2 只。

2. 电阻 20 Ω、30 Ω、50 Ω(均为 1 W)各 1 只。

3. 直流电源 5 V、15 V。

4. 开关 1 只。

5. 导线若干。

三、实验步骤

1. 按实验图 4-1 连接好电路。

2. 电压测量。

闭合开关 S,用万用表直流电压挡分别测量电压 U_{AE}、U_{AB}、U_{BC}、U_{CD}、U_{DE},并连同万用表电流挡指示的读数记入实验表 4-1 中。

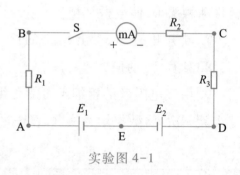

实验图 4-1

实验表 4-1

I/mA	U_{AE}/V	U_{AB}/V	U_{BC}/V	U_{CD}/V	U_{DE}/V

3. 电位测量。

(1) 把万用表转换开关放在直流电压挡上,将黑表笔接电路 E 点($V_E = 0$),红表笔依次测量 A、B、C、D 各点电位,并记入实验表 4-2 中。

实验表 4-2

测量参考点	测量结果				
	V_A/V	V_B/V	V_C/V	V_D/V	V_E/V
E					
A					
B					
C					
D					

（2）将黑表笔分别接 A、B、C、D，重复步骤（1），测量电路中各点的电位，并记入实验表4-2中。如遇表针反转则将表笔互换，这时黑表笔所接点的电位应为负值。

四、思考题

选择不同参考点时，电路中各点的电位有无变化？这时，任意两点间的电压有无变化？为什么？

实验五　基尔霍夫定律

一、实验目的

应用基尔霍夫定律检查实验数据的合理性，加深对电路定律的理解。

二、实验器材

1. 基尔霍夫定律实验板1块。

2. 直流电源 16 V、6 V。

3. 直流电流表3只。

4. 万用表1只。

5. 导线若干。

三、实验步骤

1. 按实验图5-1所示，在实验板上将电源 E_1、E_2 接入电路，并调节使 $E_1 = 16$ V，$E_2 = 6$ V。

2. 将电流表接入电路中，测量 I_1、I_2、I_3 的数值（注意电流的方向），将数据填入实验表5-1中。

3. 用导线代替电流表，并用万用表直流电压挡测量电压 U_{AB}、U_{BD}、U_{DC}、U_{CA}、U_{AD} 的数值，将数据填入实验表5-2中。

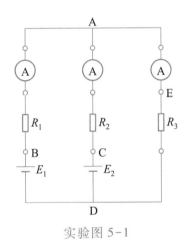

实验图 5-1

实验表 5-1

I_1/mA	I_2/mA	I_3/mA	节点 A 上电流的代数和

实验表 5-2

U_{AB}/V	U_{BD}/V	U_{DC}/V	U_{CA}/V	U_{AD}/V	回路 ABDCA 电压降之和	回路 ACDEA 电压降之和

四、注意事项

1. E_1、E_2 在实验过程中要保持 16 V 和 6 V 不变。

2. 在测量过程中要特别注意电流的方向和电压的极性。如遇表针反转,要及时交换表笔的位置。

五、思考题

1. 本实验的结果说明了什么?

2. 分析误差产生的原因。

实验六 叠 加 定 理

一、实验目的

1. 理解叠加定理并了解叠加定理的适用范围。

2. 理解电压、电流的实际方向与参考方向的关系。

二、实验器材

1. 叠加定理实验板 1 块。

2. 直流电源 16 V、6 V。

3. 直流电流表 3 只。

4. 万用表 1 只。

5. 导线若干。

三、实验步骤

1. 按实验图 6-1 所示,在实验板上将电源 E_1、E_2 和电流表接入电路,并调节使 $E_1 = 16$ V,$E_2 = 6$ V。

2. E_1 单独作用。将 S1 投向 A1,S2 投向 B2,分别测出电流 I_1'、I_2' 和 I_3',并将数据填入实验表 6-1 中。

3. E_2 单独作用。将 S1 投向 B1,S2 投向 A2,分别测出电流 I_1''、I_2'' 和 I_3'',并将数据填入实验表 6-1 中。

4. E_1、E_2 共同作用。将 S1 投向 A1,S2 投向 A2,分别测出电流 I_1、I_2 和 I_3,并将数据填入实验表 6-1 中。

5. 用叠加定理从已测得的电流 I_1'、I_2'、I_3'、I_1''、I_2'' 和 I_3'',求出电流 I_1、I_2 和 I_3,并与步骤 4 测得的结果进行比较。

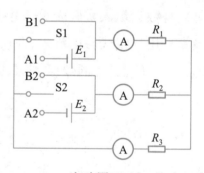

实验图 6-1

实验表 6-1

	E_1/V	E_2/V	I_1'/A	I_2'/A	I_3'/A	I_1''/A	I_2''/A	I_3''/A	I_1/A	I_2/A	I_3/A
测量结果											
将所得电流相加	×	×	×	×	×	×	×	×			
计算结果											

6.已知E_1、E_2、R_1、R_2和R_3的数值,用计算法求出I_1'、I_2'、I_3'、I_1''、I_2''、I_3''、I_1、I_2和I_3,并与测量结果进行比较。

四、注意事项

1.E_1、E_2在实验过程中要保持16 V和6 V不变。

2.测量过程中要特别注意电流的方向,如发现指针反偏,要立即交换表笔的位置。如遇实际电流方向和参考方向相反,则表中的数值为负值。

实验七　戴维宁定理

一、实验目的

1.学习含源二端网络的开路电压和入端电阻的测量方法,验证戴维宁定理,加深对定理的理解。

2.通过实验分析含源二端网络输出最大功率的条件。

二、实验器材

1.戴维宁定理实验板1块。

2.直流电源16 V、6 V。

3.万用表2只。

4.电阻箱1只。

5.导线若干。

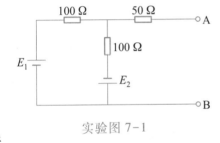

实验图 7-1

三、实验步骤

1.按实验图7-1在实验板上将电源E_1、E_2接入电路,并调节使$E_1=16$ V,$E_2=6$ V。

2.用万用表直流电压挡测量A、B两端的开路电压U_{AB},并将数据填入实验表7-1中。

实验表 7-1

U_{AB}/V	I_L/mA	计算内阻 R_0/Ω	测量内阻 R_0/Ω

3.把万用表转换开关放在直流电流挡上,并选择适当量程,将它连在A、B两点间,测量电流I_L,并将数据填入实验表7-1中。

4.计算$R_0=U_{AB}/I_L$,并将计算值填入实验表7-1中。

5.用导线代替电源,用万用表电阻挡测量A、B两端的等效电阻,并将测量值与步骤4的计算值进行比较。

6. 验证含源二端网络输出最大功率的条件。

将电阻箱作为负载电阻 R_L 接在 A、B 两点间。改变负载电阻 R_L 的大小，当 $R_L = 0.1 R_0$（R_0 为步骤 4 的计算值），$R_L = 0.5R_0$，$R_L = R_0$，$R_L = 1.5R_0$ 和 $R_L = 2R_0$ 时，测量 R_L 中的电流 I_L 和 R_L 两端的电压 U_L，并计算功率 P_L，将数据填入实验表 7-2 中。

实验表 7-2

R_L	$0.1R_0$	$0.5R_0$	R_0	$1.5R_0$	$2R_0$
I_L/mA					
U_L/V					
P_L/W					

四、思考题

1. 用实验数据说明戴维宁定理的正确性。

2. 含源二端网络输出最大功率的条件是什么？

实验八　示波器的使用

一、实验目的

正确掌握示波器的使用方法，学会利用示波器测量直流电压。

二、实验器材

1. 示波器 1 台。

2. 低压电源 1 台。

3. 变阻器 1 只。

4. 开关 1 只。

5. 导线若干。

三、实验原理

当信号电压输入示波器时，示波器的荧光屏上就反映出这个电压随时间变化的波形。示波管主要由电子枪、垂直偏转电极和水平偏转电极组成。当两电极都不加偏转电压时，由电子枪产生的高速电子做直线运动，打在荧光屏中心，形成一个亮点。这时如果在水平偏转电极上加上随时间均匀变化的电压，则电子因受偏转磁场的作用，打在荧光屏上的亮点便沿水平方向均匀移动。如果再在垂直偏转电极上，加上一随时间变化的信号电压，则亮点在垂直方向上也要发生偏移，偏移的大小与所加信号电压的大小成正比。这样，亮点一方面随着时间的推移在水平方向匀速移动，另一方面又正比于信号电压在垂直方向上产生偏移，于是在荧光屏上便形成一波形曲线，此曲线反映出信号电压随时间变化的规律。

四、实验准备

熟悉示波器面板(实验图 8-1)上主要旋钮的作用。

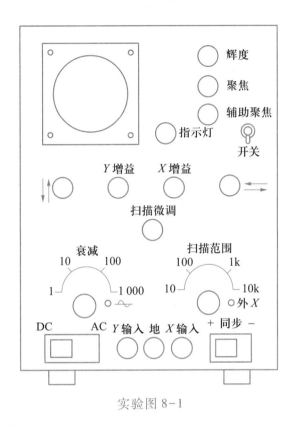

实验图 8-1

荧光屏右边第一个是"辉度"旋钮,用来调节光点和图像的亮度,顺时针旋转旋钮时,亮度增加。

第二个是"聚焦"旋钮,用来使电子射线会聚,从而在荧光屏上得到一个最小的亮点或最细最清晰的曲线。

第三个是"辅助聚焦"旋钮,配合"聚焦"旋钮使用。

下面是电源开关和指示灯。

荧光屏下面第一行有四个旋钮。左右两个旋钮分别是垂直位移旋钮和水平位移旋钮,用来调节光点或图像在垂直方向和水平方向的位置。

这一行中间的两个旋钮是"Y 增益"和"X 增益",分别用来调节图像在垂直方向和水平方向的幅度,以使图像大小适度。顺时针旋转时,幅度连续增大。

第二行有两个大旋钮,左边是"衰减"旋钮,当输入信号电压较大时,先经过适当衰减,使其在荧光屏上有适当大小的图像,共有 1、10、100、1 000 四挡。使用"1"挡时,不衰减;使用"10"挡时,使输入电压衰减为原来的十分之一,其余类推。该旋钮最后一挡为正弦符号挡,不是衰减。当旋至这一挡时,由机内提供一个正弦交流信号电压,可用来观察正弦波形或检查示波器是否正常工作。

这一行右边的大旋钮是"扫描范围"旋钮,共有四挡,用来改变水平方向扫描电压的频率。该旋钮最后一挡是"外 X"挡,使用这一挡时,机内不加扫描电压,而由机外输入水平方向的信号电压。

中间的小旋钮是"扫描微调"旋钮,配合"扫描范围"旋钮作用,连续改变水平方向的扫描频率。顺时针旋转时扫描频率连续增加。

最后一行有三个插孔。使用"Y 输入"和"地"或"X 输入"和"地"时,分别输入垂直方向和水平方向的信号电压。

这一行的左边有交直流选择开关。扳到"DC"时,信号直接输入,可以测量直流电压,扳到"AC"时,信号电压经一个电容器再输入,因此,只能输入交流信号电压。

"同步"开关扳到"+"位置时,扫描电压与外加信号电压从正半周起同步,扳到"-"位置时,从负半周起同步。这个开关主要在测量较窄的脉冲信号时起作用,对于正弦波、矩形波等,无论扳到"+"或"-",都能很好地同步,对测量没有影响。

五、实验步骤

1. 把"辉度"旋钮逆时针转到底,垂直位移和水平位移的旋钮转到中间位置,"衰减"旋钮置于最高挡,"扫描范围"旋钮置于"外 X"挡。

2. 接通电源,打开电源开关,经预热后,荧光屏上出现亮点,调节"辉度"旋钮,使亮度适中。

3. 调节"聚焦"和"辅助聚焦"旋钮,观察亮点的大小变化,直至亮点最圆最小时为止。

4. 旋转垂直位移和水平位移旋钮,观察亮点的上下移动和左右移动。

5. 把"扫描范围"旋钮旋至最低挡,"扫描微调"旋钮逆时针旋转到底,把"X 增益"旋钮顺时针旋转到三分之一处,观察亮点在水平方向的移动情况。

6. 顺时针旋转"扫描微调"旋钮,观察亮点来回移动(随着扫描频率增大而加快,直至成为一条水平亮线),旋转"X 增益"旋钮,观察亮线长度的变化。

7. 把"扫描范围"旋钮置于"外 X"挡,交直流选择开关扳到"DC",并使亮点位于荧光屏中心。按实验图 8-2 接好电路,输入一直流电压。

8. 移动变阻器的滑动片,改变输入电压的大小,观察亮点的移动。

9. 将电池的正、负极接线调换位置,重复步骤 8。

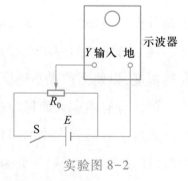

实验图 8-2

10. 使"Y 增益"旋钮顺时针转到底,"衰减"旋钮置于"1"挡,使变阻器的滑动片从最右端起向左滑动至某一位置,读取亮点偏移的格数,此时亮点每偏移一格,表示输入电压改变 50 mV。计算此时输入电压的大小,如果"衰减"旋钮置于其他挡时,应将所得数值乘以相应的倍数。

11. 再移动变阻器滑动片,读取和计算输入电压的数值,如此进行几次。

12. 实验完毕后,把"辉度"旋钮逆时针旋转到底,然后关机,切断电源。

六、思考题

1. "Y输入"插入接上外加直流电压后逐渐减小衰减倍数,为什么光点会向上偏移?

2. 示波器能否像电流表一样串联在电路上直接测量电流? 为什么?

实验九　用示波器观察交流电的波形

一、实验目的

1. 学会用示波器观察正弦交流电的波形。

2. 了解正弦交流电的波形特点。

二、实验器材

1. 示波器1台。

2. 信号源1台。

3. 导线若干。

三、实验准备

熟悉信号源(实验图9-1所示)的使用方法。

信号源的右边有两个"低频输出"接线柱,它们的上边是"低频增幅"旋钮,顺时针旋转时,低频输出电压连续增大。

信号源中间是"频率选择"旋钮,用来改变低频输出的频率,共有五挡500 Hz、1 000 Hz、1 500 Hz、2 000 Hz和2 500 Hz。

信号源的左边有两个"高频输出"接线柱,它们的上边是"高频增幅"旋钮,顺时针旋转时,高频输出电压连续增大。

信号源的上边是"频率调节"旋钮,用来连续改变高频输出的频率,它与"低频增幅"旋钮左边的频率选择开关配合使用。当频率范围选择开关在位置"Ⅰ"时,频率改变范围是500~1 700 kHz;在位置"Ⅱ"时,频率改变范围是400~580 kHz。频率范围选择开关的左边是"等幅""调幅"选择开关。需要高频交流信号时,

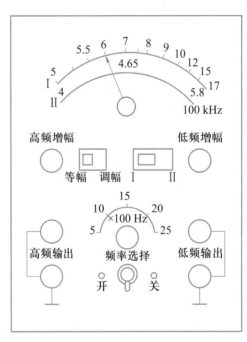

实验图 9-1

将开关置于"等幅"位置。若要从高频输出接线柱输出高频调幅信号,应将开关置于"调幅"位置。幅度的大小用"低频增幅"旋钮调节,信号的频率用"频率选择"旋钮来选择。

四、实验步骤

1. 观察示波器本身的正弦交流信号。

（1）开机前,先把"辉度"旋钮逆时针旋转到底,"衰减"旋钮置于正弦波信号挡,"扫描范围"置于 10~1 000 Hz 挡,"Y 增益"旋钮顺时针旋转到底,其他各个旋钮置于中间位置。

（2）闭合电源开关,经预热后,顺时针旋转"辉度"旋钮,调整"聚焦"旋钮和"辅助聚焦"旋钮,使荧光屏上得到一清晰的图像。调整垂直位移和水平位移旋钮,使图像适中。调整"X 增益"旋钮,使图像大小适中。

（3）把"同步"开关置于"+"位置,把"扫描微调"旋钮先顺时针旋转到底,再慢慢地逆时针旋转。当转到某一位置时,可以看到一个稳定的完整正弦波,屏上还同时出现水平扫描的回扫亮线。然后把"同步"开关置于"−"位置,又可看到波形改变半个周期。

（4）连续逆时针旋转"扫描微调"旋钮,可以连续看到荧光屏上出现两个、三个、…稳定的波形。

2. 观察由信号源输入的低频正弦信号。

（1）用导线把信号源的两个"低频输出"接线柱跟示波器的"Y 输入"和"地"两个接线柱连接起来。

（2）示波器开机前准备工作与前面讲过的相同。把信号源的"低频增幅"旋钮旋转到中间位置,接通电源。

（3）把示波器的"衰减"旋钮从正弦波信号挡转换到最高挡,并调整"Y 增益"旋钮,使图像的垂直幅度合适。然后根据输入的信号频率选择适当的扫描范围,并调整扫描微调,就可以看到稳定的整数个完整的波形。

（4）调整"X 增益"旋钮,可以看到波形的水平幅度的改变。把"同步"开关从"+"位置扳到"−"位置,波形就改变了半个周期。

（5）旋转信号源的"低频增幅"旋钮,观察波形的垂直幅度的改变。在观察中如有必要,应随时调节"辉度"旋钮、"聚焦"旋钮和"辅助聚焦"旋钮,使图像清晰,亮度适宜。

3. 观察由信号源输入的高频正弦信号。

用导线把信号源的两个"高频输出"接线柱跟示波器的"Y 输入"和"地"两个接线柱连接起来,然后重复步骤 2。

实验十　单相交流电路

一、实验目的

1. 掌握串联电路中总电压与各分电压的关系。

2. 掌握并联电路中总电流与各分电流的关系。

二、实验器材

1. 交流电源 220 V。

2. 照明灯 2 只。

3. 镇流器（220 V、40 W）1 只。

4. 电容器（4.75 μF）1 只。

5. 交流电流表 3 只。

6. 万用表 1 只。

7. 导线若干。

三、实验步骤

1. 照明灯和照明灯的串联电路。

（1）按实验图 10-1 连接电路。

（2）接通电源并将电压调至 220 V。

（3）将电流表读数填入实验表 10-1 中。

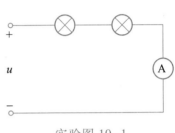

实验图 10-1

（4）用万用表交流电压挡分别测量两只照明灯两端的电压，并将数据填入实验表 10-1 中。

实验表 10-1

U/V	U_1/V	U_2/V	I/A
220			

2. 照明灯和镇流器的串联电路。

（1）按实验图 10-2 连接电路。

（2）接通电源并将电压调至 220 V。

（3）将电流表读数填入实验表 10-2 中。

（4）用万用表交流电压挡分别测量照明灯和镇流器两端的电压，并将数据填入实验表 10-2 中。

实验图 10-2

实验表 10-2

U/V	U_R/V	U_L/V	I/A
220			

3. 照明灯、镇流器和电容器的串联电路。

（1）按实验图 10-3 连接电路。

（2）接通电源并将电压调至 220 V。

（3）将电流表读数填入实验表 10-3 中。

（4）用万用表交流电压挡分别测量照明灯、镇流器和电容器

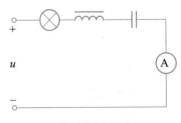

实验图 10-3

两端的电压,并将数据填入实验表 10-3 中。

实验表 10-3

U/V	U_R/V	U_L/V	U_C/V	I/A
220				

4. 照明灯和电容器的并联电路。

（1）按实验图 10-4 连接电路。

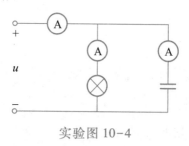

实验图 10-4

（2）接通电源并将电压调至 220 V。

（3）将三只电流表的读数分别填入实验表 10-4 中。

实验表 10-4

U/V	I/A	I_R/A	I_C/A
220			

四、思考题

1. 两只照明灯串联的电路中,两只灯的电压之和等于电路的总电压吗？为什么？

2. 照明灯和镇流器串联的电路中,U_R+U_L 等于电路的总电压 U 吗？为什么？它们应该符合什么关系？作出它们的相量图。

3. 照明灯、镇流器和电容器串联的电路中,$U_R+U_L+U_C$ 等于电路的总电压 U 吗？为什么？它们应该符合什么关系？作出它们的相量图。

4. 照明灯和电容器并联的电路中,I_R+I_C 等于电路中的总电流 I 吗？为什么？它们应该符合什么关系？绘制出它们的相量图。

实验十一　串联谐振电路

一、实验目的

1. 验证串联谐振电路的特点。

2. 测绘串联谐振电路的谐振曲线。

二、实验器材

1. 低频信号发生器 1 台。

2. 晶体管毫伏表 1 台。

3. 电阻器（100 Ω）1 只。

4. 电感器（30 mH）1 只。

5. 电容器（0.033 μF）1 只。

6. 导线若干。

三、实验步骤

1. 寻找谐振频率,验证谐振电路的特点。

（1）按实验图 11-1 连接电路。

（2）信号发生器接通工作电源使之预热,并调节输出电压为 5 V,在实验过程中一直保持不变。

（3）用晶体管毫伏表测量电阻 R 上的电压 U_R,并连续调节信号发生器输出电压的频率,使 U_R 为最大,这时电路即达到谐振（同学们想想看这是什么道理）,信号发生器输出电压的频率即为电路的谐振频率 f_0。将 U_R 和 f_0 的值填入实验表 11-1 中。

实验表 11-1

R/Ω		L/mH		$C/\mu\text{F}$	
U_R/V		U_L/V		U_C/V	
f_0/Hz		$I_0 = \dfrac{U_R}{R}$		Q	

（4）测量谐振时电感器和电容器两端的电压,并将数据填入实验表 11-1 中。

（5）计算谐振电流 I_0 和电路的品质因数 Q。

2. 测绘谐振曲线。

（1）电路同实验图 11-1,信号发生器输出电压仍为 5 V。

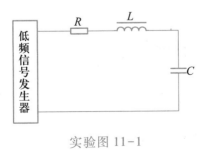

实验图 11-1

（2）在谐振频率两侧调节信号发生器输出电压的频率,在 2~10 kHz 之间可选取 9 个点

（包括f_0在内），分别测量各频率点时U_R的值，并填入实验表11-2中。在谐振频率点附近要多测几组数据。

实验表 11-2

f/Hz					$f_0=$			
U_R/mV								
I/mA								
I/I_0								
f/f_0								

（3）计算I、I/I_0、f/f_0的值。

（4）绘出串联谐振电路的谐振曲线。

四、注意事项

1. 谐振曲线的测定要在电源电压不变的条件下进行，因此，信号发生器输出电压频率改变时，输出电压的大小要保持为5 V不变。

2. 为了使谐振曲线的顶点绘制精确，要在谐振频率附近多选几组测量数据。

3. 晶体管毫伏表测量电压时要防止超过量限，变换挡位后要及时校对指针零点。

五、思考题

1. 串联谐振时，电路中$X_L=X_C$，但从实验表11-1中看出U_L和U_C并不严格相等，这是什么原因？

2. 信号发生器的内阻对串联谐振电路有什么影响？

实验十二　荧光灯电路

一、实验目的

1. 熟悉荧光灯的电路接线。

2. 学会功率表的使用方法。

3. 验证提高电感性电路功率因数的方法。

二、实验器材

1. 交流电源220 V。

2. 调压变压器（1 kV·A、220 V/0～250 V）1只。

3. 万用表1只。

4. 交流电流表1只。

5. 单相功率表(220 V、5 A)1 只。

6. 荧光灯(包括灯管、灯座、启辉器、镇流器)220 V、40 W1 组。

7. 电容箱(1 μF、2 μF、4.75 μF)1 只。

8. 单相闸刀开关 1 只。

9. 导线若干。

三、实验步骤

1. 按实验图 12-1 连接电路(电容先不并入)。

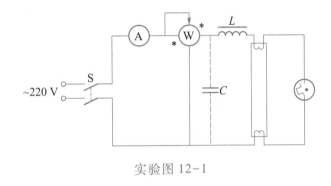

实验图 12-1

2. 合上开关 S,调节调压变压器,使输出电压逐步增大到 220 V,观察荧光灯的点亮过程。

3. 灯管点亮后,记录电流 I、功率 P,并分别测量灯管两端电压 U_D 和镇流器两端电压 U_L,将数据填入实验表 12-1 中。

实验表 12-1

测 量 值				
U/V	I/A	P/W	U_D/V	U_L/V
220				

4. 并入电容 C,接通电源,在保持调压变压器输出电压为 220 V 的情况下,将电容由 1 μF、2 μF、3 μF、4.75 μF、5.75 μF、6.75 μF、7.75 μF 逐渐增大,观察电流 I 和功率 P 的变化情况,并将数据填入实验表 12-2 中。

实验表 12-2

	$C/μF$	1	2	3	4.75	5.75	6.75	7.75
测量值	I/A							
	P/W							

四、思考题

1. 提高电感性电路功率因数的方法是什么？

2. 当并联电容后,电路的总电流如何变化(增大还是减小)? 为什么?

实验十三　三相负载的星形联结

一、实验目的

1. 掌握三相负载采用星形联结的方法。

2. 验证三相负载采用星形联结时,线电压和相电压以及线电流和相电流的关系。

3. 了解负载不对称时中性线的作用。

二、实验器材

1. 三相四线制交流电源 380/220 V。

2. 万用表 1 只。

3. 交流电流表 4 只。

4. 实验板(包括灯、开关等)1 块。

5. 导线若干。

三、实验步骤

1. 按实验图 13-1 将负载接成星形。

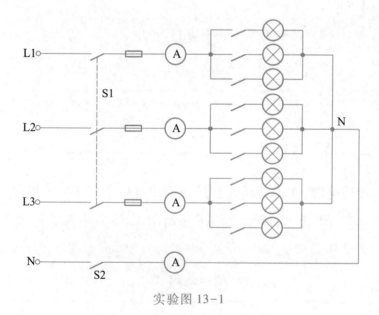

实验图 13-1

2. 闭合电源开关 S1 和中性线开关 S2,测量三相负载对称时(每相开 3 灯)的线电压、相电压、线电流和相电流,同时观察灯光亮度是否正常,并将数据填入实验表 13-1 中。

负载情况	中性线	灯 光 亮 度			线 电 压			相 电 压		
		L1	L2	L3	U_{12}	U_{23}	U_{31}	U_1	U_2	U_3
三相对称	有									
	无									
三相不对称	有									
	无									

负载情况	中性线	线 电 流			相 电 流			中性线 电流 I_N
		I_1	I_2	I_3	I_{12}	I_{23}	I_{31}	
三相对称	有							
	无							
三相不对称	有							
	无							

3. 断开中性线开关 S2,每相仍开 3 盏灯,观察各相灯光亮度有何变化? 并测量线电压、相电压、线电流和相电流,将数据填入实验表 13-1 中。

4. 改变各相负载,使 L1 相为 1 盏灯,L2 相为 2 盏灯,L3 相为 3 盏灯,观察各相灯光亮度的变化,测量线电压、相电压、线电流和相电流,并将数据填入实验表 13-1 中。

5. 重新闭合中性线开关 S2,观察各相灯光亮度的变化,再次测量线电压、相电压、线电流和相电流,并将数据填入实验表 13-1 中。

四、思考题

1. 用实验所得数据具体说明中性线的作用以及线电压和相电压、线电流和相电流之间的关系。

2. 为什么照明供电均采用三相四线制?

3. 在三相四线制中,中性线是否能接入熔体? 为什么?

实验十四　三相负载的三角形联结

一、实验目的

1. 掌握三相负载采用三角形联结的方法。

2. 验证负载采用三角形联结时,线电流和相电流以及线电压和相电压的关系。

二、实验器材

1. 三相交流电源线电压为 220 V①。

2. 万用表 1 只。

3. 交流电流表 6 只。

4. 实验板(包括灯、开关等)1 块。

5. 导线若干。

三、实验步骤

1. 按实验图 14-1 将负载接成三角形联结。

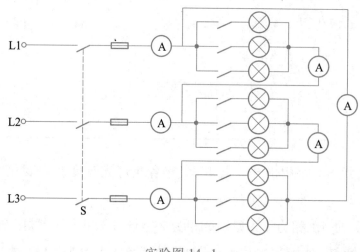

实验图 14-1

2. 闭合电源开关 S,测量三相对称负载(每相开 3 盏灯)时的线电压、相电压、线电流和相电流,同时观察各相灯光亮度是否正常,并将数据填入实验表 14-1 中。

实验表 14-1

负载情况	线电压			相电压			线电流			相电流			灯光亮度		
	U_{12}	U_{23}	U_{31}	U_1	U_2	U_3	I_1	I_2	I_3	I_{12}	I_{23}	I_{31}	L1	L2	L3
三相对称															
三相不对称															

3. 将三相负载调整为不对称,如 L1 相为 1 盏灯,L2 相为 2 盏灯,L3 相为 3 盏灯,观察灯光亮度有何变化?并测量线电压、相电压、线电流和相电流,将数据填入实验表 14-1 中。

_____

① 三相交流电源线电压为 380 V 时,负载(灯)应改用其他负载。

四、思考题

从实验表 14-1 中的数据说明 $I_{\Delta L}=\sqrt{3}I_{\Delta P}$ 的关系,在什么条件下成立?

实验十五　单相变压器

一、实验目的

1. 测定变压器的空载电流。

2. 测定变压器的变压比。

3. 绘制出变压器的外特性曲线 $U_2=f(I_2)$。

二、实验器材

1. 交流电源 220 V。

2. 单相变压器(220 V/36 V)1 只。

3. 调压变压器(1 kV·A,220 V/0~250 V)1 只。

4. 负载灯箱 1 组。

5. 交流电流表 2 只。

6. 万用表 1 只。

7. 单相功率表(220 V,5 A)1 只。

8. 导线若干。

三、实验步骤

1. 实验前的准备工作。

(1)根据变压器铭牌写出该变压器的型号为＿＿＿＿,容量为＿＿＿＿,一次额定电压为＿＿＿＿,二次额定电压为＿＿＿＿,一次额定电流为＿＿＿＿,二次额定电流为＿＿＿＿。

(2)观察变压器的构造。

(3)按实验图 15-1 连接电路。

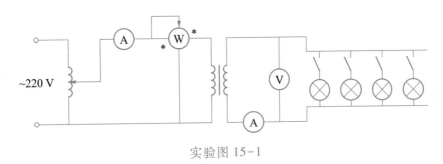

实验图 15-1

2. 测定变压器的空载电流和变压比。接通电源,调节调压变压器,使输入的一次电压逐步增大到额定值,记录空载电流 I_0,并测量二次电压 U_2,将数据填入实验表 15-1 中。

3. 变压器的外特性实验。接入负载灯箱,逐步增加负载直至一次电流 I_1 到额定值,在实验表 15-2 中记录每次负载变动后的一次电流 I_1、一次功率 P_1 以及二次电压 U_2 和二次电流 I_2(约五次)。在负载变动过程中必须调节调压变压器,使输入一次电压 U_1 始终是 220 V。

4. 绘制变压器外特性曲线。

实验表 15-1

U_1/V	40	80	120	160	200	220	K 平均值
U_2/V							
I_0/mA							
$K=U_1/U_2$							

实验表 15-2

	测 量 值				计 算 值	
U_1/V	I_1/A	P_1/W	U_2/V	I_2/A	P_2/W	η
220						
220						
220						
220						
220						
η 平均值						

四、注意事项

1. 在连接电路时,必须分清变压器一次、二次绕组的接线柱,不能接错。

2. 二次电压 U_2 随负载电流 I_2 增加而下降不大,应注意读数的准确性。

3. 在整个实验过程中,二次绕组不能短路。

实验十六 RC 电路的瞬态过程

一、实验目的

1. 测绘 RC 电路充电和放电曲线。

2. 测量 RC 电路的时间常数。

二、实验器材

1. 实验板 2 块($R=100$ kΩ,$C=500$ μF)。

2. 直流电源 9 V。

3. 万用表 1 只。

4. 导线若干。

5. 秒表 1 只。

三、实验步骤

1. 充电实验

（1）按实验图 16-1 在实验板上将电源 E 接入电路，并调节使 $E=9$ V。

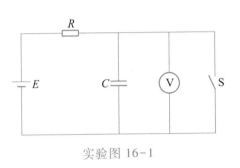

实验图 16-1

（2）先将 S 闭合使电容器短路，以保证电容器初始电压为零。

（3）断开 S，并开始计时，电压表指针到 1 V 时停止计时，将所测时间填入实验表 16-1 中，然后闭合 S 使电容器的电压重新为零。

（4）第二次断开 S 并开始计时，当电压表指针升高到 2 V 时停止计时，将所测时间填入实验表 16-1 中。然后再次闭合开关，使电容器电压重新为零。

（5）依上述方法，逐次测出电容器的电压由零上升到 3 V、4 V、5 V、6 V、7 V、8 V 时所需的时间，并将测得的数据填入实验表 16-1 中。

实验表 16-1

u_C/V	1	2	3	4	5	6	7	8
t/s								

（6）测量时间常数。闭合开关，使电容器初始电压为零。然后断开 S 并开始计时，当电压表指针由零升高到 5.7 V 时停止计时，这时测得的时间即为该电路的时间常数（同学们想想这是什么道理）。将数据填入实验表 16-2 中。

实验表 16-2

u_C/V	τ（测量值）	τ（计算值）
5.7		

（7）根据 R、C 的值，计算电路的时间常数，将时间常数的测量值与计算值进行比较。

2. 放电实验

（1）按实验图 16-2 在实验板上将电源 E 接入电路，并调节使 $E=9$ V。

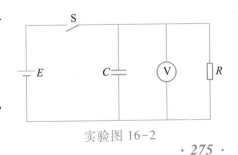

实验图 16-2

（2）闭合开关S使电容器充分充电,以保证电容器的初始电压值为9 V。

（3）断开S并开始计时,当电容器两端电压由9 V降为8 V时停止计时,将所测时间填入实验表16-3中。然后闭合S使电容器两端电压重新充电到9 V。

（4）依次测出电容器两端电压从9 V下降到7 V、6 V、5 V、4 V、3 V、2 V、1 V时所需的时间,并将测得的数据填入实验表16-3中。

实验表 16-3

u_C/V	8	7	6	5	4	3	2	1
t/s								

（5）测量时间常数。闭合开关S,使电容器两端的初始电压为9 V。然后断开S并开始计时,测出电容器两端的电压由9 V下降到3.3 V所需的时间,这个时间即为电路的时间常数(同学们想一想这又是什么道理)。将数据与充电实验步骤(6)中测得的时间常数进行比较。

3. 根据实验数据绘制出充电和放电时 u_C 随时间 t 变化的函数曲线。

四、注意事项

1. 用万用表测量变化中的电容电压时,不要变换量程,以保证电路的电阻值不变。

2. 在实验过程中,电源电压要始终保持9 V不变。

3. 计时要尽量准确。

参 考 文 献

[1]　秦曾煌.电工学[M].7 版.北京:高等教育出版社,2011.

[2]　陈雅萍.电工技术基础与技能[M].4 版.北京:高等教育出版社,2023.

[3]　苏永昌.电工技术基础与技能[M].3 版.北京:高等教育出版社,2020.

郑重声明

高等教育出版社依法对本书享有专有出版权。任何未经许可的复制、销售行为均违反《中华人民共和国著作权法》，其行为人将承担相应的民事责任和行政责任；构成犯罪的，将被依法追究刑事责任。为了维护市场秩序，保护读者的合法权益，避免读者误用盗版书造成不良后果，我社将配合行政执法部门和司法机关对违法犯罪的单位和个人进行严厉打击。社会各界人士如发现上述侵权行为，希望及时举报，我社将奖励举报有功人员。

反盗版举报电话　（010）58581999　58582371

反盗版举报邮箱　dd@ hep.com.cn

通信地址　北京市西城区德外大街 4 号　高等教育出版社法律事务部

邮政编码　100120

读者意见反馈

为收集对教材的意见建议，进一步完善教材编写并做好服务工作，读者可将对本教材的意见建议通过如下渠道反馈至我社。

咨询电话　400-810-0598

反馈邮箱　zz_dzyj@ pub.hep.cn

通信地址　北京市朝阳区惠新东街 4 号富盛大厦 1 座
　　　　　高等教育出版社总编辑办公室

邮政编码　100029

防伪查询说明

用户购书后刮开封底防伪涂层，使用手机微信等软件扫描二维码，会跳转至防伪查询网页，获得所购图书详细信息。

防伪客服电话　（010）58582300

学习卡账号使用说明

一、注册/登录

访问 http://abook.hep.com.cn/sve，点击"注册"，在注册页面输入用户名、密码及常用的邮箱进行注册。已注册的用户直接输入用户名和密码登录即可进入"我的课程"页面。

二、课程绑定

点击"我的课程"页面右上方"绑定课程"，在"明码"框中正确输入教材封底防伪标签上的 20 位数字，点击"确定"完成课程绑定。

三、访问课程

在"正在学习"列表中选择已绑定的课程，点击"进入课程"即可浏览或下载与本书配套的课程资源。刚绑定的课程请在"申请学习"列表中选择相应课程并点击"进入课程"。

如有账号问题，请发邮件至：4a_admin_zz@ pub.hep.cn。